概率论与数理统计

主　编　刘　娟　魏雪君
副主编　赵梅春　王　响

本书资源使用说明　　概率论发展史

北京大学出版社
PEKING UNIVERSITY PRESS

内 容 简 介

本书系统地介绍了概率论与数理统计的概念、方法、理论及应用. 全书共九章, 内容包括随机事件与概率、随机变量及其分布、多维随机变量及其分布、随机变量的数字特征、极限定理、统计量及其分布、参数估计、假设检验、方差分析与回归分析. 每一章除了配有一定数量的具有层次的习题外, 还配有相对应的实践案例和内容总结. 本书注重介绍概率论与数理统计中的原理和方法的背景, 及其蕴含的辩证思维和生活哲理, 并通过大量的生活实例, 帮助读者理解和掌握概率论与数理统计的基本概念和方法. 书中除了精选例题外, 每章后还配有反映前沿科技与经济社会发展的实践案例, 内容涉及诚信问题、经济管理、生物医学、市场调查、保险设计、模拟计算等. 随书还通过二维码配有数学文化介绍、名人逸事、一些原理的动画演示、考研在线测试等拓展内容, 可以加深读者对概念、原理的理解, 巩固提升所学知识, 增强学习兴趣, 提高数学素养.

本书可作为高等学校经管类、理工类等非数学专业本科生"概率论与数理统计"课程的教材, 也可供金融工程、大数据、生物统计等业内工程技术人员参考.

图书在版编目(CIP)数据

概率论与数理统计 / 刘娟, 魏雪君主编. —北京: 北京大学出版社, 2024.7. — ISBN 978-7-301-35138-3

Ⅰ. O21

中国国家版本馆 CIP 数据核字第 20244GE574 号

书　　　名	概率论与数理统计 GAILÜLUN YU SHULI TONGJI
著作责任者	刘　娟　魏雪君　主编
责 任 编 辑	潘丽娜
标 准 书 号	ISBN 978-7-301-35138-3
出 版 发 行	北京大学出版社
地　　　址	北京市海淀区成府路 205 号　100871
网　　　址	http://www.pup.cn
电 子 邮 箱	zpup@pup.cn
新 浪 微 博	@北京大学出版社
电　　　话	邮购部 010-62752015　发行部 010-62750672　编辑部 010-62752021
印 刷 者	湖南汇龙印务有限公司
经 销 者	新华书店
	787 毫米×1092 毫米　16 开本　15.5 印张　396 千字 2024 年 7 月第 1 版　2024 年 7 月第 1 次印刷
定　　　价	49.50 元

未经许可, 不得以任何方式复制或抄袭本书之部分或全部内容.

版权所有, 侵权必究

举报电话: 010-62752024　电子邮箱: fd@pup.cn

图书如有印装质量问题, 请与出版部联系, 电话: 010-62756370

前　言

本书是依据高等学校经管类、理工类各专业对"概率论与数理统计"课程的教学要求、思政要求及全国硕士研究生招生考试大纲的内容和要求编写而成的,吸取了国内外同类教材的优点,并融入了编者多年来在"概率论与数理统计"课程教学中积累的教学经验.本书可作为高等学校经管类、理工类等非数学专业本科生"概率论与数理统计"课程的教材,也可供金融工程、大数据、生物统计等业内工程技术人员参考.

"概率论与数理统计"是高等学校经管类、理工类等专业的一门重要的数学基础必修课程,也是一门理论与实践联系紧密的数学学科.它的应用遍及经济管理、科学技术、生物医学、工农业生产等领域.它以随机现象为研究对象,为人类认识不确定性现象提供了重要的思维模式和解决问题的方法.其内容分为概率论和数理统计两大部分,前者主要刻画了不确定性现象的本质,后者则通过有效收集、整理和分析带随机性的数据去理解和应用这种本质.

在大数据时代,学会用概率论与数理统计的思想和方法去分析观察到的数据并解决实际问题,已是现代公民必备的基本科学素质之一.但由于概率论与数理统计的思维模式有别于其他数学学科,尤其是统计思想充满了辩证法,因此使得初学者对其概念的理解、思想方法的掌握感到困难.考虑到这点及课程实用性的特点,本书在编写过程中结合高校课程思政建设的要求,主要突出以下特点.

1. 优化教学内容和课程体系.在课程基础内容上,本书注意体现概率统计思想和交叉学科的渗透,根据相应的教学内容融入了课程思政元素,揭示其蕴含的辩证思想和生活哲理.随书通过二维码还介绍了数学文化、名人逸事、学科的前沿发展等内容,有助于培养学生主动探索、勇于发现的科学精神.

2. 注重概念的理解和原理、方法的背景介绍.对于抽象且难以理解的概念和原理,本书从问题出发,介绍了它们的历史形成过程和背景知识;部分内容添加了动画演示,可通过扫描书中二维码观看,加强读者对内容直观而形象的理解.

3. 结合专业特点,联系实际生活,精选例题、习题,且每章后还配有反映前沿科技与经济社会发展的实践案例,内容涉及诚信问题、经济管理、生物医学、市场调查、保险设计、模拟计算等.本书选取的实践案例体现了概率论与数理统计在社会经济生活各领域的广泛应用,有助于培养学生的数学应用能力和创新能力,同时添加了课程的趣味性.

4. 每章后配有内容总结,便于学生梳理、巩固知识要点.本书例题的计算步骤编写得比较详细,便于基础相对薄弱的学生理解,有利于自主学习.

5. 课后习题的编排体现层次性,横线上为基础题,横线下为考研题或实际应用题,学生还可以扫描书中二维码进行考研题型的在线测试.这样编排习题,做到了因材施教,既能巩固学生的基础知识,又能提高学生解决实际问题的能力.

本书编写力求实现价值塑造、知识传授和能力培养"三位一体"的教学目标,让学生在掌握书本知识的同时,接受文化素养的熏陶,从而树立正确的世界观、人生观和价值观.本书还结合专业知识,引入实际应用案例,突出概率论与数理统计在各专业领域中的应用,培养学生将所学理论知识用于实践的能力.

全书共九章,前五章为随机事件与概率、随机变量及其分布、多维随机变量及其分布、随机变量的数字特征、极限定理,主要讲述概率论的基础知识;后四章为统计量及其分布、参数估计、假设检验、方差分析与回归分析,主要讲述数理统计的基本概念、统计推断和统计模型.各章配有习题和参考答案,习题中横线以下题型对非考研学生不做要求.

本书由刘娟、魏雪君担任主编,赵梅春、王响为副主编,参加本书编写的还有吴玉田、吴小英、杨喜艳、张少艳、魏盼、吴亚豪,全书由刘娟统稿和定稿.袁晓辉、邹杰、吴奇、吴友成提供了版式和装帧设计方案,在此一并表示衷心的感谢!

由于编者水平有限,书中难免存在不足之处,诚恳同行和其他读者批评指正,以便不断改进和完善.

编　者

目 录

第一章 随机事件与概率 ·· 1
   1.1 随机事件 ·· 1
   1.2 事件的概率 ·· 5
   1.3 条件概率 ·· 12
   1.4 事件的独立性 ·· 18
   1.5 实践案例 ·· 22
   本章总结 ·· 25
   习题一 ··· 25

第二章 随机变量及其分布 ··· 31
   2.1 随机变量及其分布函数 ·· 31
   2.2 离散型随机变量及其分布 ·· 34
   2.3 连续型随机变量及其分布 ·· 39
   2.4 随机变量函数的分布 ··· 45
   2.5 实践案例 ·· 49
   本章总结 ·· 51
   习题二 ··· 52

第三章 多维随机变量及其分布 ··· 55
   3.1 二维随机变量 ·· 55
   3.2 边缘分布 ·· 60
   3.3 条件分布 ·· 65
   3.4 随机变量的独立性 ··· 69
   3.5 二维随机变量函数的分布 ·· 72
   3.6 n 维随机变量 ·· 77
   3.7 实践案例 ·· 80
   本章总结 ·· 82
   习题三 ··· 82

第四章 随机变量的数字特征 ·· 86
   4.1 数学期望 ·· 86

4.2 方差	95
4.3 协方差与相关系数	100
4.4 矩与协方差矩阵	105
4.5 实践案例	107
本章总结	110
习题四	111

第五章 极限定理 114

5.1 大数定律	114
5.2 中心极限定理	118
5.3 实践案例	122
本章总结	124
习题五	124

第六章 统计量及其分布 126

6.1 简单随机样本	126
6.2 抽样分布	131
6.3 实践案例	138
本章总结	140
习题六	140

第七章 参数估计 143

7.1 点估计	143
7.2 点估计的评价标准	149
7.3 区间估计	150
7.4 实践案例	159
本章总结	161
习题七	162

第八章 假设检验 165

8.1 假设检验的基本概念	165
8.2 单个正态总体的假设检验	168
8.3 两个正态总体的假设检验	171
8.4 分布拟合检验	176
8.5 实践案例	182
本章总结	183
习题八	183

第九章 方差分析与回归分析 ... 187
　9.1 单因素方差分析 ... 187
　9.2 一元线性回归 ... 192
　9.3 多元线性回归 ... 200
　9.4 实践案例 ... 203
　本章总结 ... 206
　习题九 ... 206

附表 ... 209
　附表1 几种常用的概率分布 ... 209
　附表2 标准正态分布表 ... 211
　附表3 泊松分布表 ... 212
　附表4 χ^2 分布表 ... 214
　附表5 t 分布表 ... 216
　附表6 F 分布表 ... 217

参考答案 ... 229

参考文献 ... 240

第一章

随机事件与概率

概率论与数理统计是研究随机现象的统计规律性的一个数学分支.本章将从概率论的基本概念——随机事件与随机事件的概率来引出对随机事件间关系与运算的讨论,以及概率的性质与计算方法.

1.1 随机事件

在自然界中,经常会出现各种各样的现象.例如,将一块小石子向上抛起后必然会落地、日出日落、四季更替等等.不难发现,这类现象的共同特点是在一定的条件下必然会发生,我们称这类现象为**确定性现象**.另一类现象则不然,例如,在相同条件下将一枚硬币向上抛,落地时硬币是正面向上还是反面向上,在上抛之前是无法断言结果的.但是,人们在长期实践中发现:多次重复上抛同一枚硬币,落地时硬币出现正面向上或反面向上的次数均占上抛总次数的一半左右.我们把这类在个别试验中呈现不确定的结果,而在大量重复试验中呈现某种规律性结果的现象称为**随机现象**,并把这种规律性称为**统计规律性**.本节将会详细介绍随机试验、随机事件与样本空间等概念,为后续研究随机现象的统计规律性做好铺垫.

1.1.1 随机试验与随机事件

1. 随机试验

为了研究随机现象,就要对客观事物进行观察,观察的过程称为试验.概率论所研究的试验具有下列特点:

(1) 在相同的条件下,试验可以重复进行;
(2) 每次试验的结果都可能不止一个,但在试验之前可以明确试验的所有可能结果;
(3) 在每次试验之前不能准确地确定该次试验将出现哪一个结果.

概率论中把具有上述三个特点的试验称为**随机试验**,简称**试验**,记作 E.

下面给出两个试验的例子.

例 1.1.1 上抛一颗骰子并观察骰子着地时向上的点数.

例 1.1.2 观察某城市某月在某个繁华路口出现交通事故的次数.

2. 随机事件

试验的可能结果称为该试验的**随机事件**,简称**事件**,常用英文大写字母 A,B,C 等表示. 例如,例 1.1.1 中,"点数为 1"是一个事件;例 1.1.2 中,"出现 6 次交通事故"也是一个事件. 仅含一个可能结果的事件称为**基本事件**,含有两个或两个以上可能结果的事件称为**复合事件**.

特别地,在每次试验中都必然发生的事件称为**必然事件**,在任何一次试验中都不可能发生的事件称为**不可能事件**. 例如,例 1.1.1 中,"点数小于 7"是一个必然事件,"点数为 9"是一个不可能事件.

1.1.2 样本空间

试验中每一个可能出现的结果称为**样本点**,记作 ω(必要时可带有上标或下标来表示). 全体样本点组成的集合称为**样本空间**,记作 Ω. 换言之,样本空间是试验的所有可能结果组成的集合,这个集合中的元素就是样本点.

由样本空间的定义易知,事件是样本空间的一个子集,必然事件是样本空间的全集,不可能事件是空集,故必然事件也可用 Ω 来表示,不可能事件可用空集符号 $\varnothing$ 来表示. 基本事件只包含一个样本点,而复合事件包含两个或两个以上的样本点.

一般来说,任一事件 A 与其样本空间 Ω 的关系可用图 1.1 来表示,其中大长方形表示样本空间,而小圆形表示事件 A. 我们把这种图称为**维恩图**,在今后的学习中将会多次用到.

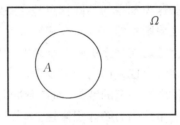

图 1.1

例 1.1.3 将一枚硬币向上抛一次,观察其落地时正反面向上的情况,样本空间为
$$\Omega = \{正面向上, 反面向上\}.$$

例 1.1.4 将一颗骰子投掷一次,观察出现的点数,样本空间为 $\Omega = \{1,2,3,4,5,6\}$.

例 1.1.5 例 1.1.2 中的样本空间为 $\Omega = \{0,1,2,\cdots\}$.

例 1.1.6 从装有 3 个红色小番茄(记号为 1,2,3)与 2 个黄色小番茄(记号为 4,5)的水果箱中任取 2 个小番茄,写出下列情形对应的样本空间:(1) 观察取出的 2 个小番茄的记号;(2) 观察取出的 2 个小番茄的颜色.

解 (1) 若记取出第 i 号小番茄与第 j 号小番茄的样本点为 ω_{ij},其中 $1 \leqslant i < j \leqslant 5$,则所求的样本空间为 $\Omega = \{\omega_{ij} \mid 1 \leqslant i < j \leqslant 5\}$.

(2) 若记取出两个红色小番茄的样本点为 ω_{00},取出 2 个黄色小番茄的样本点为 ω_{11},取出 1 个红色小番茄和 1 个黄色小番茄的样本点为 ω_{01},则所求的样本空间为 $\Omega = \{\omega_{00}, \omega_{01}, \omega_{11}\}$.

注 由例 1.1.6 可知,对于同一个试验,试验的样本点与样本空间要根据所观察的内容来确定.

1.1.3 事件间的关系与运算

1. 事件间的关系

为了简化之后的概率计算,对事件间的关系与事件的运算的研究必不可少.

下面先研究事件间的关系.事件间的关系与集合间的关系相同,主要分为以下四种.

(1) 事件的包含.设在同一个样本空间里有两个事件 A 与 B.若事件 A 发生必然导致事件 B 发生,则称事件 B **包含**事件 A,或称事件 A 是事件 B 的**子事件**,记作 $A \subset B$ 或 $B \supset A$. 事件 A 与 B 的包含关系可用图 1.2 来表示.

显然,对任一事件 A,必有 $\Omega \supset A \supset \varnothing$.

(2) 事件的互不相容.设在同一个样本空间里事件 A 与 B 不可能同时发生,则称事件 A 与 B **互不相容**或**互斥**,此时事件 A 与 B 的关系可用图 1.3 来表示.

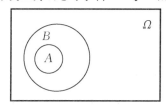

图 1.2

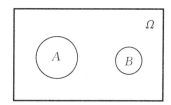

图 1.3

显然,基本事件是两两互不相容的.

我们可以把两个事件间的互不相容推广到多个事件间的互不相容.设在同一个样本空间里有 n 个事件 $A_1, A_2, \cdots, A_n$.若其中任意两个事件都是互不相容的,则称这 n 个事件互不相容.

(3) 事件的相等.设在同一个样本空间里有两个事件 A 与 B.若事件 A 发生必然导致事件 B 发生(即 $A \subset B$),且事件 B 发生必然导致事件 A 发生(即 $B \subset A$),则称事件 A 与 B **相等**,记作 $A = B$.

(4) 对立事件.设 A 为一个样本空间里的事件,则将事件"A 不发生"称为 A 的**对立事件**,记作 $\overline{A}$,事件 A 与 $\overline{A}$ 的关系如图 1.4 所示.例如,若样本空间 $\Omega = \{1,2,3,4,5,6,7,8\}$,事件 $A = \{1,3,6,8\}$,则 A 的对立事件 $\overline{A} = \{2,4,5,7\}$.

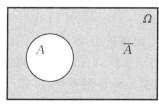

图 1.4

需要注意的是,对立事件是相互的,A 的对立事件是 $\overline{A}$,$\overline{A}$ 的对立事件一定是 A,即 $\overline{\overline{A}} = A$. 特别地,必然事件 Ω 与不可能事件 $\varnothing$ 互为对立事件,即 $\overline{\Omega} = \varnothing, \overline{\varnothing} = \Omega$.

2. 事件的运算

事件的基本运算有三种:并、交和差,它们与集合的并、交和差是完全相同的.

(1) 事件的并(或和). 将"事件 A 与 B 中至少有一个发生"的事件称为事件 A 与 B 的**并**(或**和**),记作 $A \cup B$ 或 $A + B$. 例如,厂商1生产铁观音和普洱两种茶叶,厂商2生产大红袍、普洱和龙井三种茶叶,我们记事件 $A =$ "厂商1生产的茶叶" $= \{$铁观音、普洱$\}$,事件 $B =$ "厂商2生产的茶叶" $= \{$大红袍、普洱、龙井$\}$,则两个厂商能生产的茶叶即为事件 A 与 B 的并,即 $A \cup B = \{$铁观音、普洱、大红袍、龙井$\}$. 由此可见,事件 A 与 B 的并中重复元素只用记入并事件一次,图 1.5 所示是事件 A 与 B 的并的示意图.

从对立事件的定义可见 $A \cup \overline{A} = \Omega$,即在一次试验中,事件 A 与 $\overline{A}$ 必有一个发生.

类似地,称"n 个事件 $A_1, A_2, \cdots, A_n$ 中至少有一个发生"为事件 $A_1, A_2, \cdots, A_n$ 的并,记作 $A_1 \cup A_2 \cup \cdots \cup A_n$ 或 $\bigcup\limits_{i=1}^{n} A_i$. 称"可列无穷多个事件 $A_1, A_2, \cdots, A_n, \cdots$ 中至少有一个发生"的事件为事件 $A_1, A_2, \cdots, A_n, \cdots$ 的并,记作 $A_1 \cup A_2 \cup \cdots \cup A_n \cup \cdots$ 或 $\bigcup\limits_{i=1}^{\infty} A_i$.

(2) 事件的交(或积). 将"事件 A 与 B 同时发生"的事件称为事件 A 与 B 的**交**(或**积**),记作 $A \cap B$ 或 AB. 例如,甲喜欢美式与拿铁两种咖啡,乙喜欢卡布奇诺和拿铁两种咖啡,我们记事件 $A =$ "甲喜欢的咖啡" $= \{$美式、拿铁$\}$,事件 $B =$ "乙喜欢的咖啡" $= \{$卡布奇诺、拿铁$\}$,则甲、乙两人共同喜欢的咖啡即为事件 A 与 B 的交,即 $A \cap B = \{$拿铁$\}$. 由此可见,事件 A 与 B 的交事件 AB 是由 A 与 B 共有的样本点所组成的事件,图 1.6 所示是事件 A 与 B 的交的示意图.

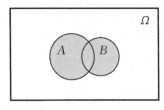

图 1.5

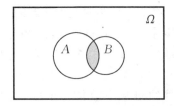

图 1.6

若事件 A 与 B 互不相容,则 $AB = \emptyset$,反之亦然.

类似地,称"n 个事件 $A_1, A_2, \cdots, A_n$ 同时发生"的事件为事件 $A_1, A_2, \cdots, A_n$ 的交,记作 $A_1 \cap A_2 \cap \cdots \cap A_n$ 或 $\bigcap\limits_{i=1}^{n} A_i$. 称"可列无穷多个事件 $A_1, A_2, \cdots, A_n, \cdots$ 同时发生"的事件为事件 $A_1, A_2, \cdots, A_n, \cdots$ 的交,记作 $A_1 \cap A_2 \cap \cdots \cap A_n \cap \cdots$ 或 $\bigcap\limits_{i=1}^{\infty} A_i$.

(3) 事件的差. 将"事件 A 发生而事件 B 不发生"的事件称为事件 A 与 B 的**差**,记作 $A - B$. 例如,在上面的例子中,我们记事件 $A =$ "甲喜欢的咖啡" $= \{$美式、拿铁$\}$,事件 $B =$ "乙喜欢的咖啡" $= \{$卡布奇诺、拿铁$\}$,则 A 与 B 的差事件 $A - B = \{$美式$\}$,而 B 与 A 的差事件 $B - A = \{$卡布奇诺$\}$,这是两个不同的差事件. 差事件 $A - B$ 是由属于 A 但不属于 B 的样本点所组成的事件,图 1.7(a) 与 (b) 所示是两种场合下差事件 $A - B$ 的示意图. 从图 1.7 可以看出,

$$A - B = A - AB = A\overline{B}.$$

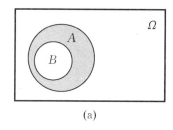
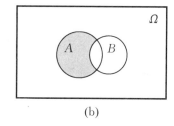

(a)   (b)

图 1.7

3. 事件的运算性质

事件的运算性质与集合的运算性质完全相同. 设 A,B,C 为同一个样本空间里的事件, 则有以下运算性质:

(1) **交换律** $A \cup B = B \cup A$, $AB = BA$.

(2) **结合律** $(A \cup B) \cup C = A \cup (B \cup C)$, $(AB)C = A(BC)$.

(3) **分配律** $A \cap (B \cup C) = AB \cup AC$, $A \cup (B \cap C) = (A \cup B) \cap (A \cup C)$,

                 $A \cap (B - C) = AB - AC$.

(4) **自反律** $\overline{\overline{A}} = A$.

(5) **对偶律** $\overline{A \cap B} = \overline{A} \cup \overline{B}$, $\overline{A \cup B} = \overline{A} \cap \overline{B}$.

注   事件的结合律和对偶律还可推广到有限个或可列无穷多个事件的情形.

例 1.1.7   若甲、乙、丙 3 人各投篮一次, 记事件 A 表示"甲投中", 事件 B 表示"乙投中", 事件 C 表示"丙投中", 则可用上述 3 个事件间的关系和运算来分别表示下列事件.

(1) "乙未投中": $\overline{B}$.

(2) "甲投中而乙未投中": $A\overline{B}$.

(3) "3 人中恰好有 1 人投中": $A\overline{B}\,\overline{C} \cup \overline{A}B\overline{C} \cup \overline{A}\,\overline{B}C$.

(4) "3 人中至少有 2 人投中": $AB \cup AC \cup BC$.

(5) "3 人中至少有 1 人未投中": $\overline{A} \cup \overline{B} \cup \overline{C}$ 或 $\overline{ABC}$ 或 $\Omega - ABC$.

(6) "3 人中至多有 1 人投中": $A\overline{B}\,\overline{C} \cup \overline{A}B\overline{C} \cup \overline{A}\,\overline{B}C \cup \overline{A}\,\overline{B}\,\overline{C}$.

注   当用事件间的关系和运算来表示一个事件时, 表示方法往往不唯一, 如例 1.1.7 中的 (5), 同一事件有三种不同的表示方法. 因此, 我们应当学会运用多种不同的方法表示同一事件, 并且能够从中选择出一种最恰当的表示方法, 以便快速而准确地解决问题.

1.2 事件的概率

概率论研究的是随机现象的统计规律性, 因此我们不仅要知道试验中有可能出现哪些事件, 而且还要对事件发生的可能性的大小进行量的描述.

1.2.1 频率

定义 1.2.1   若在相同条件下重复进行 n 次试验, 其中事件 A 发生的次数为 $r_n(A)$,

则称
$$f_n(A) = \frac{r_n(A)}{n}$$

为事件 A 发生的**频率**,$r_n(A)$ 称为事件 A 发生的**频数**.

显然,频率具有以下基本性质:

(1) $0 \leqslant f_n(A) \leqslant 1$;

(2) $f_n(\Omega) = 1$;

(3) 若 n 个事件 $A_1, A_2, \cdots, A_n$ 两两互不相容,则有
$$f_n(A_1 \bigcup A_2 \bigcup \cdots \bigcup A_n) = f_n(A_1) + f_n(A_2) + \cdots + f_n(A_n).$$

由定义 1.2.1 可知,频率反映了一个事件在大量重复试验中发生的频繁程度. 大量试验证实,随着重复试验次数的增加,频率会逐渐趋于某个确定的常数.

例如,历史上曾有许多名人进行过抛硬币的试验(见表 1.1),通过大量重复试验不难发现,硬币出现正面向上和反面向上的次数大致相等,即各占总试验次数的比例大约为 0.5,并且随着试验次数的增加,这一比例更加稳定地趋于常数 0.5,常数 0.5 通常称为频率的稳定值. 频率的稳定值与事件发生的可能性大小(概率)之间存在着内在的联系.

表 1.1

试验者	抛掷次数	正面向上的次数	正面向上的频率
德摩根	2 048	1 061	0.518 1
蒲丰	4 040	2 048	0.506 9
皮尔逊	12 000	6 019	0.501 6
皮尔逊	24 000	12 012	0.500 5

例 1.2.1 质检人员检查某仪器厂生产的一批产品的质量,从中分别抽取 5 件、20 件、50 件、90 件、130 件、150 件和 200 件来检查,检查结果如表 1.2 所示.

表 1.2

抽取产品件数 n	5	20	50	90	130	150	200
次品数 a	0	1	3	5	6	8	10
次品频率 $f = \dfrac{a}{n}$	0	0.05	0.06	0.056	0.046	0.053	0.05

由表 1.2 可以看出,在抽取的 n 件产品中,次品数 a 随着 n 的不同而取不同的值,但次品频率 $f = \dfrac{a}{n}$ 仅在 0.05 附近有微小变化,这里 0.05 就是次品频率的稳定值.

在实际生活中,通过大量重复试验得到事件的频率稳定于某个数值的例子有很多. 它们均表明一个事实:当试验次数增加时,事件 A 发生的频率 $f_n(A)$ 总是稳定在一个确定的数 p 附近,而且偏差随着试验次数的增加而减小. 在概率论中,我们把频率所体现出的这种性质称为频率的稳定性,它也说明了概率——刻画事件发生的可能性大小的数的客观存在性,同时可以把概率定义为频率的稳定值.

定义 1.2.2 在相同条件下重复进行 n 次试验. 若事件 A 发生的频率 $f_n(A) = \dfrac{r_n(A)}{n}$ 随

着试验次数 n 的增加而稳定地在某个常数 $p(0 \leqslant p \leqslant 1)$ 附近摆动,则称 p 为事件 A 的**概率**,记作 $p(A)$.

上述定义称为概率的统计定义. 根据这一定义,在实际应用时,往往可用试验次数足够大时的频率来估计概率的大小,且随着试验次数的增加,估计精度会越来越高.

例 1.2.2 为了设计一城市某个繁忙路口人行道的候车道,选择这个路口每天最繁忙的时间(下午 6:00)观测此时等候过人行道的人数,共观测了 30 天,得数据如表 1.3 所示. 试求某天下午 6:00 在该路口至少有 120 人在等候过人行道的概率.

表 1.3

等候人数	20	40	60	80	100	120	150	总和
出现天数	1	2	5	8	9	4	1	30
频率	$\frac{1}{30}$	$\frac{2}{30}$	$\frac{5}{30}$	$\frac{8}{30}$	$\frac{9}{30}$	$\frac{4}{30}$	$\frac{1}{30}$	1

解 设事件 A 表示"某天下午 6:00 在该路口至少有 120 人在等候过人行道",在 30 天的观测中,事件 A 发生的频率为

$$f_{30}(A) = \frac{4}{30} + \frac{1}{30} = \frac{5}{30} = \frac{1}{6},$$

故可以认为事件 A 发生的概率为 $\frac{1}{6}$.

1.2.2 概率的公理化定义

在数学中,任何一个概念或者定义都是对现实事物的提取与抽象. 概率的统计定义虽然为概率的定义提供了经验基础,但是仍然不能作为一个严格的数学定义. 在概率论的发展中经过了漫长的探索后,人们才真正地、完整地、严格地用数学语言定义了概率. 苏联数学家柯尔莫哥洛夫首次提出了概率的公理化定义,这一公理化定义一经提出便迅速获得举世公认,成为概率论发展史上的一个里程碑,也为之后的概率论研究打下了坚实基础.

定义 1.2.3 设 E 是一个随机试验,Ω 是它的样本空间,对试验 E 中的每一个事件 A 赋予一个实数,记作 $P(A)$. 若 $P(A)$ 满足下列 3 个条件:

(1) **非负性** $P(A) \geqslant 0$,

(2) **完备性** $P(\Omega) = 1$,

(3) **可列可加性** 设 $A_1, A_2, \cdots, A_n, \cdots$ 是两两互不相容的可列无穷多个事件,有

$$P\left(\bigcup_{n=1}^{\infty} A_n\right) = \sum_{n=1}^{\infty} P(A_n),$$

则称实数 $P(A)$ 为事件 A 的**概率**.

1.2.3 概率的基本性质

由概率的公理化定义可推出概率的一些基本性质.

性质 1 $P(\varnothing) = 0$.

证 令 $A_n = \varnothing$ $(n=1,2,\cdots)$，则 $\bigcup_{n=1}^{\infty} A_n = \varnothing$，且
$$A_i A_j = \varnothing \quad (i \neq j, i,j=1,2,\cdots).$$
由概率的可列可加性可得
$$P(\varnothing) = P\Big(\bigcup_{n=1}^{\infty} A_n\Big) = \sum_{n=1}^{\infty} P(A_n) = \sum_{n=1}^{\infty} P(\varnothing),$$
由概率的非负性可得 $P(\varnothing) \geqslant 0$，故由上式可知 $P(\varnothing) = 0$.

注 不可能事件的概率为 0，但反之不然.

性质 2（有限可加性） 设 $A_1, A_2, \cdots, A_n$ 是两两互不相容的事件，则有
$$P(A_1 \cup A_2 \cup \cdots \cup A_n) = P(A_1) + P(A_2) + \cdots + P(A_n).$$

证 令 $A_{n+1} = A_{n+2} = \cdots = \varnothing$，则有
$$A_i A_j = \varnothing \quad (i \neq j, i,j=1,2,\cdots).$$
由概率的可列可加性可得
$$P(A_1 \cup A_2 \cup \cdots \cup A_n) = P\Big(\bigcup_{k=1}^{\infty} A_k\Big) = \sum_{k=1}^{\infty} P(A_k) = \sum_{k=1}^{n} P(A_k) + \sum_{k=n+1}^{\infty} P(A_k)$$
$$= \sum_{k=1}^{n} P(A_k) + 0 = P(A_1) + P(A_2) + \cdots + P(A_n).$$

性质 3 对任一事件 A，有 $P(\bar{A}) = 1 - P(A)$.

证 因 $A \cup \bar{A} = \Omega$，且 $A\bar{A} = \varnothing$，故由性质 2 可得
$$1 = P(\Omega) = P(A \cup \bar{A}) = P(A) + P(\bar{A}),$$
从而
$$P(\bar{A}) = 1 - P(A).$$

性质 4 对任意两个事件 A 与 B，有 $P(A - B) = P(A) - P(AB)$.

特别地，若 $B \subset A$，则有
$$P(A-B) = P(A) - P(B), \quad P(A) \geqslant P(B).$$

证 因 $A = (A-B) \cup AB$，且 $(A-B) \cap AB = \varnothing$，故由性质 2 可得
$$P(A) = P(A-B) + P(AB),$$
从而
$$P(A-B) = P(A) - P(AB).$$
特别地，若 $B \subset A$，则有
$$P(A-B) = P(A) - P(AB) = P(A) - P(B).$$
又由概率的非负性可知 $P(A-B) \geqslant 0$，从而
$$P(A) \geqslant P(B).$$

性质 5 对任一事件 A，有 $P(A) \leqslant 1$.

证 因 $A \subset \Omega$，故由性质 4 可得
$$P(A) \leqslant P(\Omega) = 1.$$

性质 6 对任意两个事件 A 与 B，有
$$P(A \cup B) = P(A) + P(B) - P(AB).$$

证 因 $A \cup B = A \cup (B - AB)$，且 $A(B-AB) = \varnothing$，$AB \subset B$，故有

$$P(A \cup B) = P(A) + P(B - AB) = P(A) + P(B) - P(AB).$$

注 性质 6 可推广到多个事件的情形. 例如, 对任意三个事件 A, B, C, 有
$$P(A \cup B \cup C) = P(A) + P(B) + P(C) - P(AB) - P(BC) - P(AC) + P(ABC).$$
一般地, 对任意 n 个事件 $A_1, A_2, \cdots, A_n$, 用数学归纳法不难证明
$$P\left(\bigcup_{i=1}^{n} A_i\right) = \sum_{i=1}^{n} P(A_i) - \sum_{1 \leqslant i < j \leqslant n} P(A_i A_j)$$
$$+ \sum_{1 \leqslant i < j < k \leqslant n} P(A_i A_j A_k) - \cdots + (-1)^{n-1} P(A_1 A_2 \cdots A_n).$$
适当地运用概率的基本性质有助于我们计算较为复杂的事件的概率.

例 1.2.3 设 A, B 为两个事件, $P(A) = 0.4, P(B) = 0.5$, 试在下列两种情形下, 分别求出 $P(A - B)$ 与 $P(B - A)$:

(1) 事件 A 与 B 有包含关系;

(2) 事件 A 与 B 互不相容.

解 (1) 由于 $P(A) < P(B)$, 且事件 A 与 B 有包含关系, 因此由性质 4 可推得必定有 $A \subset B$. 于是
$$P(A - B) = P(\varnothing) = 0,$$
$$P(B - A) = P(B) - P(A) = 0.5 - 0.4 = 0.1.$$

(2) 由于事件 A 与 B 互不相容, 则 $AB = \varnothing$, 因此
$$A - B = A, \quad B - A = B.$$
于是
$$P(A - B) = P(A) = 0.4,$$
$$P(B - A) = P(B) = 0.5.$$

例 1.2.4 观察某地区未来 3 天的天气情况, 记事件 $A_i (i=0,1,2,3)$ 表示"未来 3 天将有 i 天下雪". 已知 $P(A_i) = (2i+1)P(A_0), i=0,1,2,3$, 求下列事件的概率:

(1) 未来 3 天均不下雪;

(2) 未来 3 天中至少有一天下雪;

(3) 未来 3 天中至多有一天下雪.

解 依题意可知, A_0, A_1, A_2, A_3 是两两互不相容的事件, 且 $\bigcup_{i=0}^{3} A_i = \Omega$, 故
$$1 = P(\Omega) = P\left(\bigcup_{i=0}^{3} A_i\right) = \sum_{i=0}^{3} P(A_i) = \sum_{i=0}^{3} (2i+1)P(A_0)$$
$$= P(A_0) + 3P(A_0) + 5P(A_0) + 7P(A_0) = 16 P(A_0),$$
解得 $P(A_0) = \dfrac{1}{16}$, 从而
$$P(A_i) = \frac{2i+1}{16} \quad (i=0,1,2,3).$$
设事件 A 表示"未来 3 天均不下雪", 事件 B 表示"未来 3 天中至少有一天下雪", 事件 C 表示"未来 3 天中至多有一天下雪".

(1) $P(A) = P(A_0) = \dfrac{1}{16}$.

(2) $P(B) = P\left(\bigcup_{i=1}^{3} A_i\right) = 1 - P(A_0) = 1 - \frac{1}{16} = \frac{15}{16}$.

(3) $P(C) = P\left(\bigcup_{i=0}^{1} A_i\right) = \sum_{i=0}^{1} P(A_i) = \frac{1}{16} + \frac{3}{16} = \frac{1}{4}$.

一般来说,我们仅在比较特殊的情况下才能直接计算随机事件的概率,且这种计算是以下述概率的古典定义为基础的.

1.2.4 古典概型

1. 古典概型的定义

在叙述概率的古典定义之前,我们先介绍事件的等可能性的概念.

如果试验时,由于某种对称性条件,使得若干个随机事件中每一个事件发生的可能性在客观上是完全相同的,则称这些事件是等可能的.

例如,任意抛掷一枚硬币,落地时"正面向上"与"反面向上"这两个事件发生的可能性在客观上是完全相同的,即等可能的;又如,抽样检查一个班里学生的作业时,每一位学生被抽到的可能性在客观上是完全相同的,因而抽到任一位学生的作业是等可能的.

定义1.2.4 若试验满足下列条件:

(1) 试验只有有限个可能的结果,

(2) 每一个结果发生的可能性大小相同,

则称此试验为**古典概型**或**等可能概型**.

在概率论的产生和发展过程中,古典概型是最早研究的对象,而且在实际应用中也是最常用的一种概率模型.

古典概型的定义在数学上可表述如下:

(1)′ 试验的样本空间 Ω 只有有限个样本点,即 $\Omega = \{\omega_1, \omega_2, \cdots, \omega_n\}$;

(2)′ 每一个基本事件的概率相同,记事件 $A_i = \{\omega_i\}$ ($i = 1, 2, \cdots, n$),则

$$P(A_1) = P(A_2) = \cdots = P(A_n).$$

由于事件 $A_1, A_2, \cdots, A_n$ 两两互不相容,因此有

$$1 = P(\Omega) = P\left(\bigcup_{i=1}^{n} A_i\right) = \sum_{i=1}^{n} P(A_i) = nP(A_i),$$

从而

$$P(A_i) = \frac{1}{n}, \quad i = 1, 2, \cdots, n.$$

在古典概型的假设下,我们来推导任一事件 A 的概率的计算公式.

设事件 A 包含其样本空间 Ω 中的 k 个基本事件,即

$$A = A_{i_1} \cup A_{i_2} \cup \cdots \cup A_{i_k},$$

这里 $i_1, i_2, \cdots, i_k$ 是 $1, 2, \cdots, n$ 中某 k 个不同的数,则事件 A 的概率为

$$P(A) = P\left(\bigcup_{j=1}^{k} A_{i_j}\right) = \sum_{j=1}^{k} P(A_{i_j}) = \frac{k}{n} = \frac{A\text{ 所包含的基本事件数}}{\Omega\text{ 中基本事件的总数}}. \quad (1.2.1)$$

称由式(1.2.1)定义的概率为**古典概率**,这种确定概率的方法称为古典方法.通过式(1.2.1)

就把求古典概率的问题转化为求基本事件的计数问题.

2. 计算古典概率的方法 —— 排列与组合

(1) 基本计数原理.

① **加法原理** 设完成一件事有 m 种方式,第 $i(i=1,2,\cdots,m)$ 种方式有 n_i 种方法,则完成这件事的方法总数为 $n_1+n_2+\cdots+n_m$.

② **乘法原理** 设完成一件事有 m 个步骤,第 $i(i=1,2,\cdots,m)$ 步有 n_i 种方法,且必须通过 m 个步骤的每一步骤才能完成这件事,则完成这件事的方法总数为 $n_1\times n_2\times\cdots\times n_m$.

(2) 排列组合方法.

① **排列公式** 从 n 个不同元素中任取 $k(1\leqslant k\leqslant n)$ 个元素的不同排列总数为

$$A_n^k=n(n-1)(n-2)\cdots(n-k+1)=\frac{n!}{(n-k)!}. \tag{1.2.2}$$

特别地,当 $k=n$ 时,称 A_n^n 为全排列,其排列总数为

$$A_n^n=n(n-1)(n-2)\cdot\cdots\cdot 2\cdot 1=n!.$$

注 A_n^k 有时也记作 P_n^k.

② **组合公式** 从 n 个不同元素中任取 $k(1\leqslant k\leqslant n)$ 个元素的不同组合总数为

$$C_n^k=\frac{A_n^k}{k!}=\frac{n(n-1)(n-2)\cdots(n-k+1)}{k!}=\frac{n!}{(n-k)!k!}. \tag{1.2.3}$$

注 C_n^k 有时也记作 $\binom{n}{k}$,称为组合系数.

例 1.2.5 从 $1,2,\cdots,9$ 这 9 个数字中任取 2 个数字,求取得 2 个数字是偶数的概率.

解 依题意可知,此试验的基本事件的总数为 $n=C_9^2=36$.设事件 A 表示"取得 2 个数字是偶数",则 A 所包含的基本事件数为 $k=C_4^2=6$,故所求的概率为

$$P(A)=\frac{k}{n}=\frac{6}{36}=\frac{1}{6}.$$

例 1.2.6 设有一批产品,这批产品共有 20 个,其中含有 4 个次品和 16 个正品.现从这批产品中任取 5 个产品,求其中恰好有 2 个正品的概率.

解 依题意可知,在 20 个产品中任取 5 个,共有 C_{20}^5 种取法,C_{20}^5 即为基本事件的总数.

设事件 A 表示"取出的 5 个产品中恰好有 2 个正品",即取到的 5 个产品中有 2 个正品和 3 个次品,则 A 所包含的基本事件数为 $C_{16}^2 C_4^3$,故所求的概率为

$$P(A)=\frac{C_{16}^2 C_4^3}{C_{20}^5}=\frac{10}{323}.$$

*例 1.2.7 设有 3 位旅客到某旅馆住宿.若每位旅客都等可能地被分配到 5 个房间中的任意一间去住,求下列事件的概率:

(1) 指定的 3 个房间中各住一位旅客;

(2) 恰好有 3 个房间中各住一位旅客.

解 因为每一位旅客都有 5 个房间可供选择,所以 3 位旅客共有 5^3 种选择方式,5^3 即为基本事件的总数.

(1) 设事件 A 表示"指定的 3 个房间中各住一位旅客",则 A 所包含的基本事件数为 3 位旅

客的全排列,即 3! 种安排方式,故所求的概率为

$$P(A) = \frac{3!}{5^3} = \frac{6}{125}.$$

(2) 设事件 B 表示"恰好有 3 个房间中各住一位旅客",即在 5 个房间中任意选取 3 个房间,共有 C_5^3 种选择方式,而对所选定的 3 个房间中各住一位旅客,有 3! 种安排方式,分两步完成事件 B. 故所求的概率为

$$P(B) = \frac{C_5^3 \cdot 3!}{5^3} = \frac{12}{25}.$$

*例 1.2.8 若某单位有 $n(1 \leqslant n \leqslant 365)$ 位员工,求这 n 位员工中至少有 2 位员工的生日在同一天的概率.

解 设事件 A 表示"这 n 位员工中至少有 2 位员工的生日在同一天". 假定一年按 365 天计算,每位员工的生日可在 365 天中的任意一天,那么这 n 位员工的生日共有 365^n 种可能,365^n 即为基本事件的总数.

由上面的假设可知 $\bar{A}$ 表示"这 n 位员工的生日全不在同一天",则 $\bar{A}$ 所包含的基本事件数为 $C_{365}^n \cdot n!$,故所求的概率为

$$P(A) = 1 - P(\bar{A}) = 1 - \frac{C_{365}^n \cdot n!}{365^n} = 1 - \frac{365!}{(365-n)! \, 365^n}.$$

例 1.2.8 就是历史上有名的"生日问题". 对不同的 n 值,我们可以通过上式计算得到相应的概率,如表 1.4 所示.

表 1.4

n	10	20	30	40	50	60
$P(A)$	0.116 9	0.411 4	0.706 3	0.891 2	0.970 4	0.994 1

表 1.4 中所列的数据可能会使很多读者感到惊奇,因为在一年 365 天当中,许多人会认为 30 个人的生日至少有 2 个人在同一天的概率应该是比较小的,而从表 1.4 中我们可以看到,这个概率是比较大的,达到了 70% 以上;且当 n 取到 60 时,有 2 个人的生日在同一天的概率竟然达到 99% 以上,出乎人们的预料. 这个例子告诉了我们一个道理,有时直觉并不是很可靠,要更多地运用科学的方法去揭示事物的本质.

1.3 条 件 概 率

1.3.1 条件概率的定义

在实际问题中,对于给定的一个试验,除了要考虑事件 A 发生的概率 $P(A)$ 之外,有时还要考虑在事件 B 已经发生的条件下事件 A 发生的概率是多少,这种概率称之为条件概率,记作 $P(A|B)$. 相对条件概率而言,称 $P(A)$ 为无条件概率,一般来说,$P(A) \neq P(A|B)$,那么如何求 $P(A|B)$ 呢? 我们先来看一个简单的例子.

例 1.3.1 将一枚均匀的硬币向上抛 2 次,观察其落地时向上的一面的正反情况. 此试验的样本空间为

$$\Omega = \{(正,正),(正,反),(反,反),(反,正)\},$$

在 Ω 中的 4 个样本点是等可能发生的情况下,我们来讨论如下一些事件的概率.

(1) 记事件 A 表示"试验中至少出现了 1 次正面向上",则其概率为

$$P(A) = \frac{3}{4}.$$

(2) 记事件 B 表示"试验中至少出现了 1 次反面向上". 若事件 B 已经发生了,问此时事件 A 的概率是多少?

在事件 B 已经发生的条件下,样本空间 Ω 也随之改变为 $\Omega_B = \{(正,反),(反,反),(反,正)\}$. 在新的样本空间 Ω_B 中,事件 A 只包含 2 个样本点,故所求的概率为

$$P(A \mid B) = \frac{2}{3}.$$

(3) 若对(2)中概率的分子、分母各除以 4,则可得到

$$P(A \mid B) = \frac{\frac{2}{4}}{\frac{3}{4}} = \frac{P(AB)}{P(B)},$$

其中事件 AB 表示"试验中出现了 1 次正面向上和 1 次反面向上",它包含 2 个样本点.

例 1.3.1 虽然是一个特殊的例子,但对于一般的古典概型,只要 $P(B) > 0$,上述关系式总是成立的. 这个关系式具有一般性,即条件概率是两个无条件概率之商,这就是条件概率的定义.

定义 1.3.1 设 A,B 是样本空间 Ω 中的两个事件. 若 $P(A) > 0$,则称

$$P(B \mid A) = \frac{P(AB)}{P(A)} \tag{1.3.1}$$

为在事件 A 已经发生的条件下事件 B 发生的条件概率,简称**条件概率**.

同理,设 A,B 是样本空间 Ω 中的两个事件. 若 $P(B) > 0$,则称

$$P(A \mid B) = \frac{P(AB)}{P(B)} \tag{1.3.2}$$

为在事件 B 已经发生的条件下事件 A 发生的条件概率.

因为条件概率也是概率,所以条件概率也具有概率的公理化定义中概率具有的三条性质.
设 A 是一事件,且 $P(A) > 0$,则

(1) 对任一事件 B,有 $0 \leqslant P(B \mid A) \leqslant 1$;

(2) $P(\Omega \mid A) = 1$;

(3) 设 $B_1, B_2, \cdots, B_n$ 为两两互不相容的 n 个事件,则

$$P(B_1 \cup B_2 \cup \cdots \cup B_n \mid A) = P(B_1 \mid A) + P(B_2 \mid A) + \cdots + P(B_n \mid A).$$

此外,前面证明的概率的性质也都适用于条件概率.

注 (1) 用维恩图表示式(1.3.1),如图 1.8 所示. 若事件 A 已经发生,如使事件 B 也发生,则试验结果是既在 A 中又在 B 中的样本点,即此样本点必为 AB 中的样本点. 因已知事件 A 已经发生,故事件 A 成为计算条件概率 $P(B \mid A)$ 的新样本空间,可记为 Ω_A.

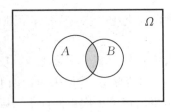

图 1.8

(2) 计算条件概率 $P(B\mid A)$ 有两种方法:

① 在样本空间 Ω 中,先求概率 $P(AB)$ 和 $P(A)$,再按定义 1.3.1 计算 $P(B\mid A)$;

② 在缩减的样本空间 Ω_A 中求事件 B 的概率,就得到 $P(B\mid A)$.

例 1.3.2 若某零件的使用寿命超过 10 年的概率为 0.9,超过 15 年的概率为 0.5,则该零件使用了 10 年之后,它将在 5 年内损坏的概率有多大?

解 设事件 A 表示"该零件的使用寿命超过 10 年",事件 B 表示"该零件的使用寿命超过 15 年". 依题意可得

$$P(A)=0.9,\quad P(B)=0.5.$$

由于 $A\supset B$,因此

$$P(AB)=P(B)=0.5.$$

故所求的概率为

$$P(\bar{B}\mid A)=1-P(B\mid A)=1-\frac{P(AB)}{P(A)}$$

$$=1-\frac{0.5}{0.9}=\frac{4}{9}.$$

例 1.3.3 已知一箱子里有 6 包茶叶,其中 4 包是铁观音,2 包是大红袍. 现从该箱子里不放回地连续取出两包茶叶,求在第一次取到铁观音的条件下,第二次取到大红袍的概率.

解 设事件 A 表示"第一次取到铁观音",事件 B 表示"第二次取到大红袍". 依题意可知,本题所求的概率为 $P(B\mid A)$,即求条件概率.

解法一 用缩减样本空间的方法求条件概率.

依题意可知,在事件 A 已经发生的条件下,新的样本空间 Ω_A 中包含 $A_4^1 A_5^1$ 个样本点,其中事件 B 包含 $A_4^1 A_2^1$ 个样本点,故所求的概率为

$$P(B\mid A)=\frac{A_4^1 A_2^1}{A_4^1 A_5^1}=\frac{8}{20}=\frac{2}{5}.$$

解法二 用直接计算的方法求条件概率.

因为第一次取走了一包铁观音,此时箱子里只剩下 5 包茶叶,其中有 3 包铁观音和 2 包大红袍,再从中任取一包茶叶,取到大红袍的概率为 $\frac{2}{5}$,所以所求的概率为

$$P(B\mid A)=\frac{2}{5}.$$

解法三 利用定义 1.3.1 求条件概率.

从箱子里的 6 包茶叶中不放回地连续取出两包有 A_6^2 种取法,其中第一次取到铁观音有 $A_4^1 A_5^1$ 种取法,第一次取到铁观音且第二次取到大红袍有 $A_4^1 A_2^1$ 种取法,所以

$$P(A) = \frac{A_4^1 A_5^1}{A_6^2} = \frac{20}{30} = \frac{2}{3}, \quad P(AB) = \frac{A_4^1 A_2^1}{A_6^2} = \frac{8}{30} = \frac{4}{15}.$$

由式(1.3.1)可得所求的概率为

$$P(B \mid A) = \frac{P(AB)}{P(A)} = \frac{\frac{4}{15}}{\frac{2}{3}} = \frac{2}{5}.$$

1.3.2 概率的乘法公式

由式(1.3.1)和式(1.3.2)可得概率的乘法公式.

定理 1.3.1 对任意两个事件 A 与 B,若 $P(A) > 0$,则有

$$P(AB) = P(A)P(B \mid A). \tag{1.3.3}$$

同理,若 $P(B) > 0$,则有

$$P(AB) = P(B)P(A \mid B). \tag{1.3.4}$$

通常称式(1.3.3)和式(1.3.4)为**概率的乘法公式**.

定理 1.3.1 不难推广到多个事件的情形.

定理 1.3.2 对任意 n 个事件 $A_1, A_2, \cdots, A_n$,若 $P(A_1 A_2 \cdots A_{n-1}) > 0$,则有

$$P(A_1 A_2 \cdots A_n) = P(A_1) P(A_2 \mid A_1) P(A_3 \mid A_1 A_2) \cdots P(A_n \mid A_1 A_2 \cdots A_{n-1}). \tag{1.3.5}$$

证 可用数学归纳法证明. 当 $n = 2$ 时就是定理 1.3.1,现假设结论对 $n = k-1$ 成立,即

$$P(A_1 A_2 \cdots A_{k-1}) = P(A_1) P(A_2 \mid A_1) P(A_3 \mid A_1 A_2) \cdots P(A_{k-1} \mid A_1 A_2 \cdots A_{k-2}). \tag{1.3.6}$$

当 $n = k$ 时,由于

$$P(A_1 A_2 \cdots A_k) = P(A_1 A_2 \cdots A_{k-1}) P(A_k \mid A_1 A_2 \cdots A_{k-1}),$$

再把式(1.3.6)代入上式即得结论.

例 1.3.4 已知一盒子里装有 10 颗糖,其中 3 颗是牛奶糖,7 颗是朱古力糖. 现从该盒子里不放回地先后两次随意各取一颗糖,求两次均取到牛奶糖的概率.

解 设事件 $A_i (i = 1, 2)$ 表示"第 i 次取到牛奶糖",则事件 $A_1 A_2$ 表示"两次均取到牛奶糖". 由题设知

$$P(A_1) = \frac{3}{10}, \quad P(A_2 \mid A_1) = \frac{2}{9},$$

于是根据概率的乘法公式,有

$$P(A_1 A_2) = P(A_1) P(A_2 \mid A_1) = \frac{3}{10} \times \frac{2}{9} = \frac{1}{15}.$$

例 1.3.5 某商场整箱出售某种灯泡,已知每箱装有 100 个灯泡,且其中混有 5 个次品. 商场决定采用"假一赔五"的方式进行销售:顾客购买一箱灯泡,从中随机地抽取 1 个,若发现是次品,则商场要赔偿 5 个正品灯泡并放在箱子里,并且那个次品灯泡不再放回;若发现是正品,则将正品灯泡放回箱子里. 现有一位顾客购买了一箱灯泡,若该顾客在该箱子里先后随机

地抽取了 3 个灯泡进行测试,试求他第一次、第三次取到次品而第二次取到正品的概率.

解 设事件 $A_i(i=1,2,3)$ 表示"该顾客在第 i 次测试时取到次品",依题意可得

$$P(A_1)=\frac{5}{100},$$

$$P(\overline{A_2}\mid A_1)=\frac{99+5-4}{99+5}=\frac{100}{104},$$

$$P(A_3\mid A_1\overline{A_2})=\frac{4}{99+5}=\frac{4}{104}.$$

由概率的乘法公式可得所求的概率为

$$P(A_1\overline{A_2}A_3)=P(A_1)P(\overline{A_2}\mid A_1)P(A_3\mid A_1\overline{A_2})$$

$$=\frac{5}{100}\times\frac{100}{104}\times\frac{4}{104}\approx 0.001\,849.$$

全概率与
贝叶斯公式

1.3.3 全概率公式与贝叶斯公式

为了介绍全概率公式和贝叶斯公式,我们先来引入样本空间的划分的定义.

定义 1.3.2 设 Ω 为试验 E 的样本空间,$A_1,A_2,\cdots,A_n$ 为 E 中的一组事件,若其满足:

(1) $A_iA_j=\varnothing$ $(i\neq j, i,j=1,2,\cdots,n)$,

(2) $\bigcup\limits_{i=1}^{n}A_i=\Omega$,

则称 $A_1,A_2,\cdots,A_n$ 为样本空间 Ω 的一个**划分**.

1. 全概率公式

全概率公式是概率论中的一个重要公式,它能使一个复杂事件的概率计算问题转化为简单事件的概率求和问题.

定理 1.3.3 (全概率公式)设 $A_1,A_2,\cdots,A_n$ 是样本空间 Ω 的一个划分. 若 $P(A_i)>0$ $(i=1,2,\cdots,n)$,则对任一事件 B,有

$$P(B)=\sum_{i=1}^{n}P(A_i)P(B\mid A_i). \tag{1.3.7}$$

证 $P(B)=P(B\cap\Omega)=P\left(B\cap\left(\bigcup\limits_{i=1}^{n}A_i\right)\right)=P\left(\bigcup\limits_{i=1}^{n}(B\cap A_i)\right)$

$$=\sum_{i=1}^{n}P(B\cap A_i)=\sum_{i=1}^{n}P(A_iB)=\sum_{i=1}^{n}P(A_i)P(B\mid A_i).$$

注 直接计算比较复杂的事件 B 的概率 $P(B)$ 不易时,可根据具体情况构造样本空间 Ω 的一个划分 $A_1,A_2,\cdots,A_n$,将求事件 B 的概率转化为求各事件 $A_iB(i=1,2,\cdots,n)$ 的概率的总和,这样就能化难为易了.

特别地,对于式(1.3.7),当 $n=2$ 时,若将 A_1 记为 A,则 A_2 就是 $\overline{A}$,于是有

$$P(B)=P(A)P(B\mid A)+P(\overline{A})P(B\mid\overline{A}).$$

例 1.3.6 一批一等水稻种子中混有 7% 的二等种子和 2% 的三等种子. 已知一、二、三等种子将来长出的谷穗有 60 颗以上谷粒的概率分别为 50%,18% 和 9%. 假设一、二、三等种子的发芽率相同,若用这批水稻种子播种,求这批种子长出的谷穗都有 60 颗以上谷粒的概率.

解 设事件 $A_i(i=1,2,3)$ 表示"播种用的水稻种子为 i 等种子",事件 B 表示"这批种子长出的谷穗都有 60 颗以上谷粒",则依题意可得
$$P(A_1)=0.91, \quad P(A_2)=0.07, \quad P(A_3)=0.02,$$
$$P(B|A_1)=0.50, \quad P(B|A_2)=0.18, \quad P(B|A_3)=0.09.$$
故所求的概率为
$$P(B)=P(A_1)P(B|A_1)+P(A_2)P(B|A_2)+P(A_3)P(B|A_3)$$
$$=0.91\times 0.50+0.07\times 0.18+0.02\times 0.09=0.469\,4.$$

2. 贝叶斯公式

利用全概率公式,可通过综合分析求得一个较为复杂的事件由于各种原因导致该事件发生的概率. 若一事件 B 已经发生,要求引发该事件发生的各种原因(如 $A_1,A_2,\cdots,A_n$)的占比是多少,就要用到下面所讲的贝叶斯公式.

贝叶斯

定理 1.3.4 (贝叶斯公式)设 $A_1,A_2,\cdots,A_n$ 是样本空间 Ω 的一个划分,且 $P(A_i)>0(i=1,2,\cdots,n)$. 对任一事件 B,若 $P(B)>0$,则有

$$P(A_i|B)=\frac{P(A_iB)}{P(B)}=\frac{P(A_i)P(B|A_i)}{\sum_{j=1}^{n}P(A_j)P(B|A_j)} \quad (i=1,2,\cdots,n). \quad (1.3.8)$$

注 在贝叶斯公式中, $P(A_i)$ 和 $P(A_i|B)$ 分别称为事件 A_i 的**先验概率**和**后验概率**. $P(A_i)$ 是在人们不知道事件 B 是否发生的情况下事件 A_i 发生的概率,而 $P(A_i|B)$ 是在人们知道了事件 B 发生之后事件 A_i 发生的概率. 人们对事件 A_i 有了新的认识,贝叶斯公式正是从数量上刻画了这种变化.

特别地,对于式(1.3.8),当 $n=2$ 时,若将 A_1 记为 A,则 A_2 就是 $\overline{A}$,于是有
$$P(A|B)=\frac{P(AB)}{P(B)}=\frac{P(A)P(B|A)}{P(A)P(B|A)+P(\overline{A})P(B|\overline{A})}.$$

例 1.3.7 对某生产线以往的工作数据进行分析可知,当该生产线正常运行时,产品的合格率为 95%,而当该生产线发生故障时,产品的合格率为 50%,每天早上该生产线开动时正常运行的概率为 90%. 已知某日早上该生产线生产的第一件产品是合格品,试求该生产线正常运行的概率.

解 设事件 A 表示"某日该生产线正常运行",事件 B 表示"某日该生产线生产的产品为合格品",则依题意可得
$$P(B|A)=0.95, \quad P(B|\overline{A})=0.5, \quad P(A)=0.9, \quad P(\overline{A})=0.1.$$
故由贝叶斯公式可得所求的概率为
$$P(A|B)=\frac{P(A)P(B|A)}{P(A)P(B|A)+P(\overline{A})P(B|\overline{A})}$$
$$=\frac{0.9\times 0.95}{0.9\times 0.95+0.1\times 0.5}\approx 0.944\,8.$$

例 1.3.8 由临床数据可知,某种试验对人有如下效果:对非癌症患者做试验,结果呈现阳性的占 5%;对癌症患者做试验,结果呈现阳性的占 90%. 现用这种试验对某地区居民进行癌症普查,已知该地区患有癌症的人占 0.003.

(1) 现抽查了 1 个人做试验,试验结果呈现阳性,问:此人是癌症患者的概率有多大?

(2) 现抽查了 1 个人做试验,试验结果呈现阴性,问:此人是非癌症患者的概率有多大?

解 设事件 A 表示"被抽查者患有癌症",事件 B 表示"试验结果呈现阳性",则依题意可得

$$P(A) = 0.003, \quad P(B \mid A) = 0.9, \quad P(B \mid \bar{A}) = 0.05,$$
$$P(\bar{A}) = 0.997, \quad P(\bar{B} \mid A) = 0.1, \quad P(\bar{B} \mid \bar{A}) = 0.95.$$

(1) 所求的概率为

$$P(A \mid B) = \frac{P(A)P(B \mid A)}{P(A)P(B \mid A) + P(\bar{A})P(B \mid \bar{A})}$$
$$= \frac{0.003 \times 0.9}{0.003 \times 0.9 + 0.997 \times 0.05} \approx 0.0514.$$

(2) 所求的概率为

$$P(\bar{A} \mid \bar{B}) = \frac{P(\bar{A})P(\bar{B} \mid \bar{A})}{P(A)P(\bar{B} \mid A) + P(\bar{A})P(\bar{B} \mid \bar{A})}$$
$$= \frac{0.997 \times 0.95}{0.003 \times 0.1 + 0.997 \times 0.95} \approx 0.9997.$$

1.4 事件的独立性

由上节条件概率的例子可知,一般情况下 $P(B) \neq P(B \mid A)$,即事件 A 发生对事件 B 的发生是有影响的. 但在许多实际问题中,常常会遇到两个事件中任何一个事件发生都不会对另外一个事件的发生产生影响,即有 $P(B) = P(B \mid A)$,此时概率的乘法公式可写成

$$P(AB) = P(A)P(B \mid A) = P(A)P(B).$$

由此引出了事件间的相互独立问题.

1.4.1 两个事件的独立性

定义 1.4.1 若事件 A,B 满足

$$P(AB) = P(A)P(B), \tag{1.4.1}$$

则称事件 A 与 B **相互独立**,简称 A 与 B **独立**.

注 (1) 两个事件互不相容与相互独立是完全不同的两个概念,它们分别从两个不同的角度表述了两个事件间的某种联系,互不相容是表述在一次试验中两个事件不能同时发生,而相互独立是表述在一次试验中任何一个事件发生都不会对另外一个事件的发生产生影响.

(2) 当 $P(A) > 0, P(B) > 0$ 时,事件 A 与 B 相互独立和事件 A 与 B 互不相容不能同时成立,但 $\varnothing$ 与 Ω 既相互独立又互不相容.(留给读者自证)

定理 1.4.1 设 A,B 是两个事件,且 $P(B) > 0$. 若事件 A 与 B 相互独立,则 $P(A \mid B) = P(A)$. 反之亦然.

证 由条件概率和独立性的定义易得定理成立.

定理 1.4.2 若事件 A 与 B 相互独立,则事件 A 与 $\overline{B}$ 相互独立,事件 $\overline{A}$ 与 B 相互独立,事件 $\overline{A}$ 与 $\overline{B}$ 相互独立.

证 由概率的性质和独立性的定义可得
$$P(A\overline{B}) = P(A-AB) = P(A) - P(AB)$$
$$= P(A) - P(A)P(B) = P(A)[1-P(B)]$$
$$= P(A)P(\overline{B}),$$
故由定义 1.4.1 可知事件 A 与 $\overline{B}$ 相互独立.

类似可证事件 $\overline{A}$ 与 B 相互独立,事件 $\overline{A}$ 与 $\overline{B}$ 相互独立.(留给读者自己完成)

例 1.4.1 某人从一副扑克牌中任意抽取一张牌,假设该副扑克牌中不含大小王,记事件 $A=\{$抽到的牌是红色的$\}$,事件 $B=\{$抽到 5$\}$,问:事件 A 与 B 是否相互独立?

解 解法一 利用定义 1.4.1 来判断事件 A 与 B 是否相互独立.由题意可知
$$P(A) = \frac{26}{52} = \frac{1}{2}, \quad P(B) = \frac{4}{52} = \frac{1}{13}, \quad P(AB) = \frac{2}{52} = \frac{1}{26},$$
从而有
$$P(AB) = P(A)P(B).$$
故由独立性的定义可知,事件 A 与 B 相互独立.

解法二 利用条件概率来判断事件 A 与 B 是否相互独立.由题意可知
$$P(B) = \frac{4}{52} = \frac{1}{13}, \quad P(B|A) = \frac{2}{26} = \frac{1}{13},$$
从而有
$$P(B) = P(B|A).$$
故由定理 1.4.1 可知事件 A 与 B 相互独立.

从例 1.4.1 可知,判断两个事件的独立性,可利用定义 1.4.1 来判断,也可通过定理 1.4.1 来判断.但在实际应用中,通过计算来判断两个事件是否相互独立是很麻烦的,我们常常根据问题的实际意义去判断.

例如,甲、乙两人各投篮 1 次,记事件 $A=\{$甲投中$\}$,事件 $B=\{$乙投中$\}$.由实际意义可知,甲是否投中并不影响乙是否投中,从而可知事件 A 与 B 相互独立.

又如,一个箱子里装有 10 个零件,其中包含 6 个正品和 4 个次品.现从箱子中任意抽取 2 个零件,记事件 $A_i=\{$抽出的第 i 个零件是次品$\}(i=1,2)$,问:事件 A_1 与 A_2 是否相互独立?

回答这个问题要从实际情况出发,分两种情况来回答.

(1) 若抽取是有放回的,则事件 A_1 与 A_2 相互独立.因为第二次抽取的样本空间与第一次抽取的样本空间是一样的,两次抽取相互不受影响.

(2) 若抽取是不放回的,则事件 A_1 与 A_2 不相互独立.因为第二次抽取的样本空间与第一次抽取的样本空间是不一样的.

1.4.2 多个事件的独立性

定义 1.4.2 设 A,B,C 是三个事件,若其满足

$$\begin{cases} P(AB) = P(A)P(B), \\ P(AC) = P(A)P(C), \\ P(BC) = P(B)P(C), \\ P(ABC) = P(A)P(B)P(C), \end{cases} \tag{1.4.2}$$

则称这三个事件 A, B, C **相互独立**.

对 n 个事件的独立性，可类似写出其定义.

定义 1.4.3 设有 n 个事件 $A_1, A_2, \cdots, A_n (n \geqslant 2)$. 若对任意 $k(1 < k \leqslant n)$ 个事件 $A_{i_1}, A_{i_2}, \cdots, A_{i_k} (1 \leqslant i_1 < i_2 < \cdots < i_k \leqslant n)$ 均满足

$$P(A_{i_1} A_{i_2} \cdots A_{i_k}) = P(A_{i_1}) P(A_{i_2}) \cdots P(A_{i_k}), \tag{1.4.3}$$

则称这 n 个事件 $A_1, A_2, \cdots, A_n$ **相互独立**.

注 式 (1.4.3) 包含的等式总数为

$$C_n^2 + C_n^3 + \cdots + C_n^n = (1+1)^n - C_n^1 - C_n^0 = 2^n - n - 1.$$

在实际问题中，很少根据定义 1.4.3 来判断多个事件是否相互独立，我们常常根据经验事实来判定其是否相互独立. 例如，多人参加射击活动，彼此各不相干，由经验可知各自是否击中目标这类事件是相互独立的.

定义 1.4.4 设有 n 个事件 $A_1, A_2, \cdots, A_n (n \geqslant 2)$. 若对任意的 $1 \leqslant i < j \leqslant n$，都有

$$P(A_i A_j) = P(A_i) P(A_j),$$

则称事件 $A_1, A_2, \cdots, A_n$ **两两相互独立**.

1.4.3 独立性的性质

性质 1 若 n 个事件 $A_1, A_2, \cdots, A_n (n \geqslant 2)$ 相互独立，则其中任意 $k(1 < k \leqslant n)$ 个事件也相互独立.

证 由独立性的定义可直接推出.

性质 2 若 n 个事件 $A_1, A_2, \cdots, A_n (n \geqslant 2)$ 相互独立，则将 $A_1, A_2, \cdots, A_n$ 中的任意 $m(1 \leqslant m \leqslant n)$ 个事件换成它们的对立事件，所得的 n 个事件仍相互独立.

证 当 $n = 2$ 时，即为定理 1.4.2；当 $n > 2$ 时，可用数学归纳法证明，此处略.

性质 3 设 $A_1, A_2, \cdots, A_n$ 是 $n(n \geqslant 2)$ 个事件，则由 $A_1, A_2, \cdots, A_n$ 相互独立可推出 $A_1, A_2, \cdots, A_n$ 两两相互独立. 反之不然.

由性质 3 可见，相互独立性比两两独立性更强.

例 1.4.2 一箱子里有 4 把伞，其中 1 把是紫色伞，1 把是蓝色伞，1 把是黑色伞，最后 1 把是紫、黑、蓝三色伞. 现从箱子里任意拿一把伞，记事件 A 表示"拿到含有紫色的伞"，事件 B 表示"拿到含有蓝色的伞"，事件 C 表示"拿到含有黑色的伞"，问：

(1) 事件 A, B, C 是否两两相互独立？

(2) 事件 A, B, C 是否相互独立？

解 根据题意可知

$$P(A) = P(B) = P(C) = \frac{2}{4} = \frac{1}{2},$$

$$P(AB) = P(BC) = P(AC) = \frac{1}{4},$$

$$P(ABC)=\frac{1}{4}.$$

(1) 因为

$$P(AB)=P(A)P(B)=\frac{1}{2}\times\frac{1}{2}=\frac{1}{4},$$

$$P(AC)=P(A)P(C)=\frac{1}{4},$$

$$P(BC)=P(B)P(C)=\frac{1}{4},$$

所以事件 A,B,C 两两相互独立.

(2) 因为

$$P(ABC)=\frac{1}{4}\neq\frac{1}{8}=P(A)P(B)P(C),$$

所以事件 A,B,C 不相互独立.

例 1.4.3 一个师傅照管甲、乙、丙 3 条生产线,假设这 3 条生产线的工作是相互独立的. 若某段时间内这三条生产线需要师傅照管的概率分别为 0.12,0.08 及 0.06,求在这段时间内生产线需要师傅照管的概率.

解 设事件 A,B,C 分别表示在这段时间内甲、乙、丙 3 条生产线需要师傅照管. 依题意可知,事件 A,B,C 相互独立,且有

$$P(A)=0.12,\quad P(B)=0.08,\quad P(C)=0.06,$$

从而

$$P(\overline{A})=1-0.12=0.88,\quad P(\overline{B})=1-0.08=0.92,\quad P(\overline{C})=1-0.06=0.94.$$

故在这段时间内生产线需要师傅照管的概率为

$$P(A\bigcup B\bigcup C)=1-P(\overline{A\bigcup B\bigcup C})=1-P(\overline{A}\,\overline{B}\,\overline{C})$$

$$=1-P(\overline{A})P(\overline{B})P(\overline{C})=1-0.88\times 0.92\times 0.94=0.239.$$

例 1.4.4 现有一混合 100 个人的血液,假设每个人的血液中含有某种病毒的概率为 0.002,求此混合血液中含有某种病毒的概率.

解 设事件 $A_i(i=1,2,\cdots,100)$ 表示"第 i 个人的血液中含有某种病毒",事件 A 表示"此混合血液中含有某种病毒". 依题意可知,事件 $A_1,A_2,\cdots,A_{100}$ 相互独立,且

$$P(A_i)=0.002,\quad P(\overline{A_i})=1-0.002=0.998\quad(i=1,2,\cdots,100),$$

故所求的概率为

$$P(A)=P(A_1\bigcup A_2\bigcup\cdots\bigcup A_{100})=1-P(\overline{A_1\bigcup A_2\bigcup\cdots\bigcup A_{100}})$$

$$=1-P(\overline{A_1}\,\overline{A_2}\cdots\overline{A_{100}})=1-P(\overline{A_1})P(\overline{A_2})\cdots P(\overline{A_{100}})$$

$$=1-0.998^{100}\approx 0.1814.$$

例 1.4.4 表明,虽然每个人的血液中含有某种病毒的概率只有 0.002,但是把 100 个人的血液混合在一起时,此混合血液中含有某种病毒的概率却是原来的九十多倍. 换句话说,小概率事件叠加有时会产生大效应,要引起重视.

1.4.4 独立性在可靠性问题中的应用

可靠性问题的内容是相当丰富的,在这里我们仅仅介绍一些最简单、最常见的应用,如一

些串并联系统的可靠性问题.

在下面的内容中,我们总假定各元件在一个系统中是否正常工作都是相互独立的.

例 1.4.5 (串联系统)在一个由 n 个元件串联而成的系统中,若第 i 个元件的可靠度为 $p_i(i=1,2,\cdots,n)$,试求该串联系统的可靠度.

解 设事件 $A_i(i=1,2,\cdots,n)$ 表示"第 i 个元件能正常工作". 由题意可得 $P(A_i)=p_i(i=1,2,\cdots,n)$,且这 n 个事件 $A_1,A_2,\cdots,A_n$ 是相互独立的. 因为这是一个串联系统,由串联系统的原理可知,该串联系统能正常工作等价于 n 个元件都能正常工作,所以所求的可靠度(即概率)为

$$P(A_1 A_2 \cdots A_n) = \prod_{i=1}^{n} P(A_i) = \prod_{i=1}^{n} p_i.$$

例 1.4.6 (并联系统)在一个由 n 个元件并联而成的系统中,若第 i 个元件的可靠度为 $p_i(i=1,2,\cdots,n)$,试求该并联系统的可靠度.

解 设事件 $A_i(i=1,2,\cdots,n)$ 表示"第 i 个元件能正常工作". 由题意可得 $P(A_i)=p_i(i=1,2,\cdots,n)$,且这 n 个事件 $A_1,A_2,\cdots,A_n$ 是相互独立的. 因为这是一个并联系统,由并联系统的原理可知,该并联系统能正常工作等价于 n 个元件中至少有 1 个元件能正常工作,所以所求的可靠度(即概率)为

$$P(A_1 \cup A_2 \cup \cdots \cup A_n) = 1 - P(\overline{A_1 \cup A_2 \cup \cdots \cup A_n}) = 1 - P(\overline{A}_1 \overline{A}_2 \cdots \overline{A}_n)$$

$$= 1 - \prod_{i=1}^{n} P(\overline{A}_i) = 1 - \prod_{i=1}^{n} (1-p_i).$$

1.5 实 践 案 例

1. 信任度的判定

诚信是中华民族的传统美德,也是社会主义核心价值观的重要部分.《论语》中有记载:"言必信,行必果."这句话不仅强调了言行一致的重要性,同时也提醒人们在人际交往中只有注重诚信,才能赢得他人的尊重和信任.作为中国传统道德教育的一个重要话题,诚信教育理应"从娃娃抓起",从小就教育小朋友应该做一个诚信的孩子,因为一而再,再而三地撒谎只会降低他们的社会诚信度,也会让他人对撒谎者失去尊重和信任.在《伊索寓言》中,"狼来了"的故事便是一个很好的例子. 它讲的是一个每天到山上放羊的小孩喜欢撒谎,两次谎称狼来了来捉弄村民,可是当狼真的来了,第三次无论小孩怎么喊叫,村民也没有来救他了,因为他已经撒了两次谎,人们已经不再相信他了.

现在我们用贝叶斯公式来分析此寓言中村民对这个小孩的信任度是如何下降的.

我们记事件 A 表示"小孩可信",事件 B 表示"小孩说谎". 不妨假设村民过去对这个小孩的信任度为

$$P(A)=0.9,$$

则 $P(\overline{A})=0.1$.

现在小孩说了一次谎后,我们来求村民对他的信任度,即求条件概率 $P(A\mid B)$.

在贝叶斯公式中要用到 $P(B|A)$ 和 $P(B|\bar{A})$,其中 $P(B|A)$ 表示可信的小孩说谎的可能性大小,而 $P(B|\bar{A})$ 表示不可信的小孩说谎的可能性大小. 在这里不妨假设
$$P(B|A)=0.05, \quad P(B|\bar{A})=0.5.$$

由贝叶斯公式,所求的概率为
$$P(A|B)=\frac{P(AB)}{P(B)}=\frac{P(A)P(B|A)}{P(A)P(B|A)+P(\bar{A})P(B|\bar{A})}$$
$$=\frac{0.9\times 0.05}{0.9\times 0.05+0.1\times 0.5}\approx 0.474.$$

上式表明,村民上了一次当之后,对这个小孩的信任度下降了很多,直接从 0.9 下降到 0.474,也就是信任度调整为
$$P(A)=0.474, \quad 则 \quad P(\bar{A})=0.526.$$

在此基础上,我们再来求小孩第二次说谎后村民对他的信任度,所求的概率为
$$P(A|B)=\frac{P(AB)}{P(B)}=\frac{P(A)P(B|A)}{P(A)P(B|A)+P(\bar{A})P(B|\bar{A})}$$
$$=\frac{0.474\times 0.05}{0.474\times 0.05+0.526\times 0.5}\approx 0.083.$$

上式表明,村民经过两次被骗之后,对这个小孩的信任度已经从最初的 0.9 下降到了 0.083,如此低的信任度,村民怎么会信任这个小孩以后说的话呢. 因此,当村民听到小孩第三次大喊狼来了,再也没有人相信他说的话是真的,也不会再上山打狼了.

从这个例子可以看到,诚信对我们是多么重要,我们要信守承诺,发扬传统美德,做到言必信,行必果.

2. 险种设计问题

例 1.5.1 某保险公司最近推出一种新保险. 经市场调查统计可知,该保险对从事某行业的人员来说,一年内触发理赔条件的概率是 0.03;对其他人员来说,一年内触发理赔条件的概率为 0.08. 若购买该保险的人员中从事某行业的人员占的比例为 p,现有一个新的参保人来购买该保险,问:该参保人在购买保险后一年内触发理赔条件的概率有多大?

解 设事件 A 表示"该参保人为从事某行业的人员",事件 B 表示"该参保人在一年内触发理赔条件",依题意可得
$$P(A)=p, \quad P(\bar{A})=1-p, \quad P(B|A)=0.03, \quad P(B|\bar{A})=0.08.$$
故所求的概率为
$$P(B)=P(A)P(B|A)+P(\bar{A})P(B|\bar{A})$$
$$=0.03\times p+0.08\times(1-p)$$
$$=0.08-0.05p.$$

从上面的计算可知,该保险的参保人在一年内触发理赔条件的概率是 p 的减函数. 如果该保险公司为了获取尽可能多的盈利,提高保险公司的抗风险能力,那么应尽可能多地动员从事某行业的人员参保,这样有利于降低新参保人员在一年内触发理赔条件的风险.

3. 配对问题

例 1.5.2 一学校在某次室外活动中,给 $n(n \geqslant 2)$ 个学生配备了相同规格且带有学号的帽子. 若在集合出发前,每个学生随机地拿一顶帽子,问:他们中至少有 1 个学生拿到的是带有自己学号帽子的可能性有多大?

解 设事件 $A_i(i=1,2,\cdots,n)$ 表示"第 i 个学生拿到了带有自己学号的帽子",事件 B 表示"至少有 1 个学生拿到的是带有自己学号的帽子",依题意可得

$$P(A_i)=\frac{1}{n} \quad (i=1,2,\cdots,n), \quad 且 \quad B=A_1 \cup A_2 \cup \cdots \cup A_n.$$

故所求的概率为

$$\begin{aligned} P(B) &= P(A_1 \cup A_2 \cup \cdots \cup A_n) \\ &= \sum_{i=1}^{n} P(A_i) - \sum_{1 \leqslant i < j \leqslant n} P(A_i A_j) \\ &\quad + \sum_{1 \leqslant i < j < k \leqslant n} P(A_i A_j A_k) - \cdots + (-1)^{n-1} P(A_1 A_2 \cdots A_n). \end{aligned} \quad (1.5.1)$$

又因为

$$P(A_i A_j) = \frac{1}{n(n-1)} \quad (i \neq j, i,j=1,2,\cdots,n),$$

$$P(A_i A_j A_k) = \frac{1}{n(n-1)(n-2)} \quad (i \neq j \neq k, i,j,k=1,2,\cdots,n),$$

$$\cdots\cdots$$

$$P(A_1 A_2 \cdots A_n) = \frac{1}{n(n-1)\cdot\cdots\cdot 2 \cdot 1} = \frac{1}{n!},$$

把以上式子代入式(1.5.1)可得

$$\begin{aligned} P(B) &= C_n^1 \frac{1}{n} - C_n^2 \frac{1}{n(n-1)} + C_n^3 \frac{1}{n(n-1)(n-2)} - \cdots + (-1)^{n-1} C_n^n \frac{1}{n!} \\ &= 1 - \frac{1}{2!} + \frac{1}{3!} - \cdots + (-1)^{n-1} \frac{1}{n!}. \end{aligned}$$

考虑到 $e^x = \sum_{n=0}^{\infty} \frac{x^n}{n!} (-\infty < x < +\infty)$,当 $x=-1$ 时,有

$$\begin{aligned} e^{-1} &= \sum_{n=0}^{\infty} \frac{(-1)^n}{n!} = 1 - 1 + \frac{1}{2!} - \frac{1}{3!} + \cdots + (-1)^n \frac{1}{n!} + \cdots \\ &= \frac{1}{2!} - \frac{1}{3!} + \cdots + (-1)^n \frac{1}{n!} + \cdots, \end{aligned}$$

从而

$$\begin{aligned} \lim_{n \to \infty} P(B) &= \lim_{n \to \infty} \left[1 - \frac{1}{2!} + \frac{1}{3!} - \cdots + (-1)^{n-1} \frac{1}{n!} \right] \\ &= 1 - \lim_{n \to \infty} \left[\frac{1}{2!} - \frac{1}{3!} + \cdots + (-1)^n \frac{1}{n!} \right] \\ &= 1 - e^{-1} \approx 0.632121. \end{aligned}$$

从上面的计算可知,即使参加活动的学生再多,"至少有 1 个学生拿到的是带有自己学号的帽子"也不是一个必然事件,其概率在 63% 左右.

下面给出当 n 取不同值时,对应的概率 $P(B)$ 的值,如表 1.5 所示.

表 1.5

n	3	4	5	6	7	8	9	10
$P(B)$	0.666 667	0.625	0.633 333	0.631 944	0.632 143	0.632 118	0.632 121	0.632 121

由表 1.5 可以看出,当 $n \geqslant 9$ 时,事件"至少有 1 个学生拿到的是带有自己学号的帽子"的概率基本上就稳定在 0.632 121 了.

本 章 总 结

随机事件与概率
- 样本空间与事件
  - 事件间的关系:包含、相等、互不相容、对立
  - 事件的运算:并(和)、交(积)、差
  - 事件的运算性质:交换律、结合律、分配律、自反律、对偶律
- 事件的概率
  - 概率的定义
    - 频率
    - 统计定义
    - 公理化定义
      - 非负性
      - 完备性
      - 可列可加性
  - 概率的性质
    - $P(A-B) = P(A) - P(AB)$
    - $P(A \cup B) = P(A) + P(B) - P(AB)$
    - $P(\overline{A}) = 1 - P(A)$
  - 概率的计算
    - 古典概型:计数原理、排列组合
    - 条件概率
      - 乘法公式 $P(AB) = P(A)P(B|A)$
      - 全概率公式 $P(B) = \sum_{i=1}^{n} P(A_i)P(B|A_i)$
      - 贝叶斯公式 $P(A_i|B) = \dfrac{P(A_i)P(B|A_i)}{\sum_{j=1}^{n}P(A_j)P(B|A_j)}$ $(i=1,2,\cdots,n)$
- 事件的独立性
  - 独立性的定义
  - 独立性的性质
  - 独立性的应用

习 题 一

1. 试说明随机试验应具有的 3 个特点.

2. 将一枚匀称的硬币向上抛 2 次,观察其落地时正反面向上的情况,记事件 A 表示"2 次出现同一面向上",事件 B 表示"至少有 1 次出现反面向上",事件 C 表示"第一次出现反面向上". 试用集合的形式表示样本空间及事件 A,B,C.

3. 写出下列试验的样本空间：

(1) 向上抛 3 枚硬币，观察落地时正反面向上的情况；

(2) 同时投掷 3 颗骰子，观察出现的点数；

(3) 连续向上抛 1 枚硬币，观察落地时正反面向上的情况，直至出现反面向上为止；

(4) 在某商场门口，统计 1 h 内进入商场的顾客数；

(5) 统计某种家电的使用寿命(单位:h).

4. 试用维恩图说明，当事件 A 与 B 互不相容时，能否得出结论事件 $\overline{A}$ 与 $\overline{B}$ 相容.

5. 一名篮球运动员连续投篮 3 次，记事件 $A_i (i=1,2,3)$ 表示"该篮球运动员第 i 次投篮投中". 试用文字叙述下列事件：

(1) $A_3 \cup A_2$； (2) $A_1 - A_2$；

(3) $\overline{A}_1 A_2 A_3 \cup A_1 \overline{A}_2 A_3 \cup A_1 A_2 \overline{A}_3$； (4) $\overline{A_1 \cup A_2 \cup A_3}$；

(5) $\overline{A_1 A_3}$； (6) $\overline{A}_1 \overline{A}_2 \cup \overline{A}_1 \overline{A}_3 \cup \overline{A}_2 \overline{A}_3$.

6. 一位质检人员随机地抽查 4 个零件，记事件 $A_i (i=1,2,3,4)$ 表示"该质检人员抽查的第 i 个零件是合格品". 试用 A_i 表示下列事件：

(1) 全是不合格品；

(2) 全是合格品；

(3) 仅有 1 个零件是合格品；

(4) 至少有 1 个零件是合格品.

7. 设 A, B, C 为 3 个事件，试用 A, B, C 表示下列事件：

(1) A, B, C 中至少有 1 个不发生；

(2) A, B, C 都不发生或都发生；

(3) A, B, C 中不多于 1 个发生；

(4) A, B, C 中至少有 2 个发生.

8. 叙述下列事件的对立事件：

(1) $A=$ "射击 3 次，均不命中目标"；

(2) $B=$ "向上抛 2 枚硬币，落地时皆为反面向上"；

(3) $C=$ "加工 5 个零件，其中至少有 1 个次品".

9. 指出下列事件 A 与 B 之间的关系：

(1) 检查 2 个零件，记事件 A 表示"其中至少有 1 个是次品"，事件 B 表示"2 次检查结果不同"；

(2) 设 T 表示某仪器的寿命(单位:h)，记事件 $A=\{T>7\,000\}, B=\{T>3\,000\}$.

10. 设 $P(B)=0.3, P(A \cup B)=0.7$，且事件 A 与 B 互不相容，求 $P(A)$.

11. 设 $P(A)=\dfrac{1}{6}, P(B)=\dfrac{1}{5}, P(\overline{A \cup B})=\dfrac{2}{3}$，求 $P(\overline{AB})$.

12. 设在样本空间 Ω 中有 3 个两两互不相容的事件 A, B, C，且 $P(A)=0.2, P(B)=0.1, P(C)=0.4$，求 $P[(B \cup C)-A]$.

13. 已知 10 把钥匙中有 4 把能打开门，今从中任取 2 把，求能打开门的概率.

14. 设一批产品共有 100 件,其中 98 件正品,2 件次品,从中任意抽取 3 件(分 3 种情况:一次取 3 件;每次取 1 件,取后放回,取 3 次;每次取 1 件,取后不放回,取 3 次).试求:
 (1) 取出的 3 件中恰有 1 件是次品的概率;
 (2) 取出的 3 件中至少有 1 件是次品的概率.

15. 若从 1,2,…,9 这 9 个数字中任意挑选出 3 个不同的数字,试求下列事件的概率:
 (1) $A_1 = \{3$ 个数字中不含 2 但含 4$\}$;
 (2) $A_2 = \{3$ 个数字中不含 2 且不含 4$\}$;
 (3) $A_3 = \{3$ 个数字中不含 2 或不含 4$\}$;
 (4) $A_4 = \{3$ 个数字中含 2 但不含 4$\}$.

16. 从一副不含大小王的扑克牌中任意抽取 3 张,计算取出的 3 张牌中至多有 2 张花色不同的概率(一副牌有 4 种花色).

17. 2 个乒乓球随机地放入 5 个箱子里,求:
 (1) 最后 2 个箱子里没有乒乓球的概率;
 (2) 第 2 个箱子里只有 1 个乒乓球的概率.

18. 在某一次期末考试中,某年级学生的语文成绩不及格的占 12%,历史成绩不及格的占 10%,这两门课都不及格的占 2%.
 (1) 已知一位学生语文成绩不及格,求他历史成绩也不及格的概率.
 (2) 已知一位学生历史成绩不及格,求他语文成绩也不及格的概率.

19. 一个家庭中有两个小孩,已知其中有一个是男孩,求另一个也是男孩的概率(假定一个小孩是男孩还是女孩是等可能的).

20. 设某种动物能活到 20 岁的概率为 0.7,能活到 25 岁的概率为 0.3.问:现年为 20 岁的这种动物能活到 25 岁的概率是多少?

21. 设某箱子里装有 10 瓶饮料,其中 6 瓶是含糖饮料,4 瓶是无糖饮料.现从箱子里任取 2 瓶,已知所取的 2 瓶饮料中有一瓶是无糖饮料,求另外一瓶也是无糖饮料的概率.

22. 已知 $P(A) = \dfrac{1}{3}, P(B) = \dfrac{1}{6}, P(B \mid A) = \dfrac{1}{8}$,求 $P(A \mid \overline{B})$.

23. 设事件 A 与 B 互不相容,且 $0 < P(A) < 1$,证明:$P(\overline{B} \mid A) = 1$.

24. 设 A, B 为任意两个事件,且 $P(B) > 0$,证明:$P(A \mid B) \geqslant 1 - \dfrac{P(\overline{A})}{P(B)}$.

25. 设某箱子里装有 60 件产品,其中有 4 件是次品.现每次从箱子里任意抽取 1 件产品,取后不放回,如果取到的是合格品就停止抽取,如果取到的是次品,则继续抽取,求抽取的次数在 3 次以内的概率.

26. 一个盒子中装有 6 个白球和 4 个黑球,从中不放回地每次取出 1 球,试求第 2 次取出黑球的概率.

27. 由甲、乙、丙 3 个厂家同时加工一批产品,各厂家所占的份额分别为 0.2,0.1,0.7,各厂家加工的产品为合格品的概率分别为 0.92,0.95,0.98,试求这批产品的合格率.

28. 甲、乙 2 位师傅同时加工一批零件,已知甲师傅加工的零件数目是乙师傅的 2 倍,且甲师傅加工的零件是正品的概率为 0.95,乙师傅加工的零件是正品的概率为 0.9,从这批零件中随机取出一个,求:

(1) 这个零件是正品的概率；
(2) 已知取到的零件是正品，求它是由甲师傅加工的概率.

29. 在某一次考试中，学生在做一道有 4 个选项的单项选择题时，如果他不会做，就胡乱猜测. 假设学生知道正确答案的概率是 0.3，现从卷面上看题目是做对了，试求学生确实知道正确答案的概率.

30. 设 A,B 是样本空间中的任意两个事件，且 $P(A) = \frac{1}{5}, P(B|A) = \frac{1}{4}, P(A|B) = \frac{1}{3}$，求 $P(B-A)$.

31. 设两个事件 A 与 B 相互独立，且 $P(A\bar{B}) = P(\bar{A}B) = \frac{1}{4}$，求 $P(A)$ 与 $P(B)$.

32. 设三个事件 A,B,C 相互独立，证明：事件 A 与 $B-C$ 相互独立.

33. 设 $0 < P(A) < 1$，证明：事件 A 与 B 相互独立的充要条件是 $P(B|A) = P(B|\bar{A})$.

34. 甲、乙两人独立地向同一目标射击 1 次，若甲击中目标的概率为 0.9，乙击中目标的概率为 0.85，求：
(1) 两人都击中目标的概率；
(2) 甲击中目标而乙没有击中目标的概率；
(3) 至少有一人没有击中目标的概率.

35. 一个串联系统由甲、乙两部分组成，两部分中有任何一部分失灵，这个串联系统就会失灵. 若使用 200 h 后，甲部分失灵的概率为 0.2，乙部分失灵的概率为 0.25，假设两部分失灵与否相互独立，求这个串联系统使用 200 h 后不失灵的概率.

36. 3 人独立地求解一道数学题，他们能单独解出的概率分别为 $\frac{1}{5}, \frac{1}{3}, \frac{1}{4}$，求此数学题能被解出的概率.

37. 锻造一个不锈钢零件可采用两种工艺，第一种工艺有 3 道工序，每道工序的合格品率分别为 0.9，0.85，0.8；第二种工艺有 4 道工序，每道工序的合格品率分别为 0.95，0.9，0.82，0.7，假设以上每道工序是相互独立的. 若选用第一种工艺，合格品中的一级品率为 0.85；若选用第二种工艺，合格品中的一级品率为 0.88，试问：哪一种工艺能保证得到的一级品率更高？

38. 对某目标进行两次射击，记事件 $A=\{$恰好有一次击中目标$\}$，事件 $B=\{$至少有一次击中目标$\}$，事件 $C=\{$两次都击中目标$\}$，事件 $D=\{$两次都没有击中目标$\}$，则 A,B,C,D 中哪些事件是互不相容的事件？哪些事件是对立事件？

39. 试问：下列命题是否成立？若成立，请给予证明，否则说明理由.
(1) $A-(C-B) = (A-C) \cup B$；
(2) 若 $AB = \varnothing$，且 $C \subset B$，则 $AC = \varnothing$；
(3) $(B \cup A) - A = B$；
(4) $(B-A) \cup A = B$.

40. 化简 $\overline{(AB \cup C)} \cap \overline{(AC)}$.

41. 证明：$(A \cup B) - B = A - AB = A\bar{B} = A - B$.

42. 在一次聚会中，有 8 个人随意坐在一张圆桌周围，其中有一对是夫妇，求这对夫妇正好相邻而坐的概率.

43. 一个箱子里有 4 道考签，4 名学生依次随机地从中抽取一道考签，取后放回，求抽签结束后至少有一道考签没有被抽到的概率.

44. 有 3 位学生参加某学校的夏令营，此时学校只有 5 个房间，若每位学生都以相同的概率被分配到 5 个房间中的任意一间，求：

(1) 3 位学生被分配到不同房间的概率；

(2) 3 位学生被分配到同一房间的概率.

45. 若一个家庭里有 4 位成员，求他们之中至少有 2 位成员的生日在同一月份的概率.

46. 从一副不含大小王的扑克牌中任意抽取 4 张牌，求下列事件的概率：

(1) 4 张牌全是梅花；

(2) 4 张牌是同一花色；

(3) 4 张牌中没有 2 张是同一花色；

(4) 4 张牌同色.

47. 把 15 本书随意地竖放在书柜里，求其中指定的 4 本书放在一起的概率.

48. 有 3 位员工同时在第一层进入共有 15 层楼的电梯里，假设每位员工以相同的概率走出任意一层（从第二层开始），求这 3 位员工在不同楼层走出的概率.

49. 某保险公司近期推出甲、乙、丙 3 种特惠保险，某单位的员工有 40% 买了甲种保险，30% 买了乙种保险，25% 买了丙种保险，12% 同时买了甲种保险和乙种保险，9% 同时买了乙种保险和丙种保险，5% 同时买了甲种保险和丙种保险，2% 同时买了甲、乙、丙 3 种保险. 从该单位随机调查一位员工，试求：

(1) 该员工只买了乙种保险的概率；

(2) 该员工至少买了一种保险的概率；

(3) 该员工至少买了 2 种保险的概率.

50. 有两个箱子，一个是红色的，一个是蓝色的. 红色箱子里装有 40 个零件，其中有 5 个是次品；蓝色箱子里装有 30 个零件，其中有 4 个是次品. 某人从两个箱子中任意挑选一个，然后再从该箱中任意抽取零件两次，每次任取一个，取后不放回，求：

(1) 第一次取到的零件是次品的概率；

(2) 在第一次取到的零件是次品的条件下，第二次取到的零件也是次品的概率.

51. 一盒子里有 2 个球，一个是红球，一个是黄球. 现从该盒子里任取一个球，若取出的是红球，则试验停止；若取出的是黄球，则把取出的黄球放回去，同时再加入一个黄球，如此重复下去，直到最后取出的是红球为止. 试求下列事件的概率：

(1) 取到第 n 次，试验没有结束；

(2) 取到第 n 次，试验恰好结束.

52. 12 本书中有 9 本是新书，3 本是旧书，第一次搞活动时取出 3 本书来用，用过后再放回去，第二次搞活动时又取出 3 本书来用，求第二次取出的 3 本书中有 2 本是新书的概率.

53. 某地区居民的血型为 A 型、B 型、AB 型、O 型的概率分别为 0.33,0.2,0.09,0.38,现从该地区任选 4 个人,试求下列事件的概率:

(1) 这 4 个人的血型全不相同;

(2) 这 4 个人的血型全部相同.

54. 设一个电路系统由 A,B,C 这 3 个元件组成,若元件 A,B,C 发生故障的概率分别为 0.1,0.2,0.3,且各元件独立工作,试求在下列情况下此电路系统发生故障的概率:

(1) A,B,C 这 3 个元件串联;

(2) A,B,C 这 3 个元件并联;

(3) 元件 A 和 B 并联后再与元件 C 串联.

55. 一位师傅照管甲、乙、丙 3 台机器,3 台机器在一天内需要维修的概率分别是 0.6, 0.5,0.7,求:

(1) 一天内没有一台机器需要维修的概率;

(2) 一天内至少有一台机器不需要维修的概率;

(3) 一天内至多只有一台机器需要维修的概率.

第二章

随机变量及其分布

在第一章中,我们用样本空间的子集,即随机事件来表示试验的各种结果.这种表示方式对全面讨论随机现象的统计规律性及数学工具的运用都有较大的局限.在本章中,我们将介绍概率论中的另一个重要概念——随机变量.随机变量的引入,使概率论的研究由个别随机事件扩大为随机变量所表征的随机现象的研究,这样不仅可更全面地揭示随机现象客观存在的统计规律性,而且可使我们用高等数学的方法来讨论各种随机现象.

2.1 随机变量及其分布函数

2.1.1 随机变量的定义

为了深入研究随机现象并揭示其统计规律性,我们需要将试验的结果数量化,即把试验结果与实数对应起来.在上一章中,我们注意到有些试验的结果本身就用数值表示.例如,在掷一颗骰子时,观察所掷骰子的点数;在产品检验问题中,观察抽样产品中出现的次品数;在测试灯泡寿命试验中,观察灯泡正常使用的时间等.对于这类随机现象,其试验结果显然可以用数值来描述,并且随着试验的结果不同而取不同的值.

然而,有些试验的结果看起来与数值无关,但也能用数值来描述.例如,向上抛一枚匀称的硬币,观察落地时正反面向上的情况,这一试验的样本空间可表示为$\{H,T\}$,其中H表示"正面向上",T表示"反面向上".表面上看,试验结果与数值没有关系,但如果引入变量ω和X,其中ω是样本空间中的样本点,令$X=X(\omega)=\begin{cases}1, & \omega=H \\ 0, & \omega=T,\end{cases}$则试验的每个结果都有唯一的实数与之对应.

以上例子表明,无论试验的结果本身与数值有无联系,我们都能把试验的结果与实数对应起来,即可把试验的结果数量化,且这个实数随着试验的结果不同而变化,故它是样本点的函数.这个函数就是下面要引入的随机变量.

定义 2.1.1 设某随机试验的样本空间为Ω.若对于Ω中的每一个样本点ω,都有唯一的实数$X(\omega)$与之对应,则得到了Ω上的一个实值函数$X=X(\omega)$,称之为**随机变量**,简记为X.

随机变量通常以大写英文字母 X,Y,Z 等来表示,而随机变量的取值一般用小写英文字母 x,y,z 等来表示.

由定义 2.1.1 可知,随机变量是定义在样本空间 Ω 上的实值函数,这个函数可以是不同样本点对应不同的实数,也可以是多个样本点对应同一个实数.由试验结果的随机性,随机变量与普通实函数既有联系又有区别.相同点在于,它们都是从一个集合到另一个集合的映射;区别在于,普通实函数无须做试验便可依据自变量的值确定函数值,而随机变量的取值在试验之前是不确定的,只有在试验之后,依据所出现的结果才能确定,且由于试验的各个结果出现有一定的概率,因此随机变量的取值也具有一定的概率.

例 2.1.1 连续抛掷一枚匀称的硬币 3 次,观察 3 次抛掷中出现正面向上(记为 H)与反面向上(记为 T)的情况,这一试验的样本空间 $\Omega=\{HHH,HHT,HTH,THH,HTT,THT,TTH,TTT\}$.若要观察 3 次抛掷中出现正面向上的次数,可定义随机变量

$$X=\begin{cases}0, & 出现正面向上 0 次,\\ 1, & 出现正面向上 1 次,\\ 2, & 出现正面向上 2 次,\\ 3, & 出现正面向上 3 次,\end{cases}$$

则集合 $\{X=1\}$ 表示事件 $A=\{HTT,THT,TTH\}$.

例 2.1.2 某公共汽车站每隔 5 min 有一辆汽车通过,已知某乘客到达该车站的时刻是随机的.设 X 表示该乘客的候车时间(单位:min),则可以用集合 $\{X\leqslant 2\}$ 表示事件"该乘客的候车时间不超过 2 min".

随机变量是概率论中最基本的概念之一,其概念是由数学家切比雪夫在十九世纪中叶建立和使用的,它的产生是概率论发展史上的重大事件.引入随机变量后,人们对随机现象统计规律性的研究,就由对事件及其概率的研究转化为对随机变量及其取值规律的研究,就能更方便地使用微积分等近代数学工具对随机现象进行广泛深入的研究,从而使概率论成为一门真正的数学学科.

随机变量因取值方式的不同,通常分为离散型和非离散型两类,而非离散型随机变量中最重要的是连续型随机变量.本书主要讨论离散型随机变量和连续型随机变量.

2.1.2 随机变量的分布函数

许多随机变量的取值是不能一个一个地列举出来的,且它们取某个值的概率可能是 0. 例如,在测试灯泡的寿命(单位:h)时,可认为寿命 X 的取值充满了区间 $[0,+\infty)$,而 X 取某个特定值的概率为 0. 这类随机变量的概率分布情况不能以其取某个值的概率来表示,因此我们转而讨论随机变量 X 的取值落在某一区间 $(x_1,x_2]$ 内的概率,即取定 $x_1<X\leqslant x_2$,讨论概率 $P\{x_1<X\leqslant x_2\}$. 因为

$$P\{x_1<X\leqslant x_2\}=P\{X\leqslant x_2\}-P\{X\leqslant x_1\},$$

所以如果对任意一个实数 x,都知道 $P\{X\leqslant x\}$ 的值,就可知 X 的取值落在任一区间内的概率.为此,我们用 $P\{X\leqslant x\}$ 来讨论随机变量的概率分布情况.

定义 2.1.2 设 X 是一个随机变量,x 是任意实数,则称函数

$$F(x)=P\{X\leqslant x\} \quad (-\infty<x<+\infty)$$

为随机变量 X 的**分布函数**.

分布函数 $F(x)$ 的几何直观解释为:若把随机变量 X 看成数轴上的坐标,则分布函数 $F(x)$ 在点 x 处的取值就表示 X 落在区间 $(-\infty, x]$ 内的概率.

由分布函数的定义,对任意实数 $a, b (a < b)$,有
$$P\{a < X \leqslant b\} = F(b) - F(a).$$
因此,若已知随机变量 X 的分布函数,则可以得到 X 落在任一区间 $(a, b]$ 内的概率. 在这个意义上来说,分布函数完整描述了随机变量的统计规律性.

分布函数具有如下性质.

(1) 非负有界性:$0 \leqslant F(x) \leqslant 1(-\infty < x < +\infty)$,且
$$F(-\infty) = \lim_{x \to -\infty} F(x) = 0, \quad F(+\infty) = \lim_{x \to +\infty} F(x) = 1;$$

(2) 单调不减性:$F(x)$ 是单调不减的函数,即当 $x_1 < x_2$ 时,有 $F(x_1) \leqslant F(x_2)$;

(3) 右连续性:$F(x)$ 是右连续的,即 $F(x+0) = F(x)$(特别对于连续型随机变量,其分布函数是连续的).

证 (1) 因为 $F(x) = P\{X \leqslant x\}$ 是事件 $\{X \leqslant x\}$ 的概率,所以满足概率的非负有界性,故 $0 \leqslant F(x) \leqslant 1$. 又因为事件 $\{X \leqslant -\infty\}$ 是不可能事件,所以 $F(-\infty) = 0$;而事件 $\{X \leqslant +\infty\}$ 是必然事件,故 $F(+\infty) = 1$.

(2) 当 $x_1 < x_2$ 时,$F(x_2) - F(x_1) = P\{x_1 < X \leqslant x_2\} \geqslant 0$,所以 $F(x_1) \leqslant F(x_2)$,故 $F(x)$ 是单调不减的函数.

(3) 证明超出本书要求,略.

反之,可以证明任一满足上面 3 条性质的函数一定可以作为某个随机变量的分布函数.

例 2.1.3 设随机变量 X 的分布函数为
$$F(x) = \begin{cases} a + b\mathrm{e}^{-x}, & x > 0, \\ 0, & x \leqslant 0, \end{cases}$$
求:(1) 常数 a, b 的值;(2) $P\{-1 < X \leqslant 2\}$.

解 (1) 因为 $F(+\infty) = 1$,所以
$$1 = F(+\infty) = \lim_{x \to +\infty} F(x) = \lim_{x \to +\infty}(a + b\mathrm{e}^{-x}) = a,$$
即 $a = 1$. 又因为 $F(x)$ 是右连续的,所以
$$F(0+0) = \lim_{x \to 0^+} F(x) = \lim_{x \to 0^+}(a + b\mathrm{e}^{-x}) = a + b = F(0) = 0,$$
故 $b = -1$.

(2) 由(1)知
$$F(x) = \begin{cases} 1 - \mathrm{e}^{-x}, & x > 0, \\ 0, & x \leqslant 0, \end{cases}$$
因此
$$P\{-1 < X \leqslant 2\} = F(2) - F(-1) = 1 - \mathrm{e}^{-2}.$$

概率论主要是利用随机变量来描述和研究随机现象的,而利用分布函数能够表示各事件的概率. 例如,
$$P\{X > b\} = 1 - F(b), \quad P\{X < b\} = F(b-0),$$
$$P\{X = b\} = P\{X \leqslant b\} - P\{X < b\} = F(b) - F(b-0),$$

等等. 在引进随机变量和分布函数后,我们就可以利用高等数学中的许多结果和方法来研究各种随机现象了. 下面我们将分别讨论离散型和连续型两种随机变量及其分布.

2.2 离散型随机变量及其分布

有些随机变量的所有可能取值是有限个或可列无穷多个. 例如,掷骰子出现的点数,产品检验有放回抽样时抽检到的次品数,电话交换台接到的呼唤次数等. 在本节中,我们将讨论这类随机变量及其概率分布.

2.2.1 离散型随机变量及其分布律

定义 2.2.1 若随机变量的所有可能取值是有限个或可列无穷多个,则称这类随机变量为**离散型随机变量**.

要掌握一个离散型随机变量 X 的统计规律,必须要弄清楚两个方面:一是随机变量 X 的所有可能取值;二是随机变量 X 取每个可能值的概率.

定义 2.2.2 设离散型随机变量 X 的所有可能取值为 $x_k(k=1,2,\cdots)$,X 取各个可能值的概率,即事件 $\{X=x_k\}$ 的概率为

$$P\{X=x_k\}=p_k \quad (k=1,2,\cdots), \tag{2.2.1}$$

则称式(2.2.1)为离散型随机变量 X 的**分布律**或**概率分布**.

离散型随机变量的分布律也常用表格的形式来表示(见表 2.1).

表 2.1

X	x_1	x_2	$\cdots$	x_n	$\cdots$
P	p_1	p_2	$\cdots$	p_n	$\cdots$

由概率的定义可知,离散型随机变量 X 的分布律具有下列性质:

(1) 非负性:$p_k \geqslant 0(k=1,2,\cdots)$;

(2) 规范性:$\sum_{k=1}^{\infty} p_k = 1$.

反之,任意满足上面 2 条性质的数列 $\{p_k\}$ 一定可以作为某个离散型随机变量的分布律.

离散型随机变量 X 的分布律不仅给出了事件 $\{X=x_k\}$ 的概率,而且对于任意实数 $a<b$,事件 $\{a<X\leqslant b\}$ 的概率均可以由分布律算出. 因为 $\{a<X\leqslant b\} = \bigcup_{x_k \in (a,b]} \{X=x_k\}$,所以由概率的可列可加性有

$$P\{a<X\leqslant b\} = P\Big(\bigcup_{x_k \in (a,b]} \{X=x_k\}\Big) = \sum_{x_k \in (a,b]} P\{X=x_k\} = \sum_{x_k \in (a,b]} p_k.$$

特别地,离散型随机变量 X 的分布函数为

$$F(x) = P\{X\leqslant x\} = \sum_{x_k \leqslant x} P\{X=x_k\} = \sum_{x_k \leqslant x} p_k.$$

例 2.2.1 一批产品有 5 件,其中有 3 件正品,2 件次品. 现从中任取 3 件,设 X 表示取到

的正品数,求:

(1) X 的分布律;

(2) $P\{X\leqslant 2\}$;

(3) X 的分布函数 $F(x)$.

解 (1) X 的所有可能取值为 $1,2,3$,依题意有

$$P\{X=1\}=\frac{C_3^1 C_2^2}{C_5^3}=\frac{3}{10},$$

$$P\{X=2\}=\frac{C_3^2 C_2^1}{C_5^3}=\frac{3}{5},$$

$$P\{X=3\}=\frac{C_3^3}{C_5^3}=\frac{1}{10},$$

故 X 的分布律如表 2.2 所示.

表 2.2

X	1	2	3
P	$\frac{3}{10}$	$\frac{3}{5}$	$\frac{1}{10}$

(2) $P\{X\leqslant 2\}=P\{X=1\}+P\{X=2\}=\frac{3}{10}+\frac{3}{5}=\frac{9}{10}.$

(3) 由 X 的分布律知,当 $x<1$ 时,

$$F(x)=P\{X\leqslant x\}=0;$$

当 $1\leqslant x<2$ 时,

$$F(x)=P\{X\leqslant x\}=P\{X=1\}=\frac{3}{10};$$

当 $2\leqslant x<3$ 时,

$$F(x)=P\{X\leqslant x\}=P\{X=1\}+P\{X=2\}=\frac{3}{10}+\frac{3}{5}=\frac{9}{10};$$

当 $x\geqslant 3$ 时,

$$F(x)=P\{X\leqslant x\}=P\{X=1\}+P\{X=2\}+P\{X=3\}=1.$$

所以,X 的分布函数为

$$F(x)=\begin{cases} 0, & x<1, \\ \frac{3}{10}, & 1\leqslant x<2, \\ \frac{9}{10}, & 2\leqslant x<3, \\ 1, & x\geqslant 3. \end{cases}$$

例 2.2.1 讨论了通过离散型随机变量的分布律求其分布函数. 反之,若已知离散型随机变量 X 的分布函数 $F(x)$,则随机变量 X 的分布律可以由以下公式确定:

$$P\{X=x_k\}=F(x_k)-F(x_k-0).$$

例 2.2.2 已知随机变量 X 的分布函数为

$$F(x) = \begin{cases} 0, & x < 0, \\ 0.1, & 0 \leqslant x < 1, \\ 0.4, & 1 \leqslant x < 2, \\ 1, & x \geqslant 2, \end{cases}$$

求 X 的分布律.

解 $P\{X=0\} = F(0) - F(0-0) = 0.1 - 0 = 0.1$,

$P\{X=1\} = F(1) - F(1-0) = 0.4 - 0.1 = 0.3$,

$P\{X=2\} = F(2) - F(2-0) = 1 - 0.4 = 0.6$,

所以 X 的分布律如表 2.3 所示.

表 2.3

X	0	1	2
P	0.1	0.3	0.6

2.2.2 几种常见的离散型随机变量及其分布律

1. 两点分布

定义 2.2.3 若一个随机变量 X 只可能取到两个值 0 和 1,且它的分布律为
$$P\{X=k\} = p^k(1-p)^{1-k} \quad (k=0,1; 0<p<1),$$
则称 X 服从参数为 p 的**两点分布**或 $(0-1)$ **分布**,记作 $X \sim B(1,p)$.

两点分布的分布律也可以表示成如表 2.4 所示的形式.

表 2.4

X	0	1
P	$1-p$	p

若某个试验的结果只有两个,如产品是否合格、试验是否成功、掷硬币是否出现正面向上、卫星的发射是否成功等,试验的样本空间为 $\Omega = \{\omega_1, \omega_2\}$,则总能定义一个服从两点分布的随机变量

$$X = X(\omega) = \begin{cases} 1, & \omega = \omega_1, \\ 0, & \omega = \omega_2. \end{cases}$$

也就是说,这类试验都可以用两点分布来描述,只不过对不同的问题,参数 p 的值不同而已.

2. 二项分布

如果试验 E 只有两个可能的结果,则称 E 为**伯努利试验**. 一般我们把这两个结果记作 A 和 $\overline{A}$, 如果 $P(A) = p(0<p<1)$, 则 $P(\overline{A}) = 1-p$, 那么伯努利试验 E 可以用两点分布来描述. 将伯努利试验 E 独立地重复进行 n 次,则称这 n 次独立重复试验为 n **重伯努利试验**.

在 n 重伯努利试验中,每次试验中事件 A 发生的概率均为 $p(0<p<1)$. 若随机变量 X 表示 n 重伯努利试验中事件 A 发生的次数,则 X 的所有可能取值

为 $0,1,2,\cdots,n$. 对任意的 $k=0,1,2,\cdots,n$,事件 $\{X=k\}$ 就表示事件 A 在 n 重伯努利试验中有 k 次发生,其余的 $n-k$ 次不发生. 由于 n 次试验相互独立,因此 $P\{X=k\}=C_n^k p^k (1-p)^{n-k}$. 注意到 $C_n^k p^k (1-p)^{n-k}$ 是二项式 $[p+(1-p)]^n$ 的展开式中包含 p^k 的那一项,因此

$$P\{X=k\}=C_n^k p^k (1-p)^{n-k} \geq 0 \quad (k=0,1,2,\cdots,n),$$

$$\sum_{k=0}^{n} P\{X=k\} = \sum_{k=0}^{n} C_n^k p^k (1-p)^{n-k} = (p+1-p)^n = 1.$$

定义 2.2.4 设 n 是一个正整数,$0<p<1$. 若随机变量 X 的分布律为

$$P\{X=k\}=C_n^k p^k (1-p)^{n-k} \quad (k=0,1,2,\cdots,n),$$

则称 X 服从参数为 n,p 的**二项分布**,记作 $X \sim B(n,p)$.

特别地,当 $n=1$ 时,随机变量 X 服从两点分布,即两点分布是二项分布的一个特殊情形.

例 2.2.3 某人独立地进行射击,设每次射击的命中率为 0.6,共射击 5 次,试求:

(1) 恰好击中目标 2 次的概率;

(2) 至少击中目标 2 次的概率.

解 把每次射击看成一次试验,设此人在 5 次射击中击中目标的次数为 X,则 $X \sim B(5,0.6)$.

(1) $P\{X=2\}=C_5^2 \times 0.6^2 \times 0.4^3 = 0.2304$.

(2) $P\{X \geq 2\} = 1 - P\{X<2\} = 1 - P\{X=0\} - P\{X=1\}$
$= 1 - C_5^0 \times 0.6^0 \times 0.4^5 - C_5^1 \times 0.6 \times 0.4^4 = 0.91296$.

3. 泊松分布

定义 2.2.5 若随机变量 X 的分布律为

$$P\{X=k\}=\frac{\lambda^k}{k!}e^{-\lambda} \quad (k=0,1,2,\cdots),$$

其中 $\lambda>0$ 是常数,则称 X 服从参数为 λ 的**泊松分布**,记作 $X \sim P(\lambda)$.

泊松

显然,$P\{X=k\} \geq 0 (k=0,1,2,\cdots)$,且有

$$\sum_{k=0}^{\infty} P\{X=k\} = \sum_{k=0}^{\infty} \frac{\lambda^k}{k!}e^{-\lambda} = e^{-\lambda} \sum_{k=0}^{\infty} \frac{\lambda^k}{k!} = e^{-\lambda} e^{\lambda} = 1.$$

例 2.2.4 已知位于某购物中心的咖啡店下午时段平均每 10 min 到店消费的人数 X 服从参数为 $\lambda=3$ 的泊松分布,求:

(1) 每 10 min 内恰有 4 位顾客到店消费的概率;

(2) 每 10 min 内至多有 2 位顾客到店消费的概率.

解 依题意,有

$$X \sim P(3), \quad P\{X=k\}=\frac{3^k}{k!}e^{-3} \quad (k=0,1,2,\cdots).$$

(1) $P\{X=4\} = \frac{3^4}{4!}e^{-3} = \frac{27}{8}e^{-3} \approx 0.168$.

(2) $P\{X \leq 2\} = \sum_{k=0}^{2} \frac{3^k}{k!}e^{-3} = e^{-3} + 3e^{-3} + \frac{3^2}{2!}e^{-3} = \frac{17}{2}e^{-3} \approx 0.423$.

在实际生活中,很多随机现象都可利用泊松分布来描述. 例如,在一定时间内,某电话交换台接到的呼叫数,某公共汽车站候车的乘客数,某商场接待的顾客数或出售的某种货物数,某

区域内某种微生物的个数,某生物繁殖后代的数量,放射性物质放射到指定地区的粒子数等,都服从泊松分布.因此,泊松分布是概率论中的一类重要分布.

计算二项分布的概率时,如果 n 比较大,计算会相当麻烦.实际上,当 n 比较大($n \geqslant 100$),p 比较小($p \leqslant 0.01$)时,二项分布能够近似为泊松分布,从而简化计算.

定理 2.2.1 设 λ 是一个正常数,n 是任意正整数,且 $np_n = \lambda$,则对任意固定的非负整数 k,有

$$\lim_{n \to \infty} C_n^k p_n^k (1-p_n)^{n-k} = \frac{\lambda^k}{k!} e^{-\lambda}.$$

证 由 $np_n = \lambda$,即 $p_n = \frac{\lambda}{n}$,有

$$C_n^k p_n^k (1-p_n)^{n-k} = \frac{n(n-1)\cdots(n-k+1)}{k!} \left(\frac{\lambda}{n}\right)^k \left(1-\frac{\lambda}{n}\right)^{n-k}$$

$$= \frac{\lambda^k}{k!} \left[1 \cdot \left(1-\frac{1}{n}\right)\left(1-\frac{2}{n}\right)\cdots\left(1-\frac{k-1}{n}\right)\right] \left(1-\frac{\lambda}{n}\right)^n \left(1-\frac{\lambda}{n}\right)^{-k}.$$

对于任意固定的 k,当 $n \to \infty$ 时,有

$$1 \cdot \left(1-\frac{1}{n}\right)\left(1-\frac{2}{n}\right)\cdots\left(1-\frac{k-1}{n}\right) \to 1, \quad \left(1-\frac{\lambda}{n}\right)^n \to e^{-\lambda}, \quad \left(1-\frac{\lambda}{n}\right)^{-k} \to 1,$$

因此

$$\lim_{n \to \infty} C_n^k p_n^k (1-p_n)^{n-k} = \frac{\lambda^k}{k!} e^{-\lambda}.$$

由于 $np_n = \lambda$ 为常数,因此当 n 很大时,$p_n = \frac{\lambda}{n}$ 必定很小.所以,定理 2.2.1 表明当 n 很大,p 很小时,二项分布有以下近似公式:

$$C_n^k p^k (1-p)^{n-k} \approx \frac{\lambda^k}{k!} e^{-\lambda} \quad (np = \lambda).$$

于是,当 n 很大,p 很小时,二项分布的概率值可以由参数为 $\lambda = np$ 的泊松分布的概率值(查附表 3)近似得到.

例 2.2.5 某人进行射击训练,设他每次射击的命中率为 0.01,预备进行 400 次独立射击,求他至少击中目标 2 次的概率.

解 设 X 表示此人在 400 次射击中击中目标的次数,则 $X \sim B(400, 0.01)$,即 X 的分布律为

$$P\{X = k\} = C_n^k p^k (1-p)^{n-k} = C_{400}^k \cdot 0.01^k \cdot 0.99^{400-k} \quad (k = 0, 1, 2, \cdots, 400).$$

因为 $n = 400$ 很大,$p = 0.01$ 很小,$\lambda = np = 400 \times 0.01 = 4$,由定理 2.2.1 可得所求的概率为

$$P\{X \geqslant 2\} \approx \sum_{k=2}^{\infty} \frac{4^k}{k!} e^{-4}.$$

查附表 3 可得 $P\{X \geqslant 2\} = 0.908\,422$.

同理可得,若进行 500 次独立射击,则此人至少击中目标 2 次的概率

$$P\{X \geqslant 2\} = 0.959\,572.$$

例 2.2.5 的结论告诉我们,不要轻视小概率事件,当试验次数很大时,小概率事件几乎会转变成必然事件,这其中蕴含着偶然和必然、从量变到质变的辩证思想.同时提醒我们平时要

做到防微杜渐,勿以恶小而为之;也告诉我们积少成多,聚沙成塔,勿以善小而不为的做人道理.

2.3 连续型随机变量及其分布

在上一节中,我们通过分布律研究了离散型随机变量的统计规律,离散型随机变量的所有可能取值只有有限个或可列无穷多个. 但在许多随机现象中出现的一些随机变量,如测量某地的气温,检测某型号零件的寿命,统计某地区考生的身高、体重等,它们的取值是可以充满某个区间或区域的(也就不会只取有限个或可列无穷多个值). 对于这样的随机变量,如何描述它们的统计规律呢?

2.3.1 连续型随机变量及其密度函数

定义 2.3.1 设 $F(x)$ 是随机变量 X 的分布函数. 若存在一个非负可积函数 $f(x)$,使得对任意实数 x,有

$$F(x) = \int_{-\infty}^{x} f(t) dt,$$

则称 X 为**连续型随机变量**,其中 $f(x)$ 称为 X 的**概率密度函数**,简称**概率密度**或**密度函数**.

密度函数

由定义 2.3.1 和微积分学知识可知,连续型随机变量 X 的分布函数 $F(x)$ 是连续函数,同时在 $f(x)$ 的连续点处,有

$$F'(x) = f(x) = \lim_{\Delta x \to 0^+} \frac{F(x+\Delta x) - F(x)}{\Delta x} = \lim_{\Delta x \to 0^+} \frac{P\{x < X \leqslant x+\Delta x\}}{\Delta x}.$$

从上式我们可以看到,密度函数与物理学中线密度的定义相似,这就是为什么称 $f(x)$ 为密度函数的缘故.

由分布函数的性质,容易验证任一连续型随机变量的密度函数 $f(x)$ 具有下列基本性质.

(1) 非负性:$f(x) \geqslant 0 \quad (-\infty < x < +\infty)$.

(2) 规范性:$\int_{-\infty}^{+\infty} f(x) dx = 1$.

密度函数的性质

性质(2)的几何意义是:以 x 轴为底边、以 $f(x)$ 为高所构成的曲边梯形的面积等于 1. 反之,任意一个满足以上两条性质的函数 $f(x)$ 都可以作为某个连续型随机变量 X 的密度函数.

密度函数除了具有上述两条基本性质外,还有如下一些重要性质.

(3) 设 x_1, x_2 为任意实数,且 $x_1 \leqslant x_2$,则

$$P\{x_1 < X \leqslant x_2\} = F(x_2) - F(x_1) = \int_{x_1}^{x_2} f(x) dx,$$

即由密度函数可求随机变量 X 落在任意区间内的概率.

(4) 连续型随机变量 X 取任一特定值 a 的概率为 0,即 $P\{X=a\}=0$.

证 取 $\Delta x > 0$,则有
$$0 \leqslant P\{X = a\} \leqslant P\{a - \Delta x < X \leqslant a\} = F(a) - F(a - \Delta x).$$
由于连续型随机变量 X 的分布函数 $F(x)$ 是连续函数,因此
$$\lim_{\Delta x \to 0^+}[F(a) - F(a - \Delta x)] = 0.$$
由极限的夹逼定理知 $P\{X = a\} = 0$.

注 事件 $\{X = a\}$ 不一定是不可能事件,但它的概率是 0.

例 2.3.1 设连续型随机变量 X 的密度函数为
$$f(x) = \begin{cases} ax, & 0 \leqslant x < 2, \\ 1 - \dfrac{x}{3}, & 2 \leqslant x \leqslant 3, \\ 0, & \text{其他}, \end{cases}$$
求:

(1) 常数 a 的值;

(2) X 的分布函数 $F(x)$;

(3) $P\{1 < X \leqslant 2.5\}$.

解 (1) 由密度函数的规范性得
$$1 = \int_{-\infty}^{+\infty} f(x)\mathrm{d}x = \int_0^2 ax \mathrm{d}x + \int_2^3 \left(1 - \frac{x}{3}\right)\mathrm{d}x = \frac{ax^2}{2}\bigg|_0^2 + \left(x - \frac{x^2}{6}\right)\bigg|_2^3 = 2a + \frac{1}{6},$$
因此 $a = \dfrac{5}{12}$.

(2) 因为密度函数为
$$f(x) = \begin{cases} \dfrac{5}{12}x, & 0 \leqslant x < 2, \\ 1 - \dfrac{x}{3}, & 2 \leqslant x \leqslant 3, \\ 0, & \text{其他}, \end{cases}$$
所以当 $x < 0$ 时,
$$F(x) = P\{X \leqslant x\} = \int_{-\infty}^x f(t)\mathrm{d}t = \int_{-\infty}^x 0 \mathrm{d}t = 0;$$
当 $0 \leqslant x < 2$ 时,
$$F(x) = P\{X \leqslant x\} = \int_{-\infty}^x f(t)\mathrm{d}t = \int_{-\infty}^0 0\mathrm{d}t + \int_0^x \frac{5}{12}t\mathrm{d}t = \frac{5}{24}t^2\bigg|_0^x = \frac{5}{24}x^2;$$
当 $2 \leqslant x \leqslant 3$ 时,
$$F(x) = P\{X \leqslant x\} = \int_{-\infty}^x f(t)\mathrm{d}t = \int_{-\infty}^0 0\mathrm{d}t + \int_0^2 \frac{5}{12}t\mathrm{d}t + \int_2^x \left(1 - \frac{t}{3}\right)\mathrm{d}t$$
$$= \frac{5}{24}t^2\bigg|_0^2 + \left(t - \frac{t^2}{6}\right)\bigg|_2^x = -\frac{x^2}{6} + x - \frac{1}{2};$$
当 $x > 3$ 时,事件 $\{X \leqslant x\}$ 包含所有可能取值,所以 $F(x) = P\{X \leqslant x\} = 1$.

因此,X 的分布函数为

$$F(x) = \begin{cases} 0, & x < 0, \\ \dfrac{5}{24}x^2, & 0 \leqslant x < 2, \\ -\dfrac{x^2}{6} + x - \dfrac{1}{2}, & 2 \leqslant x \leqslant 3, \\ 1, & x > 3. \end{cases}$$

(3) $P\{1 < X \leqslant 2.5\} = F(2.5) - F(1) = \dfrac{23}{24} - \dfrac{5}{24} = \dfrac{3}{4}.$

例 2.3.2 设连续型随机变量 X 的分布函数为

$$F(x) = \begin{cases} 0, & x < 0, \\ \dfrac{ax^2}{2}, & 0 \leqslant x \leqslant 2, \\ 1, & x > 2, \end{cases}$$

试求：

(1) 常数 a 的值；
(2) $P\{1 < X < 1.5\}$；
(3) X 的密度函数 $f(x)$.

解 (1) 因为分布函数 $F(x)$ 右连续，所以有

$$\lim_{x \to 2^+} F(x) = \lim_{x \to 2^+} 1 = 1 = F(2) = 2a,$$

得 $a = \dfrac{1}{2}$.

(2) 由(1)知

$$F(x) = \begin{cases} 0, & x < 0, \\ \dfrac{x^2}{4}, & 0 \leqslant x \leqslant 2, \\ 1, & x > 2, \end{cases}$$

所以

$$P\{1 < X < 1.5\} = F(1.5) - F(1) = \dfrac{9}{16} - \dfrac{1}{4} = \dfrac{5}{16}.$$

(3) X 的密度函数为

$$f(x) = F'(x) = \begin{cases} \dfrac{x}{2}, & 0 \leqslant x \leqslant 2, \\ 0, & 其他. \end{cases}$$

2.3.2 几种常见的连续型随机变量及其分布

1. 均匀分布

定义 2.3.2 若连续型随机变量 X 的密度函数为

$$f(x) = \begin{cases} \dfrac{1}{b-a}, & a \leqslant x \leqslant b, \\ 0, & 其他, \end{cases}$$

则称 X 服从区间 $[a,b]$ 上的**均匀分布**,记作 $X \sim U[a,b]$.

显然,$f(x) \geqslant 0$ 且满足 $\int_{-\infty}^{+\infty} f(x) \mathrm{d}x = 1$.

对任意 $[c,d] \subset [a,b]$,有 $P\{c \leqslant X \leqslant d\} = \int_c^d f(x) \mathrm{d}x = \dfrac{d-c}{b-a}$,这表明 X 落在区间 $[a,b]$ 中任意等长区间内的概率是相同的. 事实上,对于任意长度为 l 的子区间 $[c, c+l] \subset [a,b]$,有

$$P\{c \leqslant X \leqslant c+l\} = \int_c^{c+l} f(x) \mathrm{d}x = \frac{l}{b-a}.$$

易求得 X 的分布函数为

$$F(x) = \begin{cases} 0, & x < a, \\ \dfrac{x-a}{b-a}, & a \leqslant x \leqslant b, \\ 1, & x > b. \end{cases}$$

均匀分布可用来描述在某个区间上具有等可能结果的试验的统计规律性. 例如,在数值计算中,通常对末位数采用"四舍五入",如对小数点后第一位进行"四舍五入"时产生的误差一般可认为服从 $[-0.5, 0.5]$ 上的均匀分布;在一个较短的时间内,某一股票的价格在某区间内服从均匀分布等.

例 2.3.3 某客运站去往某地的客车在每整点的第 10 分、25 分和 55 分准时发车. 设某乘客不知道发车时间,于任意时刻随机地到达客运站,求该乘客的候车时间超过 10 min 的概率.

解 设该乘客于某时 X 分到达客运站,则随机变量 $X \sim U[0, 60]$. 记事件 A 表示"该乘客的候车时间超过 10 min",则有

$$P(A) = P\{10 < X < 15\} + P\{25 < X < 45\} + P\{55 < X < 60\} = \frac{5+20+5}{60} = \frac{1}{2}.$$

2. 指数分布

定义 2.3.3 若连续型随机变量 X 的密度函数为

$$f(x) = \begin{cases} \lambda \mathrm{e}^{-\lambda x}, & x \geqslant 0, \\ 0, & x < 0, \end{cases}$$

其中 $\lambda > 0$ 为常数,则称 X 服从参数为 λ 的**指数分布**,记作 $X \sim E(\lambda)$.

容易验证,$f(x) \geqslant 0$ 且 $\int_{-\infty}^{+\infty} f(x) \mathrm{d}x = 1$.

易求得 X 的分布函数为

$$F(x) = \begin{cases} 1 - \mathrm{e}^{-\lambda x}, & x \geqslant 0, \\ 0, & x < 0. \end{cases}$$

指数分布是一种应用广泛的分布. 许多"等待时间"服从指数分布;元器件的寿命、动物寿命等也都可以用指数分布来描述;同时指数分布在排队论和可靠性理论等领域中也有着广泛的应用.

指数分布具有**无记忆性**:若随机变量 X 服从参数为 λ 的指数分布,则对于任意正实数 s, t,有

$$P\{X>t+s \mid X>t\}=P\{X>s\}.$$

事实上,由条件概率公式知
$$P\{X>t+s \mid X>t\}=\frac{P\{\{X>t+s\} \bigcap \{X>t\}\}}{P\{X>t\}}=\frac{P\{X>t+s\}}{P\{X>t\}}$$
$$=\frac{1-F(t+s)}{1-F(t)}=\frac{e^{-\lambda(t+s)}}{e^{-\lambda t}}=e^{-\lambda s}=P\{X>s\}.$$

指数分布的无记忆性可以理解为:一个电子元件在使用了至少 t h 后还能使用至少 s h 的概率与它从出厂开始算起能使用至少 s h 的概率是等同的,也就是说一个元件能使用至少 s h 的概率与它已经使用了多长时间是无关的,即对已经使用的时间"失去记忆".

例 2.3.4 已知某电子元件的使用寿命 X(单位:年) 服从参数为 2 的指数分布.
(1) 求该电子元件的使用寿命超过 3 年的概率.
(2) 已知该电子元件已经使用了 1 年,求它还能使用 3 年的概率.

解 依题意,X 的密度函数为
$$f(x)=\begin{cases}2e^{-2x}, & x \geqslant 0,\\ 0, & x<0.\end{cases}$$

(1) $P\{X>3\}=\int_{3}^{+\infty}2e^{-2x}dx=-e^{-2x}\Big|_{3}^{+\infty}=e^{-6}.$

(2) $P\{X>4 \mid X>1\}=\dfrac{P\{\{X>4\} \bigcap \{X>1\}\}}{P\{X>1\}}=\dfrac{P\{X>4\}}{P\{X>1\}}$
$$=\frac{\int_{4}^{+\infty}2e^{-2x}dx}{\int_{1}^{+\infty}2e^{-2x}dx}=\frac{e^{-8}}{e^{-2}}=e^{-6}.$$

3. 正态分布

高斯

定义 2.3.4 若连续型随机变量 X 的密度函数为
$$f(x)=\frac{1}{\sqrt{2\pi}\sigma}e^{-\frac{(x-\mu)^2}{2\sigma^2}} \quad (-\infty<x<+\infty),$$

其中 $\mu,\sigma(\sigma>0)$ 是两个常数,则称 X 服从参数为 μ,σ 的**正态分布**或**高斯分布**,记作 $X \sim N(\mu,\sigma^2)$.

显然,$f(x) \geqslant 0$,下面证明 $\int_{-\infty}^{+\infty}f(x)dx=1$. 设 $u=\dfrac{x-\mu}{\sigma}$,则有

高尔顿钉板实验

$$\int_{-\infty}^{+\infty}\frac{1}{\sqrt{2\pi}\sigma}e^{-\frac{(x-\mu)^2}{2\sigma^2}}dx=\frac{1}{\sqrt{2\pi}}\int_{-\infty}^{+\infty}e^{-\frac{u^2}{2}}du.$$

记 $I=\int_{-\infty}^{+\infty}e^{-\frac{u^2}{2}}du$,则有 $I^2=\int_{-\infty}^{+\infty}\int_{-\infty}^{+\infty}e^{-\frac{u^2+v^2}{2}}dudv.$ 利用极坐标变换 $u=r\cos\theta, v=r\sin\theta$,得
$$I^2=\int_{0}^{2\pi}\int_{0}^{+\infty}re^{-\frac{r^2}{2}}drd\theta=2\pi.$$ 又 $I>0$,故有 $I=\sqrt{2\pi}$,因此
$$\int_{-\infty}^{+\infty}\frac{1}{\sqrt{2\pi}\sigma}e^{-\frac{(x-\mu)^2}{2\sigma^2}}dx=\frac{1}{\sqrt{2\pi}}\int_{-\infty}^{+\infty}e^{-\frac{u^2}{2}}du=1.$$

正态分布是概率论中最重要的一个分布,高斯在研究误差理论时曾用它来刻画误差. 经验

表明，许多实际问题中的变量，如测量误差、射击时弹着点与靶心间的距离、热力学中理想气体的分子速度、某地区成年男子的身高等都可以认为服从正态分布. 进一步的理论研究表明，一个变量如果受到大量微小、独立的随机因素的影响，那么这个变量一般也服从或近似服从正态分布.

正态分布的密度函数 $f(x)$ 的图形如图 2.1 所示，它具有以下性质.

(1) 曲线关于直线 $x=\mu$ 对称.

(2) 曲线在点 $x=\mu$ 处取到最大值 $f(\mu)=\dfrac{1}{\sqrt{2\pi}\sigma}$.

(3) 当 σ 固定，改变 μ 的值时，曲线沿 x 轴平移而不改变形状，故称 μ 为**位置参数**(见图 2.1)；若固定 μ，改变 σ 的值，则曲线随着 σ 的增大而变得平坦，故称 σ 为**形状参数**(见图 2.2).

(4) 曲线在点 $x=\mu\pm\sigma$ 处有拐点且以 x 轴为水平渐近线.

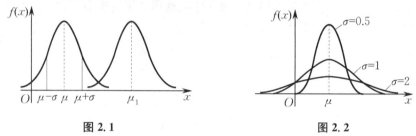

图 2.1   图 2.2

特别地，当参数 $\mu=0,\sigma=1$ 时，称随机变量 X 服从**标准正态分布** $N(0,1)$，其密度函数和分布函数分别用 $\varphi(x),\Phi(x)$ 表示，即

$$\varphi(x)=\frac{1}{\sqrt{2\pi}}\mathrm{e}^{-\frac{x^2}{2}} \quad (-\infty<x<+\infty),$$

$$\Phi(x)=\frac{1}{\sqrt{2\pi}}\int_{-\infty}^{x}\mathrm{e}^{-\frac{t^2}{2}}\mathrm{d}t \quad (-\infty<x<+\infty).$$

标准正态分布的密度函数的图形关于直线 $x=0$ 对称，于是有

$$\Phi(-x)=1-\Phi(x).$$

标准正态分布的分布函数 $\Phi(x)$ 的函数值已经制成标准正态分布表以供查用(见附表 2).

对于一般的正态分布，我们可以通过一个线性变换把它化成标准正态分布，从而通过查标准正态分布表获得正态分布的各种区间概率.

定理 2.3.1 若随机变量 $X\sim N(\mu,\sigma^2)$，则 $Y=\dfrac{X-\mu}{\sigma}\sim N(0,1)$.

证 设 $Y=\dfrac{X-\mu}{\sigma}$，由 $X\sim N(\mu,\sigma^2)$，则 Y 的分布函数为

$$P\{Y\leqslant x\}=P\left\{\frac{X-\mu}{\sigma}\leqslant x\right\}=P\{X\leqslant \mu+\sigma x\}=\int_{-\infty}^{\mu+\sigma x}\frac{1}{\sqrt{2\pi}\sigma}\mathrm{e}^{-\frac{(t-\mu)^2}{2\sigma^2}}\mathrm{d}t.$$

令 $v=\dfrac{t-\mu}{\sigma}$，则上式可化为

$$P\{Y\leqslant x\}=\frac{1}{\sqrt{2\pi}}\int_{-\infty}^{x}\mathrm{e}^{-\frac{v^2}{2}}\mathrm{d}v=\Phi(x).$$

由此可知 $Y = \dfrac{X-\mu}{\sigma} \sim N(0,1)$.

于是,若 $X \sim N(\mu, \sigma^2)$,则对任意区间 $(a,b]$,由定理 2.3.1 有

$$P\{a < X \leqslant b\} = P\left\{\dfrac{a-\mu}{\sigma} < \dfrac{X-\mu}{\sigma} \leqslant \dfrac{b-\mu}{\sigma}\right\} = \Phi\left(\dfrac{b-\mu}{\sigma}\right) - \Phi\left(\dfrac{a-\mu}{\sigma}\right).$$

例 2.3.5 设随机变量 $X \sim N(3,4)$,求 $P\{X \leqslant 9\}$ 与 $P\{1 < X \leqslant 5\}$.

解 由定理 2.3.1 知 $Y = \dfrac{X-3}{2} \sim N(0,1)$,故

$$P\{X \leqslant 9\} = P\left\{\dfrac{X-3}{2} \leqslant \dfrac{9-3}{2}\right\} = P\left\{\dfrac{X-3}{2} \leqslant 3\right\} = \Phi(3) = 0.99865,$$

$$P\{1 < X \leqslant 5\} = P\left\{\dfrac{1-3}{2} < \dfrac{X-3}{2} \leqslant \dfrac{5-3}{2}\right\} = P\left\{-1 < \dfrac{X-3}{2} \leqslant 1\right\}$$

$$= \Phi(1) - \Phi(-1) = 2\Phi(1) - 1 = 0.6826.$$

为了便于今后在数理统计中的应用,我们引入标准正态分布的上 α 分位点的定义.

定义 2.3.5 设随机变量 $X \sim N(0,1)$. 对于给定的实数 $0 < \alpha < 1$,若实数 z_α 满足条件

$$P\{X > z_\alpha\} = \alpha,$$

则称数 z_α 为标准正态分布的**上 α 分位点**(见图 2.3).

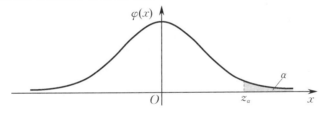

图 2.3

根据分布函数与上 α 分位点的定义知 $\Phi(z_\alpha) = 1 - \alpha$,由此关系式并查附表 2 可得标准正态分布的任意上 α 分位点. 例如,查附表 2 可得 $z_{0.05} = 1.645, z_{0.025} = 1.96$.

特别地,由标准正态分布密度函数的图形的对称性知 $z_{1-\alpha} = -z_\alpha$,例如,

$$z_{0.95} = -z_{0.05} = -1.645, \quad z_{0.975} = -z_{0.025} = -1.96.$$

2.4 随机变量函数的分布

在许多实际问题中,随机变量的值不能直接确定,而要通过函数关系式来确定. 例如,在测量圆轴的截面积 S 时,先测量圆轴的直径 d,然后由函数 $S = \dfrac{\pi}{4}d^2$ 得到截面积的值.

设 X 是一个随机变量,$Y = g(X)$ 是 X 的函数,其中 $g(x)$ 是连续函数,则 Y 也是一个随机变量. 在本节中,我们将讨论如何通过已知随机变量 X 的分布去求这个随机变量函数 $Y = g(X)$ 的分布.

2.4.1 离散型随机变量函数的分布

设 X 是离散型随机变量,其分布律为 $P\{X=x_k\}=p_k$, $g(x)$ 为已知函数. 若 $g(x_k)$ ($k=1,2,\cdots$) 的值各不相同,则随机变量 $Y=g(X)$ 的分布律为 $P\{Y=g(x_k)\}=p_k$. 若 $g(x_k)$ ($k=1,2,\cdots$) 中有相等的值,则应把那些相等的值合并,同时把对应的概率相加,此时 Y 的分布律为

$$P\{Y=k\}=\sum_{g(x_i)=k}p_i.$$

例 2.4.1 设随机变量 X 的分布律如表 2.5 所示,求 $Y=(X+1)^2$ 的分布律.

表 2.5

X	-2	-1	0	1
P	0.2	0.15	0.3	0.35

解 由 $Y=(X+1)^2$ 可知,当 X 分别取 $-2,-1,0,1$ 时,Y 取 $1,0,1,4$,故 Y 的所有可能取值为 $0,1,4$,且

$$P\{Y=0\}=P\{X=-1\}=0.15,$$
$$P\{Y=1\}=P\{X=-2\}+P\{X=0\}=0.2+0.3=0.5,$$
$$P\{Y=4\}=P\{X=1\}=0.35,$$

从而可得 Y 的分布律如表 2.6 所示.

表 2.6

Y	0	1	4
P	0.15	0.5	0.35

2.4.2 连续型随机变量函数的分布

已知连续型随机变量 X 的密度函数为 $f_X(x)$,$Y=g(X)$ 是随机变量 X 的函数,则求随机变量 Y 的密度函数的基本方法是:先根据分布函数的定义求得 Y 的分布函数

$$F_Y(y)=P\{Y\leqslant y\}=P\{g(X)\leqslant y\}=\int_{\{x|g(x)\leqslant y\}}f_X(x)\mathrm{d}x,$$

再对分布函数 $F_Y(y)$ 求导,得 Y 的密度函数 $f_Y(y)=F_Y'(y)$.

例 2.4.2 设随机变量 X 的密度函数为

$$f_X(x)=\begin{cases}\dfrac{x}{2}, & 0<x<2,\\ 0, & \text{其他},\end{cases}$$

求 $Y=4X+2$ 的密度函数.

解 由 $Y=4X+2$ 及分布函数的定义知,Y 的分布函数为

$$F_Y(y)=P\{Y\leqslant y\}=P\{4X+2\leqslant y\}=P\left\{X\leqslant\dfrac{y-2}{4}\right\}=\int_{-\infty}^{\frac{y-2}{4}}f_X(x)\mathrm{d}x.$$

当 $\dfrac{y-2}{4}\leqslant 0$,即 $y\leqslant 2$ 时,$\{Y\leqslant y\}$ 是不可能事件,因此

$$F_Y(y) = P\{Y \leqslant y\} = 0;$$

当 $0 < \dfrac{y-2}{4} < 2$,即 $2 < y < 10$ 时,有

$$F_Y(y) = \int_0^{\frac{y-2}{4}} \dfrac{x}{2} \mathrm{d}x = \dfrac{(y-2)^2}{64};$$

当 $\dfrac{y-2}{4} \geqslant 2$,即 $y \geqslant 10$ 时,$\{Y \leqslant y\}$ 是必然事件,因此

$$F_Y(y) = 1.$$

综上可得,Y 的密度函数为

$$f_Y(y) = F'_Y(y) = \begin{cases} \dfrac{y-2}{32}, & 2 < y < 10, \\ 0, & \text{其他}. \end{cases}$$

例 2.4.3 设随机变量 $X \sim U[0,2]$,求 $Y = 4X^2$ 的密度函数.

解 因为 $X \sim U[0,2]$,所以 X 的密度函数为

$$f_X(x) = \begin{cases} \dfrac{1}{2}, & 0 \leqslant x \leqslant 2, \\ 0, & \text{其他}. \end{cases}$$

由 $Y = 4X^2$ 及分布函数的定义可知,当 $y \leqslant 0$ 时,有

$$F_Y(y) = P\{Y \leqslant y\} = P\{4X^2 \leqslant y\} = 0;$$

当 $0 < y \leqslant 16$ 时,有

$$F_Y(y) = P\{Y \leqslant y\} = P\{4X^2 \leqslant y\} = P\left\{-\dfrac{\sqrt{y}}{2} \leqslant X \leqslant \dfrac{\sqrt{y}}{2}\right\}$$

$$= \int_{-\frac{\sqrt{y}}{2}}^{\frac{\sqrt{y}}{2}} f_X(x) \mathrm{d}x = \int_0^{\frac{\sqrt{y}}{2}} \dfrac{1}{2} \mathrm{d}x = \dfrac{\sqrt{y}}{4};$$

当 $y > 16$ 时,有

$$F_Y(y) = P\{Y \leqslant y\} = 1.$$

综上可得,Y 的密度函数为

$$f_Y(y) = F'_Y(y) = \begin{cases} \dfrac{1}{8\sqrt{y}}, & 0 < y \leqslant 16, \\ 0, & \text{其他}. \end{cases}$$

例 2.4.4 设随机变量 $X \sim N(0,1)$,求 $Y = 2X + 3$ 的密度函数.

解 因 $X \sim N(0,1)$,则 X 的密度函数为

$$\varphi(x) = \dfrac{1}{\sqrt{2\pi}} \mathrm{e}^{-\frac{x^2}{2}} \quad (-\infty < x < +\infty).$$

由 $Y = 2X + 3$ 及分布函数的定义可知

$$F_Y(y) = P\{Y \leqslant y\} = P\{2X + 3 \leqslant y\} = P\left\{X \leqslant \dfrac{y-3}{2}\right\} = \int_{-\infty}^{\frac{y-3}{2}} \varphi(x) \mathrm{d}x,$$

从而得 Y 的密度函数为

$$f_Y(y) = F'_Y(y) = \dfrac{1}{2} \varphi\left(\dfrac{y-3}{2}\right) = \dfrac{1}{2\sqrt{2\pi}} \mathrm{e}^{-\frac{(y-3)^2}{8}} \quad (-\infty < y < +\infty).$$

由此可知，Y 服从参数 $\mu=3,\sigma=2$ 的正态分布.

事实上，如果 $X \sim N(\mu,\sigma^2)$，那么 X 的线性组合 $Y=aX+b(a \neq 0)$ 服从正态分布 $N(a\mu+b,(a\sigma)^2)$，此结论由读者自行证明.

例 2.4.5 设随机变量 $X \sim U[0,\pi]$，求 $Y=2\sin X$ 的分布函数及其密度函数.

解 由 $X \sim U[0,\pi]$ 知，X 的密度函数为

$$f_X(x) = \begin{cases} \dfrac{1}{\pi}, & 0 \leqslant x \leqslant \pi, \\ 0, & \text{其他}. \end{cases}$$

由于 $Y=2\sin X$，$X \sim U[0,\pi]$，因此当 $y<0$ 时，$\{Y \leqslant y\}$ 是不可能事件，所以
$$F_Y(y) = P\{Y \leqslant y\} = 0;$$

当 $0 \leqslant y \leqslant 2$ 时，有

$$F_Y(y) = P\{Y \leqslant y\} = P\{2\sin X \leqslant y\} = P\left\{\sin X \leqslant \frac{y}{2}\right\}$$

$$= P\left\{\left\{0 \leqslant X \leqslant \arcsin\frac{y}{2}\right\} \cup \left\{\pi - \arcsin\frac{y}{2} \leqslant X \leqslant \pi\right\}\right\}$$

$$= \int_0^{\arcsin\frac{y}{2}} \frac{1}{\pi} \mathrm{d}x + \int_{\pi-\arcsin\frac{y}{2}}^{\pi} \frac{1}{\pi} \mathrm{d}x = \frac{\arcsin\frac{y}{2}}{\pi} + \frac{\pi - \left(\pi - \arcsin\frac{y}{2}\right)}{\pi}$$

$$= \frac{2}{\pi} \arcsin \frac{y}{2};$$

当 $y>2$ 时，$\{Y \leqslant y\}$ 是必然事件，所以
$$F_Y(y) = P\{Y \leqslant y\} = 1.$$

综上可得，Y 的分布函数为

$$F_Y(y) = \begin{cases} 0, & y<0, \\ \dfrac{2}{\pi}\arcsin\dfrac{y}{2}, & 0 \leqslant y \leqslant 2, \\ 1, & y>2, \end{cases}$$

密度函数为

$$f_Y(y) = F_Y'(y) = \begin{cases} \dfrac{2}{\pi\sqrt{4-y^2}}, & 0 \leqslant y \leqslant 2, \\ 0, & \text{其他}. \end{cases}$$

下面对严格单调的随机变量函数的密度函数直接给出一个求解结果.

定理 2.4.1 设随机变量 X 的密度函数为 $f_X(x)(-\infty<x<+\infty)$，函数 $y=g(x)$ 处处可导且恒有 $g'(x)>0$（或恒有 $g'(x)<0$），$x=h(y)$ 是 $y=g(x)$ 的反函数，则随机变量 $Y=g(X)$ 的密度函数为

$$f_Y(y) = \begin{cases} f_X[h(y)] \, |h'(y)|, & \alpha<y<\beta, \\ 0, & \text{其他}, \end{cases}$$

其中 $\alpha = \min\{g(-\infty), g(+\infty)\}$，$\beta = \max\{g(-\infty), g(+\infty)\}$.

例 2.4.6 设随机变量 X 服从参数为 $\frac{1}{2}$ 的指数分布,即 $X \sim E\left(\frac{1}{2}\right)$,求 $Y = e^X$ 的密度函数.

解 由 $X \sim E\left(\frac{1}{2}\right)$ 知,X 的密度函数为

$$f_X(x) = \begin{cases} \frac{1}{2} e^{-\frac{x}{2}}, & x \geq 0, \\ 0, & x < 0. \end{cases}$$

因为 $y = g(x) = e^x$ 在 $[0, +\infty)$ 上严格单调递增且处处可导,又 $\alpha = 1, \beta = +\infty, y = g(x)$ 的反函数为 $x = h(y) = \ln y$,所以由定理 2.4.1 知,Y 的密度函数为

$$f_Y(y) = \begin{cases} f_X(\ln y) \mid (\ln y)' \mid = \frac{1}{2y} e^{-\frac{\ln y}{2}}, & y \geq 1, \\ 0, & y < 1 \end{cases}$$

$$= \begin{cases} \frac{1}{2} y^{-\frac{3}{2}}, & y \geq 1, \\ 0, & y < 1. \end{cases}$$

2.5 实 践 案 例

1. 彩票中奖问题

例 2.5.1 设某种福利彩票售价 2 元一张,每张彩票随机产生一个不同的 6 位数兑奖号码,每销售 100 万张彩票设一个开奖组,开奖通过摇号器当众摇出一个 6 位数的中奖号码,兑奖规则如下.

(1) 六等奖:获奖金额 4 元,兑奖号码与中奖号码的最后 1 位数字一致为六等奖;
(2) 五等奖:获奖金额 20 元,兑奖号码与中奖号码的最后 2 位数字一致为五等奖;
(3) 四等奖:获奖金额 200 元,兑奖号码与中奖号码的最后 3 位数字一致为四等奖;
(4) 三等奖:获奖金额 2000 元,兑奖号码与中奖号码的最后 4 位数字一致为三等奖;
(5) 二等奖:获奖金额 20 000 元,兑奖号码与中奖号码的最后 5 位数字一致为二等奖;
(6) 一等奖:获奖金额 200 000 元,兑奖号码与中奖号码的 6 位数字一致为一等奖.

为研究彩票中奖的分布规律,设 X(单位:元)表示一张彩票的中奖金额,求 X 的分布律.

解 X 的所有可能取值为 $0, 4, 20, 200, 2\,000, 20\,000, 200\,000$,须计算 X 取每个值的概率. 由于彩票号码是从 $0 \sim 9$ 中任选 6 个数组成的,因此所有可能的编号有 10^6 种.

事件 $\{X = 0\}$ 表示不中奖,即彩票最后 1 位数字与中奖号码不同,有 9 种选法,其余 5 位数字在 $0 \sim 9$ 中任选,有 10^5 种选法,故

$$P\{X = 0\} = \frac{9 \times 10^5}{10^6} = \frac{9}{10}.$$

事件 $\{X = 4\}$ 表示中六等奖,彩票前 4 位数字可在 $0 \sim 9$ 中任选,有 10^4 种选法,第 5 位数字与中奖号码不同,有 9 种选法,第 6 位数字与中奖号码相同,只有 1 种选法,故

$$P\{X=4\} = \frac{9 \times 10^4}{10^6} = \frac{9}{10^2}.$$

以此类推,可以求得

$$P\{X=20\} = \frac{9}{10^3}, \quad P\{X=200\} = \frac{9}{10^4}, \quad P\{X=2\,000\} = \frac{9}{10^5},$$

$$P\{X=20\,000\} = \frac{9}{10^6}, \quad P\{X=200\,000\} = \frac{1}{10^6}.$$

所以,X 的分布律如表 2.7 所示.

表 2.7

X	0	4	20	200	2 000	20 000	200 000
P	$\frac{9}{10}$	$\frac{9}{10^2}$	$\frac{9}{10^3}$	$\frac{9}{10^4}$	$\frac{9}{10^5}$	$\frac{9}{10^6}$	$\frac{1}{10^6}$

2. 人力资源管理

例 2.5.2 设有 80 台同类型设备,各台设备工作是相互独立的,发生故障的概率都是 0.01,且一台设备发生故障时能由一个维修工人处理. 现考虑两种配备维修工人的方法,第一种是由 4 人维护,每人负责 20 台设备;第二种是由 3 人共同维护这 80 台设备. 试比较两种方法在设备发生故障时不能及时维修的概率大小.

解 考虑第一种方法.

设随机变量 X 表示第一个人维护的 20 台设备中同一时刻发生故障的台数,则 $X \sim B(20, 0.01)$. 以 $A_i (i=1,2,3,4)$ 表示事件"第 i 个人维护的 20 台设备中发生故障不能及时维修",则 80 台设备中发生故障而不能及时维修的概率为

$$P(A_1 \cup A_2 \cup A_3 \cup A_4) \geqslant P(A_1).$$

又

$$P(A_1) = P\{X \geqslant 2\} = 1 - \sum_{k=0}^{1} C_{20}^k \times 0.01^k \times 0.99^{20-k} \approx 0.016\,9,$$

即得按第一种方法,80 台设备中发生故障而不能及时维修的概率大于 0.016 9.

考虑第二种方法.

设随机变量 Y 表示 80 台设备中同一时刻发生故障的台数,则 $Y \sim B(80, 0.01)$. 故 80 台设备中发生故障而不能及时维修的概率为

$$P\{Y \geqslant 4\} = 1 - \sum_{k=0}^{3} C_{80}^k \times 0.01^k \times 0.99^{80-k} \approx 0.008\,7,$$

即得按第二种方法,80 台设备中发生故障而不能及时维修的概率约为 0.008 7.

通过上述计算我们发现,用第二种方法尽管每人的任务重了(每人平均维护约 27 台),但工作效率不仅没有降低,反而提高许多. 由此可见,在人力资源管理中,合理分配工作人员可以达到事半功倍的效果.

3. 销售管理

例 2.5.3 一商店出售某种商品. 根据历史记录分析,每月此种商品的销售量(单位:件)服从参数为 5 的泊松分布,问:月初进货时此种商品的库存为多少件,才能以 0.999 的概率保

证当月不脱销?

解 假设月初进货时此种商品的库存为 a 件,每月销售量为 X. 由已知,$X \sim P(5)$,则当月此种商品不脱销的概率为

$$P\{X \leqslant a\} = \sum_{k=0}^{a} \frac{5^k}{k!} e^{-5} \geqslant 0.999,$$

得

$$P\{X > a\} < 0.001, \quad 即 \quad P\{X \geqslant a+1\} < 0.001.$$

查附表 3 得

$$P\{X \geqslant 13\} = 0.002\,019, \quad P\{X \geqslant 14\} = 0.000\,698,$$

故 $a+1 \geqslant 14$,得 $a \geqslant 13$. 因此,月初进货时此种商品的库存至少为 13 件,才能以 0.999 的概率保证当月不脱销. 也就是说,若前一个月底无库存,月初至少进货 13 件,才能以 0.999 的概率保证当月不脱销.

本 章 总 结

随机变量及其分布
- 分布函数
  - 定义:$F(x) = P\{X \leqslant x\}(-\infty < x < +\infty)$
  - 性质
    - 非负有界性:$0 \leqslant F(x) \leqslant 1(-\infty < x < +\infty)$,且 $F(-\infty) = \lim\limits_{x \to -\infty} F(x) = 0$,$F(+\infty) = \lim\limits_{x \to +\infty} F(x) = 1$
    - 单调不减性:当 $x_1 < x_2$ 时,有 $F(x_1) \leqslant F(x_2)$
    - 右连续性:$F(x+0) = F(x)$
    - $P\{a < X \leqslant b\} = F(b) - F(a)$
- 离散型随机变量
  - 分布律的定义:$P\{X = x_k\} = p_k (k = 1, 2, \cdots)$
  - 分布律的性质
    - 非负性:$p_k \geqslant 0 (k = 1, 2, \cdots)$
    - 规范性:$\sum\limits_{k=1}^{\infty} p_k = 1$
  - 常见分布:两点分布、二项分布、泊松分布
- 连续型随机变量
  - 密度函数的定义:满足 $F(x) = \int_{-\infty}^{x} f(t) \mathrm{d}t$ 的非负可积函数 $f(x)$
  - 密度函数的性质
    - 非负性:$f(x) \geqslant 0 (-\infty < x < +\infty)$
    - 规范性:$\int_{-\infty}^{+\infty} f(x) \mathrm{d}x = 1$
    - $P\{a < X \leqslant b\} = \int_{a}^{b} f(x) \mathrm{d}x$
    - $P\{X = a\} = 0$
  - 常见分布:均匀分布、指数分布、正态分布
- 随机变量函数 $Y = g(X)$ 的分布
  - 离散型:$P\{Y = k\} = \sum\limits_{g(x_i) = k} p_i$
  - 连续型:先求 Y 的分布函数 $F_Y(y)$,再对分布函数 $F_Y(y)$ 求导得 Y 的密度函数 $f_Y(y)$. 如果满足定理 2.4.1 的条件,可直接用定理 2.4.1 中的公式

习 题 二

1. 设随机变量 X 的分布函数为
$$F(x)=\begin{cases} d, & x\leq 1, \\ ax\ln x+bx+c, & 1<x\leq e, \\ c, & x>e, \end{cases}$$
求常数 a,b,c,d 的值.

2. 设随机变量 X 的分布函数为
$$F(x)=\begin{cases} 0, & x<1, \\ \dfrac{1}{3}, & 1\leq x<2, \\ 1-e^{-x}, & x\geq 2, \end{cases}$$
求 $P\{1<X\leq 2\}, P\{X=1\}$.

3. 设离散型随机变量 X 的分布律为 $P\{X=k\}=A\cdot 3^{-k}(k=1,2,\cdots)$,试求常数 A 的值.

4. 已知离散型随机变量 X 的所有可能取值为 $-1,0,2,3$,相应的概率分别为 $\dfrac{c}{2},\dfrac{3}{4}c$, $\dfrac{5}{8}c,\dfrac{7}{16}c$,求:(1) 常数 c 的值;(2) $P\{X<3\}$.

5. 设离散型随机变量 X 的分布律为 $P\{X=k\}=\dfrac{k}{15}(k=1,2,3,4,5)$,求 $P\{2<X\leq 3\}$, $P\{1.5<X\leq 3.5\}$.

6. 同时投掷 2 颗匀称的骰子,以 X 表示 2 颗骰子出现的点数之和,求 X 的分布律.

7. 一口袋中有 6 个外形相同的球,分别编号 1,2,3,4,5,6,从袋中任取 3 个球,求取得的球中最大号码数 X 的分布律.

8. 设有三个盒子,第一个盒子中装有 4 个红球,1 个黑球;第二个盒子中装有 3 个红球,2 个黑球;第三个盒子中装有 2 个红球,3 个黑球. 现从三个盒子中任取一个盒子,然后从中任取 3 个球,试求所取到的红球个数 X 的分布律与分布函数.

9. 某气象站天气预报的准确率为 0.8,各次预报相互独立,求下列事件的概率:

(1) 进行 4 次天气预报 3 次以上准确;

(2) 进行 4 次天气预报至少 1 次准确.

10. 某信息服务台在一分钟内接到的问询电话次数 X 服从参数为 λ 的泊松分布.已知任一分钟内无问询的概率为 e^{-6},求在指定的一分钟内至少有 2 次问询电话的概率.

11. 设某种晶体管的寿命 X(单位:h)的密度函数为
$$f(x)=\begin{cases} \dfrac{A}{x^2}, & x>100, \\ 0, & x\leq 100, \end{cases}$$

(1) 求常数 A 的值.

(2) 求 X 的分布函数 $F(x)$.

(3) 若一个电子仪器中装有 3 个独立工作的这种晶体管,则在使用 150 h 内恰有 1 个晶体管损坏的概率是多少?

12. 设随机变量 $Y \sim U[1,6]$,求方程 $x^2 + Yx + 1 = 0$ 有实根的概率.

13. 设随机变量 X 的分布函数为 $F(x) = \dfrac{a + be^x}{3 + e^x}(-\infty < x < +\infty)$.

(1) 确定常数 a, b 的值,并求 $P\{X < 0\}$.
(2) 求随机变量 X 的密度函数.

14. 设随机变量 X 的分布函数为 $F(x) = A + B\arctan x(-\infty < x < +\infty)$,求:

(1) 常数 A 与 B 的值;
(2) 随机变量 X 落在区间 $(-1,1)$ 内的概率;
(3) 随机变量 X 的密度函数.

15. 假设某地区成年男性的身高 $X \sim N(170,36)$(单位:cm),求该地区成年男性的身高超过 176 cm 的概率.

16. 已知一种电子元件的使用寿命 X(单位:h)服从正态分布 $N(100,225)$,某仪器上装有 3 个这种元件,3 个元件损坏与否是相互独立的.试求该仪器在使用的最初 90 h 内无一元件损坏的概率.

17. 公共汽车车门的高度是按男性与车门碰头的概率在 0.01 以下来设计的.设某地区男性的身高 $X \sim N(168,49)$(单位:cm),问:车门的高度应如何确定?

18. 设随机变量 X 的分布函数为

$$F(x) = \begin{cases} 0, & x < -2, \\ 0.25, & -2 \leqslant x < -1, \\ 0.7, & -1 \leqslant x < 0, \\ 0.9, & 0 \leqslant x < 2, \\ 1, & x \geqslant 2, \end{cases}$$

求:(1) X 的分布律;(2) $Y = |X|$ 的分布律.

19. 已知随机变量 $X \sim N(\mu, \sigma^2)$,证明:
$$Y = aX + b \sim N(a\mu + b, a^2\sigma^2),$$
其中 a, b 为常数,且 $a > 0$.

20. 设随机变量 $X \sim U[0, \pi]$,求下列随机变量函数的密度函数:

(1) $Y = \dfrac{1}{1+X}$; (2) $Y = \ln X$; (3) $Y = \sin X$.

21. 设随机变量 $X \sim N(0,1)$,求下列随机变量函数的密度函数:

(1) $Y = X - 3$; (2) $Y = e^X$; (3) $Y = X^2$.

22. 假设一厂家生产的每台仪器以概率 0.7 可以直接出厂,以概率 0.3 须进一步调试,经调试后以概率 0.8 可以出厂,以概率 0.2 定为不合格品不能出厂.现该厂家新生产了 $n(n \geqslant 2)$ 台仪器(假设各台仪器的生产过程相互独立),求:

(1) 全部能出厂的概率；

(2) 其中恰好有 2 台不能出厂的概率；

(3) 其中至少有 2 台不能出厂的概率.

23. 设随机变量 X 在区间 $[2,5]$ 上服从均匀分布，现在对 X 进行三次独立观测，试求至少有两次观测值大于 3 的概率.

24. 假设一大型设备在任意长为 t（单位：h）的时间内发生故障的次数 $N(t)$ 服从参数为 λt 的泊松分布，求：

(1) 相继两次故障之间时间间隔 T 的分布函数；

(2) 在设备已经无故障工作 8 h 的情形下，再无故障运行 8 h 的概率.

25. 设随机变量 X 的密度函数为

$$f_X(x)=\begin{cases}\dfrac{1}{3\sqrt[3]{x^2}}, & 1\leqslant x\leqslant 8,\\ 0, & \text{其他},\end{cases}$$

$F(x)$ 为 X 的分布函数，求随机变量 $Y=F(X)$ 的分布函数.

26. 设随机变量 X 服从参数为 2 的指数分布，证明：$Y=1-\mathrm{e}^{-2X}$ 在区间 $[0,1]$ 上服从均匀分布.

27. 设随机变量 X 的绝对值不大于 1，$P\{X=-1\}=\dfrac{1}{8}$，$P\{X=1\}=\dfrac{1}{4}$. 在事件 $\{-1<X<1\}$ 发生的条件下，X 在 $(-1,1)$ 内的任一子区间上取值的条件概率与该子区间的长度成正比. 试求：

(1) X 的分布函数；

(2) X 取负值的概率.

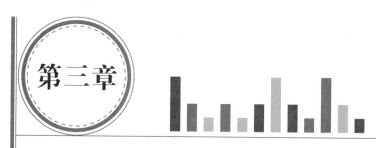

多维随机变量及其分布

在第二章中,我们已经讨论了一维随机变量及其分布,但实际经验表明这是不够的,因为某些试验的结果至少需要两个随机变量来描述. 例如,新生婴儿的健康状况至少要用到两个重要指标,即身高和体重来描述;棋子落在棋盘上的位置要由落子点的横坐标和纵坐标来确定;飞机在空中的位置要由三个坐标来确定. 一般来说,这些随机变量之间有所关联,因此要作为一个整体加以研究. 为此,我们引入二维及二维以上的随机变量. 在本章中,主要对二维随机变量及其分布进行讨论,$n(n>2)$维随机变量是二维随机变量的推广,两者具有很多共性.

3.1 二维随机变量

3.1.1 二维随机变量的定义

定义 3.1.1 若 X,Y 是定义在同一样本空间 Ω 上的两个随机变量,则称 (X,Y) 为**二维随机变量**或**二维随机向量**.

二维随机变量 (X,Y) 的性质不仅与随机变量 X,Y 各自的分布有关,而且还依赖这两个随机变量间的相互关系,因此将 (X,Y) 作为一个整体来研究是有必要的. 类似于一维随机变量,下面我们引入二维随机变量 (X,Y) 的分布函数.

定义 3.1.2 设 (X,Y) 是二维随机变量. 对于任意的实数 x,y,称二元函数

$$F(x,y)=P\{X\leqslant x,Y\leqslant y\} \tag{3.1.1}$$

为二维随机变量 (X,Y) 的**分布函数**,或称为 X 和 Y 的**联合分布函数**.

分布函数 $F(x,y)$ 表示事件 $\{X\leqslant x\}$ 和事件 $\{Y\leqslant y\}$ 同时发生的概率. 如果将二维随机变量 (X,Y) 看作平面上随机点的坐标,则分布函数 $F(x,y)$ 在点 (x,y) 处的函数值就是随机点落在以点 (x,y) 为顶点的左下方无限矩形区域(含右边界和上边界,见图 3.1)内的概率.

根据上述几何解释,则随机点 (X,Y) 落在矩形区域 $\{(x,y)\mid x_1<x\leqslant x_2,y_1<y\leqslant y_2\}$ (见图 3.2)内的概率为

$$P\{x_1 < X \leqslant x_2, y_1 < Y \leqslant y_2\} = F(x_2, y_2) - F(x_1, y_2) - F(x_2, y_1) + F(x_1, y_1). \tag{3.1.2}$$

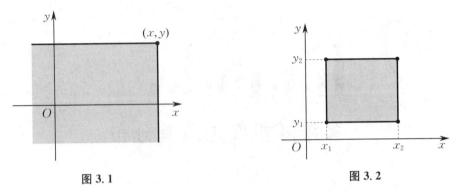

图 3.1　　　　　　　　　　　图 3.2

特别地,将图 3.1 中的无限矩形区域的右侧边界线向左无限平移,即 $x \to -\infty$,则随机点 (X,Y) 落在此矩形区域内的概率将趋于 0,即 $\lim\limits_{x \to -\infty} F(x,y) = 0$,记作 $F(-\infty, y) = 0$. 类似可以得到 $F(x, -\infty) = 0, F(-\infty, -\infty) = 0, F(+\infty, +\infty) = 1$.

分布函数 $F(x,y)$ 具有以下四条基本性质.

(1) 对任意固定的 x, $F(x,y)$ 是 y 的单调不减函数;对任意固定的 y, $F(x,y)$ 是 x 的单调不减函数.

(2) 对任意实数 x, y,有 $0 \leqslant F(x,y) \leqslant 1$,且
$$F(-\infty, y) = 0, \quad F(x, -\infty) = 0,$$
$$F(-\infty, -\infty) = 0, \quad F(+\infty, +\infty) = 1.$$

(3) $F(x,y)$ 对每个变量都是右连续的,即
$$F(x+0, y) = F(x, y), \quad F(x, y+0) = F(x, y).$$

(4) 对任意的 $x_1 < x_2, y_1 < y_2$,有
$$F(x_2, y_2) - F(x_1, y_2) - F(x_2, y_1) + F(x_1, y_1) \geqslant 0.$$

3.1.2　二维离散型随机变量

定义 3.1.3　若二维随机变量 (X,Y) 的所有可能取值为有限对或可列无穷多对,则称 (X,Y) 为**二维离散型随机变量**.

以 (X,Y) 的所有可能取值为可列无穷多对 $(x_i, y_j)(i,j = 1,2,\cdots)$ 为例(有限对的情况是类似的,不再赘述),称
$$P\{X = x_i, Y = y_j\} = p_{ij} \quad (i,j = 1,2,\cdots) \tag{3.1.3}$$
为二维离散型随机变量 (X,Y) 的**分布律**,或称为 X 和 Y 的**联合分布律**.

根据概率的定义,易得二维离散型随机变量 (X,Y) 的分布律有以下性质:

(1) 非负性:$p_{ij} \geqslant 0 (i,j = 1,2,\cdots)$;

(2) 规范性:$\sum\limits_{i=1}^{\infty} \sum\limits_{j=1}^{\infty} p_{ij} = 1$.

二维离散型随机变量 (X,Y) 的分布律也可用表格表示,如表 3.1 所示.

表 3.1

X	Y				
	y_1	y_2	$\cdots$	y_j	$\cdots$
x_1	p_{11}	p_{12}	$\cdots$	p_{1j}	$\cdots$
x_2	p_{21}	p_{22}	$\cdots$	p_{2j}	$\cdots$
$\vdots$	$\vdots$	$\vdots$		$\vdots$	
x_i	p_{i1}	p_{i2}	$\cdots$	p_{ij}	$\cdots$
$\vdots$	$\vdots$	$\vdots$		$\vdots$	

由二维离散型随机变量(X,Y)的分布律可得二维离散型随机变量(X,Y)的分布函数为

$$F(x,y)=P\{X\leqslant x,Y\leqslant y\}=\sum_{x_i\leqslant x}\sum_{y_j\leqslant y}p_{ij}, \tag{3.1.4}$$

其中和式是对一切满足$x_i\leqslant x, y_j\leqslant y$的$i,j$求和.

例 3.1.1 一盒中装有 12 个球,其中有 2 个是黑球,10 个是白球,现每次从中任取一个球,不放回地抽取两次. 定义随机变量如下:

$$X=\begin{cases}0, & \text{第一次取到的是白球,}\\1, & \text{第一次取到的是黑球,}\end{cases} \quad Y=\begin{cases}0, & \text{第二次取到的是白球,}\\1, & \text{第二次取到的是黑球,}\end{cases}$$

求二维离散型随机变量(X,Y)的分布律.

解 (X,Y)的所有可能取值有 4 对,即$(0,0),(0,1),(1,0),(1,1)$,依次计算(X,Y)在各对取值的概率,有

$$P\{X=0,Y=0\}=\frac{10\times 9}{12\times 11}=\frac{15}{22},$$

$$P\{X=0,Y=1\}=\frac{10\times 2}{12\times 11}=\frac{5}{33},$$

$$P\{X=1,Y=0\}=\frac{2\times 10}{12\times 11}=\frac{5}{33},$$

$$P\{X=1,Y=1\}=\frac{2\times 1}{12\times 11}=\frac{1}{66},$$

得(X,Y)的分布律如表 3.2 所示.

表 3.2

X	Y	
	0	1
0	$\frac{15}{22}$	$\frac{5}{33}$
1	$\frac{5}{33}$	$\frac{1}{66}$

3.1.3 二维连续型随机变量

定义 3.1.4 设二维随机变量(X,Y)的分布函数为$F(x,y)$.若存在一个二元非负可积

函数 $f(x,y)$，使得对任意实数 x,y，有

$$F(x,y) = \int_{-\infty}^{y} \int_{-\infty}^{x} f(u,v)\,\mathrm{d}u\,\mathrm{d}v, \qquad (3.1.5)$$

则称 (X,Y) 为**二维连续型随机变量**，其中 $f(x,y)$ 称为 (X,Y) 的**概率密度函数**，简称**密度函数**，或称为 X 和 Y 的**联合概率密度函数**.

二维连续型随机变量 (X,Y) 的密度函数具有以下基本性质.

(1) $f(x,y) \geqslant 0 \ (-\infty < x < +\infty, -\infty < y < +\infty)$.

(2) $\int_{-\infty}^{+\infty} \int_{-\infty}^{+\infty} f(x,y)\,\mathrm{d}x\,\mathrm{d}y = 1$.

反之，任意一个满足以上两条性质的函数 $f(x,y)$，都可以作为某个二维连续型随机变量的密度函数.

(3) 若 D 是 xOy 平面上的某个区域，则点 (X,Y) 落在 D 内的概率可表示为 $f(x,y)$ 在 D 上的二重积分，即

$$P\{(X,Y) \in D\} = \iint_{D} f(x,y)\,\mathrm{d}x\,\mathrm{d}y. \qquad (3.1.6)$$

在几何上，$z = f(x,y)$ 表示空间的一个曲面，式(3.1.6)中 $P\{(X,Y) \in D\}$ 的值表示以 D 为底、曲面 $z = f(x,y)$ 为顶的曲顶柱体的体积.

(4) 若 $f(x,y)$ 在点 (x,y) 处连续，则有

$$\frac{\partial^2 F(x,y)}{\partial x \partial y} = f(x,y).$$

例 3.1.2 设二维随机变量 (X,Y) 的密度函数为

$$f(x,y) = \begin{cases} c\mathrm{e}^{-(x+y)}, & x \geqslant 0, y \geqslant 0, \\ 0, & \text{其他}, \end{cases}$$

求：

(1) 常数 c 的值；

(2) (X,Y) 的分布函数；

(3) $P\{X+Y<1\}$.

解 (1) 由 $\int_{-\infty}^{+\infty} \int_{-\infty}^{+\infty} f(x,y)\,\mathrm{d}x\,\mathrm{d}y = 1$，有

$$\int_{0}^{+\infty} \int_{0}^{+\infty} c\mathrm{e}^{-(x+y)}\,\mathrm{d}x\,\mathrm{d}y = 1,$$

解得 $c = 1$.

(2) 由(1)得

$$f(x,y) = \begin{cases} \mathrm{e}^{-(x+y)}, & x \geqslant 0, y \geqslant 0, \\ 0, & \text{其他}, \end{cases}$$

将上式代入式(3.1.5)，得 (X,Y) 的分布函数为

$$F(x,y) = \int_{-\infty}^{y} \int_{-\infty}^{x} f(u,v)\,\mathrm{d}u\,\mathrm{d}v$$

$$= \begin{cases} \int_{0}^{y} \int_{0}^{x} \mathrm{e}^{-(u+v)}\,\mathrm{d}u\,\mathrm{d}v, & x \geqslant 0, y \geqslant 0, \\ 0, & \text{其他} \end{cases}$$

$$= \begin{cases} (1-\mathrm{e}^{-x})(1-\mathrm{e}^{-y}), & x \geqslant 0, y \geqslant 0, \\ 0, & \text{其他.} \end{cases}$$

(3) 记区域 $D = \{(x,y) \mid x+y < 1\}$（见图 3.3），则由式 (3.1.6) 得

$$\begin{aligned} P\{X+Y<1\} &= \iint_D f(x,y)\mathrm{d}x\mathrm{d}y \\ &= \int_0^1 \mathrm{d}x \int_0^{1-x} \mathrm{e}^{-(x+y)} \mathrm{d}y \\ &= 1 - \frac{2}{\mathrm{e}}. \end{aligned}$$

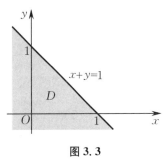

图 3.3

3.1.4 二维均匀分布与二维正态分布

定义 3.1.5 若二维随机变量 (X,Y) 的密度函数为

$$f(x,y) = \begin{cases} \dfrac{1}{S_D}, & (x,y) \in D, \\ 0, & (x,y) \notin D, \end{cases}$$

其中 D 是 xOy 平面上的有界区域，S_D 是区域 D 的面积，则称 (X,Y) 在 D 上服从**二维均匀分布**，简称均匀分布.

设 (X,Y) 在区域 D 上服从均匀分布，由定义 3.1.5 与式 (3.1.6)，(X,Y) 落在 xOy 平面上任一区域 G 内的概率为

$$P\{(X,Y) \in G\} = \iint_{G \cap D} \frac{1}{S_D} \mathrm{d}x\mathrm{d}y = \frac{S_{G \cap D}}{S_D},$$

其中 $S_{G \cap D}$ 表示区域 $G \cap D$ 的面积. 因此，当 (X,Y) 在区域 D 上服从均匀分布时，(X,Y) 落在平面任一区域 G 内的概率为 $G \cap D$ 与 D 的面积之比.

例 3.1.3 设二维随机变量 (X,Y) 在矩形区域 $D = \{(x,y) \mid 0 \leqslant x \leqslant 2, 0 \leqslant y \leqslant 1\}$ 上服从均匀分布，求：(1) (X,Y) 的密度函数；(2) $P\{-1 < X < 1, 0 < Y < 1\}$.

解 (1) 矩形区域 D 的面积为 2，由定义 3.1.5，有

$$f(x,y) = \begin{cases} \dfrac{1}{2}, & (x,y) \in D, \\ 0, & (x,y) \notin D. \end{cases}$$

(2) $\{(x,y) \mid -1 < x < 1, 0 < y < 1\} \cap D$ 是一个边长为 1 的正方形区域，则

$$P\{-1 < X < 1, 0 < Y < 1\} = \frac{S_{\{(x,y) \mid -1 < x < 1, 0 < y < 1\} \cap D}}{S_D} = \frac{1}{2}.$$

例 3.1.4 设区域 $D = \{(x,y) \mid 0 < x < 1, x^2 < y < x\}$（见图 3.4），二维随机变量 (X,Y) 的密度函数为

$$f(x,y) = \begin{cases} 6, & (x,y) \in D, \\ 0, & (x,y) \notin D, \end{cases}$$

验证 (X,Y) 在 D 上服从均匀分布.

证 设 S_D 为区域 D 的面积，则

$$S_D = \iint_D \mathrm{d}x\mathrm{d}y = \int_0^1 \mathrm{d}x \int_{x^2}^x \mathrm{d}y = \frac{1}{6},$$

由定义 3.1.5 知,(X,Y) 在 D 上服从均匀分布.

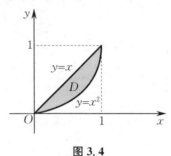

图 3.4

定义 3.1.6 若二维随机变量 (X,Y) 的密度函数为

$$f(x,y) = \frac{1}{2\pi\sigma_1\sigma_2\sqrt{1-\rho^2}} \mathrm{e}^{-\frac{1}{2(1-\rho^2)}\left[\frac{(x-\mu_1)^2}{\sigma_1^2} - 2\rho\frac{(x-\mu_1)(y-\mu_2)}{\sigma_1\sigma_2} + \frac{(y-\mu_2)^2}{\sigma_2^2}\right]} \quad (x,y \in \mathbf{R}),$$

其中 $\mu_1,\mu_2,\sigma_1,\sigma_2,\rho$ 均为常数,且 $\sigma_i > 0 (i=1,2)$,$|\rho| < 1$,则称 (X,Y) 服从参数为 μ_1,μ_2,σ_1,σ_2,ρ 的**二维正态分布**,记作 $(X,Y) \sim N(\mu_1,\mu_2,\sigma_1^2,\sigma_2^2,\rho)$.

若 $(X,Y) \sim N(\mu_1,\mu_2,\sigma_1^2,\sigma_2^2,\rho)$,则称 (X,Y) 为**二维正态随机变量**.

3.2 边 缘 分 布

3.2.1 边缘分布函数

二维随机变量 (X,Y) 的两个分量 X 和 Y 自身也是随机变量. 3.1 节已对二维随机变量 (X,Y) 及其分布进行了讨论,我们自然会提出这样一个问题:作为分量的两个随机变量 X 和 Y 的分布与 (X,Y) 的分布之间有怎样的联系呢?

若二维随机变量 (X,Y) 的分布函数为 $F(x,y)$,其分量 X 和 Y 也是随机变量,有各自的分布函数,分别记为 $F_X(x)$ 和 $F_Y(y)$.

易知,在 $F(x,y)$ 中令 $y \to +\infty$,因 $\{Y < +\infty\}$ 为必然事件,则

$$F(x,+\infty) = \lim_{y \to +\infty} F(x,y) = P\{X \leqslant x, Y < +\infty\} = P\{X \leqslant x\}. \quad (3.2.1)$$

在 $F(x,y)$ 中令 $x \to +\infty$,类似得到

$$F(+\infty,y) = \lim_{x \to +\infty} F(x,y) = P\{X < +\infty, Y \leqslant y\} = P\{Y \leqslant y\}. \quad (3.2.2)$$

定义 3.2.1 设 (X,Y) 是二维随机变量,其分布函数为 $F(x,y)$,则分别称

$$F_X(x) = F(x,+\infty) = \lim_{y \to +\infty} F(x,y), \quad (3.2.3)$$

$$F_Y(y) = F(+\infty,y) = \lim_{x \to +\infty} F(x,y) \quad (3.2.4)$$

为 (X,Y) 关于 X 和关于 Y 的**边缘分布函数**.

例 3.2.1 已知二维随机变量 (X,Y) 的分布函数为

$$F(x,y) = \begin{cases} (1-e^{-x})(1-e^{-y}), & x \geqslant 0, y \geqslant 0, \\ 0, & \text{其他}, \end{cases}$$

求 (X,Y) 关于 X 和关于 Y 的边缘分布函数.

解 由式(3.2.3)有

$$F_X(x) = F(x, +\infty) = \lim_{y \to +\infty} F(x,y)$$

$$= \begin{cases} \lim_{y \to +\infty}(1-e^{-x})(1-e^{-y}), & x \geqslant 0, \\ 0, & x < 0 \end{cases}$$

$$= \begin{cases} 1-e^{-x}, & x \geqslant 0, \\ 0, & x < 0. \end{cases}$$

同理可得

$$F_Y(y) = \begin{cases} 1-e^{-y}, & y \geqslant 0, \\ 0, & y < 0. \end{cases}$$

3.2.2 边缘分布律

设 (X,Y) 是二维离散型随机变量,其分布律为 $P\{X=x_i, Y=y_j\} = p_{ij}(i,j=1,2,\cdots)$. 由式(3.1.4)和式(3.2.3)有

$$F_X(x) = F(x, +\infty) = \sum_{x_i \leqslant x} \left(\sum_{j=1}^{\infty} p_{ij} \right),$$

则随机变量 X 的分布律为 $P\{X=x_i\} = \sum_{j=1}^{\infty} p_{ij}$,记作 $p_{i\cdot}(i=1,2,\cdots)$,$p_{i\cdot}$ 是 p_{ij} 关于 j 求和所得.类似地,随机变量 Y 的分布律为 $P\{Y=y_j\} = \sum_{i=1}^{\infty} p_{ij}$,记作 $p_{\cdot j}(j=1,2,\cdots)$,$p_{\cdot j}$ 是 p_{ij} 关于 i 求和所得.

定义3.2.2 设 (X,Y) 是二维离散型随机变量,其分布律为 $P\{X=x_i, Y=y_j\} = p_{ij}(i,j=1,2,\cdots)$,则 $p_{i\cdot}(i=1,2,\cdots)$ 和 $p_{\cdot j}(j=1,2,\cdots)$ 分别称为 (X,Y) 关于 X 和关于 Y 的**边缘分布律**,即

$$p_{i\cdot} = P\{X=x_i\} = \sum_{j=1}^{\infty} p_{ij} \quad (i=1,2,\cdots), \tag{3.2.5}$$

$$p_{\cdot j} = P\{Y=y_j\} = \sum_{i=1}^{\infty} p_{ij} \quad (j=1,2,\cdots). \tag{3.2.6}$$

边缘分布律也常用表格形式给出,如表3.3所示.

表3.3

X	Y					$p_{i\cdot}$
	y_1	y_2	$\cdots$	y_j	$\cdots$	
x_1	p_{11}	p_{12}	$\cdots$	p_{1j}	$\cdots$	$p_{1\cdot}$
x_2	p_{21}	p_{22}	$\cdots$	p_{2j}	$\cdots$	$p_{2\cdot}$
$\vdots$	$\vdots$	$\vdots$		$\vdots$		$\vdots$

续表

X	Y				$p_{i\cdot}$
	y_1	y_2	$\cdots$	y_j $\cdots$	
x_i	p_{i1}	p_{i2}	$\cdots$	p_{ij} $\cdots$	$p_{i\cdot}$
$\vdots$	$\vdots$	$\vdots$		$\vdots$	$\vdots$
$p_{\cdot j}$	$p_{\cdot 1}$	$p_{\cdot 2}$	$\cdots$	$p_{\cdot j}$ $\cdots$	1

在表 3.3 中,关于 X 的边缘分布律由 p_{ij} 按行求和所得,关于 Y 的边缘分布律由 p_{ij} 按列求和所得.

例 3.2.2 设二维随机变量 (X,Y) 的分布律如表 3.4 所示,求:(1) 常数 a 的值;(2) (X,Y) 关于 X 和关于 Y 的边缘分布律.

表 3.4

X	Y		
	0	1	2
1	0.15	0.25	0.35
2	0.05	a	0.02

解 (1) 由 (X,Y) 的分布律的性质易知

$$0.15 + 0.25 + 0.35 + 0.05 + a + 0.02 = 1,$$

解得 $a = 0.18$.

(2) 将表 3.4 中的数据分别按行、列求和,得边缘分布律如表 3.5 所示.

表 3.5

X	Y			$p_{i\cdot}$
	0	1	2	
1	0.15	0.25	0.35	0.75
2	0.05	0.18	0.02	0.25
$p_{\cdot j}$	0.2	0.43	0.37	1

3.2.3 边缘密度函数

若 (X,Y) 是二维连续型随机变量,其密度函数为 $f(x,y)$,由式(3.1.5)和式(3.2.3)有

$$F_X(x) = F(x, +\infty) = \int_{-\infty}^{x} \int_{-\infty}^{+\infty} f(u,y) \mathrm{d}u \mathrm{d}y = \int_{-\infty}^{x} \left[\int_{-\infty}^{+\infty} f(u,y) \mathrm{d}y \right] \mathrm{d}u. \quad (3.2.7)$$

同理可得

$$F_Y(y) = F(+\infty, y) = \int_{-\infty}^{y} \left[\int_{-\infty}^{+\infty} f(x,v) \mathrm{d}x \right] \mathrm{d}v. \quad (3.2.8)$$

由此可知,X 和 Y 都是连续型随机变量,且密度函数依次为

$$f_X(x) = \int_{-\infty}^{+\infty} f(x,y) \mathrm{d}y, \quad (3.2.9)$$

$$f_Y(y) = \int_{-\infty}^{+\infty} f(x,y)\mathrm{d}x, \qquad (3.2.10)$$

分别称 $f_X(x), f_Y(y)$ 为 (X,Y) 关于 X 和关于 Y 的**边缘概率密度函数**,简称**边缘密度函数**.

例 3.2.3　求例 3.1.4 中二维随机变量 (X,Y) 的边缘密度函数.

解　由式(3.2.9)有
$$f_X(x) = \int_{-\infty}^{+\infty} f(x,y)\mathrm{d}y = \begin{cases} \int_{x^2}^{x} 6\mathrm{d}y, & 0<x<1, \\ 0, & \text{其他}, \end{cases}$$

故关于 X 的边缘密度函数为
$$f_X(x) = \begin{cases} 6(x-x^2), & 0<x<1, \\ 0, & \text{其他}. \end{cases}$$

由式(3.2.10)有
$$f_Y(y) = \int_{-\infty}^{+\infty} f(x,y)\mathrm{d}x = \begin{cases} \int_{y}^{\sqrt{y}} 6\mathrm{d}x, & 0<y<1, \\ 0, & \text{其他}, \end{cases}$$

故关于 Y 的边缘密度函数为
$$f_Y(y) = \begin{cases} 6(\sqrt{y}-y), & 0<y<1, \\ 0, & \text{其他}. \end{cases}$$

例 3.2.3 说明,虽然二维随机变量 (X,Y) 服从区域 D 上的均匀分布,但不能得到随机变量 X 和 Y 也服从均匀分布.

例 3.2.4　设二维随机变量 (X,Y) 的密度函数为
$$f(x,y) = \begin{cases} 4.8y(2-x), & 0 \leqslant x \leqslant 1, 0 \leqslant y \leqslant x, \\ 0, & \text{其他}, \end{cases}$$

求边缘密度函数.

解　记区域 $D=\{(x,y) \mid 0 \leqslant x \leqslant 1, 0 \leqslant y \leqslant x\}$,如图 3.5 所示,则由式(3.2.9)有
$$f_X(x) = \int_{-\infty}^{+\infty} f(x,y)\mathrm{d}y = \begin{cases} \int_0^x 4.8y(2-x)\mathrm{d}y, & 0 \leqslant x \leqslant 1, \\ 0, & \text{其他}, \end{cases}$$

故关于 X 的边缘密度函数为
$$f_X(x) = \begin{cases} 2.4x^2(2-x), & 0 \leqslant x \leqslant 1, \\ 0, & \text{其他}. \end{cases}$$

由式(3.2.10)有
$$f_Y(y) = \int_{-\infty}^{+\infty} f(x,y)\mathrm{d}x = \begin{cases} \int_y^1 4.8y(2-x)\mathrm{d}x, & 0 \leqslant y \leqslant 1, \\ 0, & \text{其他}, \end{cases}$$

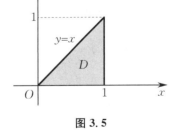

图 3.5

故关于 Y 的边缘密度函数为
$$f_Y(y) = \begin{cases} 2.4y(3-4y+y^2), & 0 \leqslant y \leqslant 1, \\ 0, & \text{其他}. \end{cases}$$

例 3.2.5　设二维随机变量 (X,Y) 的密度函数为

$$f(x,y) = \begin{cases} x, & 0 < x < 1, 0 < y < \frac{1}{x}, \\ 0, & 其他, \end{cases}$$

求边缘密度函数.

解 记区域 $D = \left\{(x,y) \mid 0 < x < 1, 0 < y < \frac{1}{x}\right\}$,如图 3.6 所示,则由式(3.2.9)有

$$f_X(x) = \int_{-\infty}^{+\infty} f(x,y) \mathrm{d}y = \begin{cases} \int_0^{\frac{1}{x}} x \mathrm{d}y, & 0 < x < 1, \\ 0, & 其他 \end{cases}$$

$$= \begin{cases} 1, & 0 < x < 1, \\ 0, & 其他. \end{cases}$$

由式(3.2.10)有

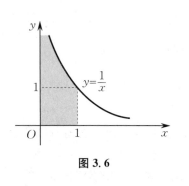

图 3.6

$$f_Y(y) = \int_{-\infty}^{+\infty} f(x,y) \mathrm{d}x = \begin{cases} \int_0^1 x \mathrm{d}x, & 0 < y < 1, \\ \int_0^{\frac{1}{y}} x \mathrm{d}x, & 1 \leqslant y < +\infty, \\ 0, & 其他 \end{cases}$$

$$= \begin{cases} \frac{1}{2}, & 0 < y < 1, \\ \frac{1}{2y^2}, & 1 \leqslant y < +\infty, \\ 0, & 其他. \end{cases}$$

例 3.2.6 设二维随机变量 $(X,Y) \sim N(\mu_1, \mu_2, \sigma_1^2, \sigma_2^2, \rho)$,求边缘密度函数.

解 因为 $(X,Y) \sim N(\mu_1, \mu_2, \sigma_1^2, \sigma_2^2, \rho)$,由

$$\left(\frac{y-\mu_2}{\sigma_2} - \rho \frac{x-\mu_1}{\sigma_1}\right)^2 = \left(\frac{y-\mu_2}{\sigma_2}\right)^2 - 2\rho \frac{(x-\mu_1)(y-\mu_2)}{\sigma_1 \sigma_2} + \rho^2 \left(\frac{x-\mu_1}{\sigma_1}\right)^2,$$

结合定义 3.1.6 有

$$f(x,y) = \frac{1}{2\pi\sigma_1\sigma_2\sqrt{1-\rho^2}} e^{-\frac{1}{2(1-\rho^2)}\left(\frac{y-\mu_2}{\sigma_2}-\rho\frac{x-\mu_1}{\sigma_1}\right)^2 - \frac{1}{2}\left(\frac{x-\mu_1}{\sigma_1}\right)^2}.$$

故由式(3.2.9)得

$$f_X(x) = \frac{1}{2\pi\sigma_1\sigma_2\sqrt{1-\rho^2}} e^{-\frac{1}{2}\left(\frac{x-\mu_1}{\sigma_1}\right)^2} \int_{-\infty}^{+\infty} e^{-\frac{1}{2(1-\rho^2)}\left(\frac{y-\mu_2}{\sigma_2}-\rho\frac{x-\mu_1}{\sigma_1}\right)^2} \mathrm{d}y \quad (x \in \mathbf{R}).$$

令

$$t = \frac{1}{\sqrt{1-\rho^2}} \left(\frac{y-\mu_2}{\sigma_2} - \rho \frac{x-\mu_1}{\sigma_1}\right),$$

则关于 X 的边缘密度函数为

$$f_X(x) = \frac{1}{2\pi\sigma_1} e^{-\frac{(x-\mu_1)^2}{2\sigma_1^2}} \int_{-\infty}^{+\infty} e^{-\frac{t^2}{2}} \mathrm{d}t = \frac{1}{\sqrt{2\pi}\sigma_1} e^{-\frac{(x-\mu_1)^2}{2\sigma_1^2}} \quad (x \in \mathbf{R}).$$

同理可得,关于 Y 的边缘密度函数为

$$f_Y(y)=\frac{1}{\sqrt{2\pi}\sigma_2}\mathrm{e}^{-\frac{(y-\mu_2)^2}{2\sigma_2^2}} \quad (y\in \mathbf{R}).$$

所以 $X\sim N(\mu_1,\sigma_1^2)$,$Y\sim N(\mu_2,\sigma_2^2)$.

例 3.2.6 说明,对于确定的 $\mu_1,\mu_2,\sigma_1,\sigma_2$,不同的 ρ 有不同的二维正态分布 $N(\mu_1,\mu_2,\sigma_1^2,\sigma_2^2,\rho)$,但关于 X 和关于 Y 的边缘分布都是 $X\sim N(\mu_1,\sigma_1^2)$,$Y\sim N(\mu_2,\sigma_2^2)$. 由此可见,一般情况下,由 X 和 Y 的边缘概率分布无法确定 (X,Y) 的概率分布,(X,Y) 的概率分布中不仅包含了 X 和 Y 各自的概率分布,还包含了 X 和 Y 之间的关系.

3.3 条件分布

3.3.1 条件分布律

设有 A,B 两个事件,若 $P(B)>0$,则 $P(A|B)=\dfrac{P(AB)}{P(B)}$. 这是在事件 B 发生的条件下,事件 A 的条件概率. 若二维离散型随机变量 (X,Y) 的分布律为 $P\{X=x_i,Y=y_j\}=p_{ij}(i,j=1,2,\cdots)$,将 Y 固定在 y_j,若 $P\{Y=y_j\}>0$,自然得到在事件 $\{Y=y_j\}$ 发生的条件下,事件 $\{X=x_i\}(i=1,2,\cdots)$ 的条件概率是

$$P\{X=x_i|Y=y_j\}=\frac{P\{X=x_i,Y=y_j\}}{P\{Y=y_j\}}=\frac{p_{ij}}{p_{\cdot j}} \quad (i=1,2,\cdots).$$

容易验证:

(1) $P\{X=x_i|Y=y_j\}\geqslant 0 \quad (i=1,2,\cdots)$;

(2) $\sum\limits_{i=1}^{\infty}P\{X=x_i|Y=y_j\}=\sum\limits_{i=1}^{\infty}\dfrac{p_{ij}}{p_{\cdot j}}=\dfrac{\sum\limits_{i=1}^{\infty}p_{ij}}{p_{\cdot j}}=1.$

这说明 $P\{X=x_i|Y=y_j\}(i=1,2,\cdots)$ 具有分布律的基本性质.

定义 3.3.1 设 (X,Y) 是二维离散型随机变量,其分布律为 $P\{X=x_i,Y=y_j\}=p_{ij}(i,j=1,2,\cdots)$. 对于固定的 j,若 $p_{\cdot j}>0$,则称

$$P\{X=x_i|Y=y_j\}=\frac{p_{ij}}{p_{\cdot j}} \quad (i=1,2,\cdots) \tag{3.3.1}$$

为在 $Y=y_j$ 的条件下随机变量 X 的**条件分布律**;对于固定的 i,若 $p_{i\cdot}>0$,则称

$$P\{Y=y_j|X=x_i\}=\frac{p_{ij}}{p_{i\cdot}} \quad (j=1,2,\cdots) \tag{3.3.2}$$

为在 $X=x_i$ 的条件下随机变量 Y 的**条件分布律**.

例 3.3.1 某医药公司 8 月和 9 月收到的青霉素针剂的订单数(单位:批)分别记为 X 和 Y,据以往积累的资料知二维随机变量 (X,Y) 的分布律如表 3.6 所示,求:(1) 边缘分布律;(2) 8 月份的订单数为 51 批时,9 月份订单数的条件分布律.

表 3.6

X	Y				
	51	52	53	54	55
51	0.06	0.07	0.05	0.05	0.05
52	0.05	0.05	0.10	0.02	0.06
53	0.05	0.01	0.10	0.01	0.05
54	0.01	0.01	0.05	0.01	0.01
55	0.01	0.01	0.05	0.03	0.03

解 (1) 按行累加,得 (X,Y) 关于 X 的边缘分布律如表 3.7 所示.

表 3.7

X	51	52	53	54	55
P	0.28	0.28	0.22	0.09	0.13

按列累加,得 (X,Y) 关于 Y 的边缘分布律如表 3.8 所示.

表 3.8

Y	51	52	53	54	55
P	0.18	0.15	0.35	0.12	0.20

(2) 由式(3.3.2)知,8 月份的订单数为 51 批时,9 月份订单数的条件分布律为

$$P\{Y=51 \mid X=51\} = \frac{0.06}{0.28} = \frac{3}{14},$$

$$P\{Y=52 \mid X=51\} = \frac{0.07}{0.28} = \frac{1}{4},$$

$$P\{Y=53 \mid X=51\} = \frac{0.05}{0.28} = \frac{5}{28},$$

$$P\{Y=54 \mid X=51\} = \frac{0.05}{0.28} = \frac{5}{28},$$

$$P\{Y=55 \mid X=51\} = \frac{0.05}{0.28} = \frac{5}{28},$$

如表 3.9 所示.

表 3.9

Y	51	52	53	54	55
$P\{Y=y_j \mid X=51\}$	$\frac{3}{14}$	$\frac{1}{4}$	$\frac{5}{28}$	$\frac{5}{28}$	$\frac{5}{28}$

3.3.2 条件密度函数

设 (X,Y) 是二维连续型随机变量,密度函数为 $f(x,y)$,关于 Y 的边缘密度函数为 $f_Y(y)$. 由于二维连续型随机变量 (X,Y) 的分量 Y 在固定点 y 取值的概率是 0,即 $P\{Y=y\}=0$,因此不能像二维离散型随机变量那样直接引出二维连续型随机变量的条件分布. 为使讨论

有意义,对固定的 y,将给定条件 $\{Y=y\}$ 调整为 $\{y<Y\leqslant y+\varepsilon\}$,其中 ε 是任意给定的正数. 不妨设 $P\{y<Y\leqslant y+\varepsilon\}>0$, $f(x,y)$ 在点 (x,y) 处连续,$f_Y(y)$ 在点 y 处连续,则当 $\varepsilon\to 0$ 时,有

$$\lim_{\varepsilon\to 0}P\{X\leqslant x\mid y<Y\leqslant y+\varepsilon\}=\lim_{\varepsilon\to 0}\frac{P\{X\leqslant x, y<Y\leqslant y+\varepsilon\}}{P\{y<Y\leqslant y+\varepsilon\}}$$

$$=\lim_{\varepsilon\to 0}\frac{\int_{-\infty}^{x}\left[\int_{y}^{y+\varepsilon}f(u,v)\mathrm{d}v\right]\mathrm{d}u}{\int_{y}^{y+\varepsilon}f_Y(v)\mathrm{d}v}$$

$$=\lim_{\varepsilon\to 0}\frac{\int_{-\infty}^{x}\frac{1}{\varepsilon}\left[\int_{y}^{y+\varepsilon}f(u,v)\mathrm{d}v\right]\mathrm{d}u}{\frac{1}{\varepsilon}\int_{y}^{y+\varepsilon}f_Y(v)\mathrm{d}v}$$

$$=\int_{-\infty}^{x}\frac{f(u,y)}{f_Y(y)}\mathrm{d}u,$$

这里的 $\lim_{\varepsilon\to 0}P\{X\leqslant x\mid y<Y\leqslant y+\varepsilon\}$ 常被记作 $P\{X\leqslant x\mid Y=y\}$. 与一维连续型随机变量密度函数的定义比较,自然地有以下定义.

定义 3.3.2 设二维连续型随机变量 (X,Y) 的密度函数为 $f(x,y)$,(X,Y) 关于 Y 的边缘密度函数为 $f_Y(y)$. 若对于固定的 y,有 $f_Y(y)>0$,则称 $\dfrac{f(x,y)}{f_Y(y)}$ 为在 $Y=y$ 的条件下 X 的**条件密度函数**,记作 $f_{X\mid Y}(x\mid y)$,称 $\int_{-\infty}^{x}\dfrac{f(u,y)}{f_Y(y)}\mathrm{d}u$ 为在 $Y=y$ 的条件下 X 的**条件分布函数**,记作 $F_{X\mid Y}(x\mid y)$ 或 $P\{X\leqslant x\mid Y=y\}$,即

$$f_{X\mid Y}(x\mid y)=\frac{f(x,y)}{f_Y(y)}, \tag{3.3.3}$$

$$F_{X\mid Y}(x\mid y)=P\{X\leqslant x\mid Y=y\}=\int_{-\infty}^{x}\frac{f(u,y)}{f_Y(y)}\mathrm{d}u. \tag{3.3.4}$$

同理,在 $X=x$ 的条件下 Y 的条件密度函数和条件分布函数分别为

$$f_{Y\mid X}(y\mid x)=\frac{f(x,y)}{f_X(x)}, \tag{3.3.5}$$

$$F_{Y\mid X}(y\mid x)=P\{Y\leqslant y\mid X=x\}=\int_{-\infty}^{y}\frac{f(x,v)}{f_X(x)}\mathrm{d}v. \tag{3.3.6}$$

例 3.3.2 设二维随机变量 (X,Y) 的密度函数为

$$f(x,y)=\begin{cases}1, & |y|<x, 0<x<1,\\ 0, & \text{其他},\end{cases}$$

求条件密度函数 $f_{Y\mid X}(y\mid x)$ 和 $f_{X\mid Y}(x\mid y)$.

解 记区域 $D=\{(x,y)\mid 0<x<1, |y|<x\}$,如图 3.7 所示,则由式(3.2.9) 有

$$f_X(x)=\int_{-\infty}^{+\infty}f(x,y)\mathrm{d}y=\begin{cases}\int_{-x}^{x}1\mathrm{d}y, & 0<x<1,\\ 0, & \text{其他}\end{cases}$$

$$=\begin{cases}2x, & 0<x<1,\\ 0, & \text{其他}.\end{cases}$$

再由式(3.3.5),当 $0<x<1$ 时,有

$$f_{Y|X}(y|x)=\frac{f(x,y)}{f_X(x)}=\begin{cases}\dfrac{1}{2x}, & |y|<x, \\ 0, & \text{其他.}\end{cases}$$

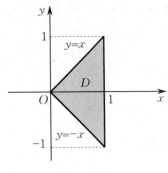

图 3.7

同理可得

$$f_Y(y)=\int_{-\infty}^{+\infty}f(x,y)\mathrm{d}x=\begin{cases}\int_{|y|}^{1}1\mathrm{d}x, & |y|<1, \\ 0, & \text{其他}\end{cases}$$

$$=\begin{cases}1-|y|, & |y|<1, \\ 0, & \text{其他.}\end{cases}$$

再由式(3.3.3),当 $|y|<1$ 时,有

$$f_{X|Y}(x|y)=\frac{f(x,y)}{f_Y(y)}=\begin{cases}\dfrac{1}{1-|y|}, & |y|<x<1, \\ 0, & \text{其他.}\end{cases}$$

例 3.3.3 设随机变量 X 的密度函数为

$$f_X(x)=\begin{cases}1, & 0<x<1, \\ 0, & \text{其他,}\end{cases}$$

在给定 $X=x$ 的条件下随机变量 Y 的条件密度函数为

$$f_{Y|X}(y|x)=\begin{cases}x, & 0<y<\dfrac{1}{x}, \\ 0, & \text{其他,}\end{cases}$$

求 Y 的边缘密度函数 $f_Y(y)$.

解 由式(3.3.5)得二维随机变量 (X,Y) 的密度函数为

$$f(x,y)=f_X(x)f_{Y|X}(y|x)=\begin{cases}x, & 0<x<1,0<y<\dfrac{1}{x}, \\ 0, & \text{其他,}\end{cases}$$

则由 3.2 节例 3.2.5 知

$$f_Y(y)=\begin{cases}\dfrac{1}{2}, & 0<y<1, \\ \dfrac{1}{2y^2}, & 1\leqslant y<+\infty, \\ 0, & \text{其他.}\end{cases}$$

例 3.3.4 求例 3.1.4 中二维连续型随机变量 (X,Y) 的条件密度函数 $f_{Y|X}(y|x)$, $f_{X|Y}(x|y)$ 和 $P\left\{0\leqslant X\leqslant\dfrac{1}{3}\Big|Y=\dfrac{1}{4}\right\}$.

解 因 (X,Y) 的密度函数为

$$f(x,y)=\begin{cases}6, & 0<x<1,x^2<y<x, \\ 0, & \text{其他,}\end{cases}$$

关于 X 和关于 Y 的边缘密度函数分别为

$$f_X(x) = \begin{cases} 6(x-x^2), & 0 < x < 1, \\ 0, & \text{其他}, \end{cases} \quad f_Y(y) = \begin{cases} 6(\sqrt{y}-y), & 0 < y < 1, \\ 0, & \text{其他}. \end{cases}$$

由式(3.3.5),当 $0 < x < 1$ 时,有

$$f_{Y|X}(y|x) = \frac{f(x,y)}{f_X(x)} = \begin{cases} \dfrac{1}{x-x^2}, & x^2 < y < x, \\ 0, & \text{其他}. \end{cases}$$

由式(3.3.3),当 $0 < y < 1$ 时,有

$$f_{X|Y}(x|y) = \frac{f(x,y)}{f_Y(y)} = \begin{cases} \dfrac{1}{\sqrt{y}-y}, & y < x < \sqrt{y}, \\ 0, & \text{其他}. \end{cases}$$

由此可知,当 $y = \dfrac{1}{4}$ 时,有

$$f_{X|Y}\left(x \,\Big|\, \frac{1}{4}\right) = \begin{cases} 4, & \dfrac{1}{4} < x < \dfrac{1}{2}, \\ 0, & \text{其他}, \end{cases}$$

因此

$$P\left\{0 \leqslant X \leqslant \frac{1}{3} \,\Big|\, Y = \frac{1}{4}\right\} = \int_0^{\frac{1}{3}} f_{X|Y}\left(x \,\Big|\, \frac{1}{4}\right) \mathrm{d}x = \int_{\frac{1}{4}}^{\frac{1}{3}} 4\,\mathrm{d}x = \frac{1}{3}.$$

3.4 随机变量的独立性

在第一章中我们已经知道,独立随机事件具有的独立性给问题的分析带来了极大便利.下面我们用两个事件的独立性引入随机变量的独立性.

定义 3.4.1 设二维随机变量 (X,Y) 的分布函数为 $F(x,y)$,边缘分布函数分别为 $F_X(x)$ 和 $F_Y(y)$.若对于任意的实数 x,y,有

$$F(x,y) = F_X(x)F_Y(y), \tag{3.4.1}$$

即

$$P\{X \leqslant x, Y \leqslant y\} = P\{X \leqslant x\}P\{Y \leqslant y\},$$

则称随机变量 X 与 Y **相互独立**.

进一步,设 (X,Y) 是二维离散型随机变量.如果对其所有可能的取值 (x_i, y_j),有

$$P\{X = x_i, Y = y_j\} = P\{X = x_i\}P\{Y = y_j\} \quad (i,j = 1,2,\cdots),$$

即

$$p_{ij} = p_{i\cdot}\,p_{\cdot j} \quad (i,j = 1,2,\cdots), \tag{3.4.2}$$

则称随机变量 X 与 Y **相互独立**.

设 (X,Y) 是二维连续型随机变量,它的密度函数和边缘密度函数分别为 $f(x,y)$ 和 $f_X(x), f_Y(y)$.如果

$$f(x,y) = f_X(x)f_Y(y) \tag{3.4.3}$$

在平面上几乎处处成立,则称随机变量 X 与 Y **相互独立**("几乎处处成立"是指在平面上除去

面积为 0 的集合外处处成立).

一般来说,由边缘分布无法确定联合分布,但式(3.4.1)、式(3.4.2)和式(3.4.3)说明在随机变量 X 与 Y 相互独立时,由边缘分布能够确定联合分布.因此,随机变量的独立性是十分重要的概念.

下面给出一个有用的定理,它说明相互独立的两个随机变量的函数仍然相互独立.有兴趣的读者可以自行证明.

定理 3.4.1 设随机变量 X 与 Y 是相互独立的,$h(x),g(y)$ 是 $(-\infty,+\infty)$ 上的连续函数,则 $h(X)$ 与 $g(Y)$ 也是相互独立的随机变量.

例 3.4.1 设二维随机变量 (X,Y) 的分布律如表 3.10 所示,问:随机变量 X 与 Y 相互独立吗? 为什么?

表 3.10

X	Y		
	-1	0	1
0	$\frac{1}{8}$	$\frac{1}{4}$	$\frac{1}{8}$
1	$\frac{1}{8}$	$\frac{1}{4}$	$\frac{1}{8}$

解 由表 3.10 易得 (X,Y) 关于 X 和关于 Y 的边缘分布律(见表 3.11 和表 3.12).

表 3.11

X	0	1
P	$\frac{1}{2}$	$\frac{1}{2}$

表 3.12

Y	-1	0	1
P	$\frac{1}{4}$	$\frac{1}{2}$	$\frac{1}{4}$

因此

$$P\{X=0,Y=-1\}=\frac{1}{8}=\frac{1}{2}\times\frac{1}{4}=P\{X=0\}P\{Y=-1\},$$

$$P\{X=0,Y=0\}=\frac{1}{4}=\frac{1}{2}\times\frac{1}{2}=P\{X=0\}P\{Y=0\},$$

$$P\{X=0,Y=1\}=\frac{1}{8}=\frac{1}{2}\times\frac{1}{4}=P\{X=0\}P\{Y=1\},$$

$$P\{X=1,Y=-1\}=\frac{1}{8}=\frac{1}{2}\times\frac{1}{4}=P\{X=1\}P\{Y=-1\},$$

$$P\{X=1,Y=0\}=\frac{1}{4}=\frac{1}{2}\times\frac{1}{2}=P\{X=1\}P\{Y=0\},$$

$$P\{X=1,Y=1\}=\frac{1}{8}=\frac{1}{2}\times\frac{1}{4}=P\{X=1\}P\{Y=1\}.$$

故由式(3.4.2)知,随机变量 X 与 Y 相互独立.

例 3.4.2 例 3.2.2 中的随机变量 X 与 Y 相互独立吗? 为什么?

解 由于

$$P\{X=1,Y=1\}=0.25,\quad P\{X=1\}P\{Y=1\}=0.75\times 0.43=0.3225,$$

则
$$P\{X=1, Y=1\} \neq P\{X=1\}P\{Y=1\},$$
因此随机变量 X 与 Y 不相互独立.

例 3.4.3 设二维随机变量 (X,Y) 在矩形区域 $D=\{(x,y)|a \leqslant x \leqslant b, c \leqslant y \leqslant d\}$ 上服从均匀分布,证明:随机变量 X 与 Y 相互独立.

证 由题意知,(X,Y) 的密度函数为
$$f(x,y)=\begin{cases} \dfrac{1}{(b-a)(d-c)}, & (x,y) \in D, \\ 0, & (x,y) \notin D. \end{cases}$$

经计算得 (X,Y) 关于 X 和关于 Y 的边缘密度函数分别为
$$f_X(x)=\begin{cases} \dfrac{1}{b-a}, & a \leqslant x \leqslant b, \\ 0, & \text{其他}, \end{cases} \qquad f_Y(y)=\begin{cases} \dfrac{1}{d-c}, & c \leqslant y \leqslant d, \\ 0, & \text{其他}. \end{cases}$$

显然,对于任意的实数 x, y,都有
$$f(x,y)=f_X(x)f_Y(y)$$
成立,故随机变量 X 与 Y 相互独立.

例 3.4.3 说明,二维随机变量 (X,Y) 在矩形区域 $D=\{(x,y)|a \leqslant x \leqslant b, c \leqslant y \leqslant d\}$ 上服从均匀分布时,其边缘分布也是均匀分布,即 $X \sim U[a,b]$, $Y \sim U[c,d]$.

如果二维随机变量 (X,Y) 在平面非矩形区域上服从均匀分布,则其边缘分布不一定是均匀分布,例 3.2.3 已给出反例.

例 3.4.4 设二维随机变量 (X,Y) 的密度函数为
$$f(x,y)=\begin{cases} 3x, & 0<y<x<1, \\ 0, & \text{其他}, \end{cases}$$
问:随机变量 X 与 Y 是否相互独立?

解 经计算,(X,Y) 关于 X 和关于 Y 的边缘密度函数分别为
$$f_X(x)=\begin{cases} \int_0^x 3x\, \mathrm{d}y, & 0<x<1, \\ 0, & \text{其他} \end{cases} =\begin{cases} 3x^2, & 0<x<1, \\ 0, & \text{其他}, \end{cases}$$

$$f_Y(y)=\begin{cases} \int_y^1 3x\, \mathrm{d}x, & 0<y<1, \\ 0, & \text{其他} \end{cases} =\begin{cases} \dfrac{3}{2}(1-y^2), & 0<y<1, \\ 0, & \text{其他}. \end{cases}$$

故在区域 $D=\{(x,y)|0<y<x<1\}$ 内,有
$$f(x,y)=3x, \quad f_X(x)f_Y(y)=\dfrac{9x^2(1-y^2)}{2},$$
即
$$f(x,y) \neq f_X(x)f_Y(y),$$
因此随机变量 X 与 Y 不相互独立.

例 3.4.5 设二维随机变量 $(X,Y) \sim N(\mu_1, \mu_2, \sigma_1^2, \sigma_2^2, \rho)$,证明:$X$ 与 Y 相互独立的充要条件是参数 $\rho=0$.

证 因 (X,Y) 是二维正态随机变量，其密度函数为

$$f(x,y) = \frac{1}{2\pi\sigma_1\sigma_2\sqrt{1-\rho^2}} e^{-\frac{1}{2(1-\rho^2)}\left[\frac{(x-\mu_1)^2}{\sigma_1^2} - 2\rho\frac{(x-\mu_1)(y-\mu_2)}{\sigma_1\sigma_2} + \frac{(y-\mu_2)^2}{\sigma_2^2}\right]} \quad (x,y \in \mathbf{R}),$$

由例 3.2.6 有

$$f_X(x)f_Y(y) = \frac{1}{\sqrt{2\pi}\sigma_1} e^{-\frac{(x-\mu_1)^2}{2\sigma_1^2}} \cdot \frac{1}{\sqrt{2\pi}\sigma_2} e^{-\frac{(y-\mu_2)^2}{2\sigma_2^2}}$$

$$= \frac{1}{2\pi\sigma_1\sigma_2} e^{-\frac{1}{2}\left[\frac{(x-\mu_1)^2}{\sigma_1^2} + \frac{(y-\mu_2)^2}{\sigma_2^2}\right]} \quad (x,y \in \mathbf{R}).$$

如果参数 $\rho = 0$，则对于任意的实数 x,y，有 $f(x,y) = f_X(x)f_Y(y)$，故 X 与 Y 相互独立．

另一方面，如果 X 与 Y 相互独立，则对于任意的实数 x,y，有 $f(x,y) = f_X(x)f_Y(y)$．不妨取 $x = \mu_1, y = \mu_2$，则有 $f(\mu_1,\mu_2) = f_X(\mu_1)f_Y(\mu_2)$，即

$$\frac{1}{2\pi\sigma_1\sigma_2\sqrt{1-\rho^2}} = \frac{1}{2\pi\sigma_1\sigma_2},$$

故 $\rho = 0$．

注 在实际生活中，有时凭借实际背景与生活经验也能判断随机变量的独立性．以两个随机变量为例，如果其中一个的取值对另一个的取值不产生影响，就可以认为它们是相互独立的．

3.5 二维随机变量函数的分布

第二章已对一个随机变量 X 的函数 $Y = g(X)$ 的概率分布进行了讨论，即通过 X 的分布找到 Y 的分布．当试验结果涉及两个或两个以上的随机变量时，我们自然会问：多个随机变量的函数的概率分布是怎样的呢？

本节我们将对两个随机变量 X 和 Y 的四类具体函数 $Z = g(X,Y)$ 进行讨论，它们依次为 $Z = X+Y, Z = XY, Z = \max\{X,Y\}$ 和 $Z = \min\{X,Y\}$，并通过 (X,Y) 的分布找到 Z 的分布．

3.5.1 二维离散型随机变量函数的分布

设二维离散型随机变量 (X,Y) 的分布律为 $P\{X=x_i, Y=y_j\} = p_{ij}(i,j=1,2,\cdots)$，$(X,Y)$ 在所有点 (x_i, y_j) 处的取值可确定函数 $Z = g(X,Y)$ 的所有可能取值．与一维离散型随机变量函数的分布的分析思路类似，$Z = g(X,Y)$ 取 z_k 的概率为

$$P\{Z = z_k\} = P\{g(x,y) = z_k\}$$

$$= \sum_{g(x_i, y_j) = z_k} P\{X = x_i, Y = y_j\}$$

$$= \sum_{g(x_i, y_j) = z_k} p_{ij},$$

即 $P\{Z = z_k\}$ 等于 (X,Y) 的分布律中所有满足 $g(x_i, y_j) = z_k$ 的点 (x_i, y_j) 处的概率 p_{ij} 之和．

例 3.5.1 设二维随机变量(X,Y)的分布律如表 3.13 所示,分别求$Z_1=X+Y,Z_2=XY,Z_3=\max\{X,Y\}$和$Z_4=\min\{X,Y\}$的分布律.

表 3.13

X	Y		
	0	1	2
0	0.1	0.2	0.1
2	0.1	0.3	0.2

解 由题意可得Z_1,Z_2,Z_3,Z_4的具体取值情况,统一成如表 3.14 所示的形式.

表 3.14

(X,Y)	$(0,0)$	$(0,1)$	$(0,2)$	$(2,0)$	$(2,1)$	$(2,2)$
P	0.1	0.2	0.1	0.1	0.3	0.2
$Z_1=X+Y$	0	1	2	2	3	4
$Z_2=XY$	0	0	0	0	2	4
$Z_3=\max\{X,Y\}$	0	1	2	2	2	2
$Z_4=\min\{X,Y\}$	0	0	0	0	1	2

由表 3.14 可知,Z_1的所有可能取值为 0,1,2,3,4,且有

$P\{Z_1=0\}=P\{X=0,Y=0\}=0.1,\quad P\{Z_1=1\}=P\{X=0,Y=1\}=0.2,$

$P\{Z_1=2\}=P\{X=0,Y=2\}+P\{X=2,Y=0\}=0.1+0.1=0.2,$

$P\{Z_1=3\}=P\{X=2,Y=1\}=0.3,\quad P\{Z_1=4\}=P\{X=2,Y=2\}=0.2,$

故Z_1的分布律如表 3.15 所示.

表 3.15

Z_1	0	1	2	3	4
P	0.1	0.2	0.2	0.3	0.2

同理可得,Z_2,Z_3,Z_4的分布律分别如表 3.16、表 3.17 和表 3.18 所示.

表 3.16

Z_2	0	2	4
P	0.5	0.3	0.2

表 3.17

Z_3	0	1	2
P	0.1	0.2	0.7

表 3.18

Z_4	0	1	2
P	0.5	0.3	0.2

3.5.2 二维连续型随机变量函数的分布

设(X,Y)是二维连续型随机变量,密度函数和边缘密度函数分别为$f(x,y)$和$f_X(x)$,$f_Y(y)$.

1. $Z = X + Y$ 的分布

设 $Z = X + Y$ 的分布函数和密度函数分别为 $F_Z(z)$ 和 $f_Z(z)$. 由分布函数的定义,有

$$F_Z(z) = P\{Z \leqslant z\} = P\{X + Y \leqslant z\} = \iint\limits_{\{(x,y) \mid x+y \leqslant z\}} f(x,y) \mathrm{d}x \mathrm{d}y,$$

其中积分区域如图 3.8 所示. 将上述二重积分化为累次积分,得

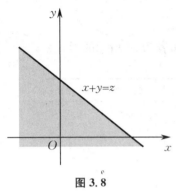

图 3.8

$$F_Z(z) = \int_{-\infty}^{+\infty} \left[\int_{-\infty}^{z-y} f(x,y) \mathrm{d}x \right] \mathrm{d}y$$

$$\xrightarrow{\diamondsuit x = u - y} \int_{-\infty}^{+\infty} \left[\int_{-\infty}^{z} f(u-y, y) \mathrm{d}u \right] \mathrm{d}y$$

$$= \int_{-\infty}^{z} \left[\int_{-\infty}^{+\infty} f(u-y, y) \mathrm{d}y \right] \mathrm{d}u,$$

将上式对 z 求导,得 Z 的密度函数为

$$f_Z(z) = \int_{-\infty}^{+\infty} f(z-y, y) \mathrm{d}y. \tag{3.5.1}$$

类似可得

$$f_Z(z) = \int_{-\infty}^{+\infty} f(x, z-x) \mathrm{d}x. \tag{3.5.2}$$

如果 X 与 Y 相互独立,则式(3.5.1) 和式(3.5.2) 可以写成

$$f_Z(z) = \int_{-\infty}^{+\infty} f_X(z-y) f_Y(y) \mathrm{d}y, \tag{3.5.3}$$

$$f_Z(z) = \int_{-\infty}^{+\infty} f_X(x) f_Y(z-x) \mathrm{d}x. \tag{3.5.4}$$

式(3.5.3) 和式(3.5.4) 称为 f_X 和 f_Y 的**卷积公式**,记作 $f_Z = f_X * f_Y$.

例 3.5.2 设二维随机变量 (X, Y) 的密度函数为

$$f(x, y) = \begin{cases} x + y, & 0 < x < 1, 0 < y < 1, \\ 0, & 其他, \end{cases}$$

求 $Z = X + Y$ 的密度函数.

解 由式(3.5.2) 有

$$f_Z(z) = \int_{-\infty}^{+\infty} f(x, z-x) \mathrm{d}x.$$

当且仅当 $0 < x < 1, 0 < z-x < 1$,即 $0 < x < 1, z-1 < x < z$ 时(见图 3.9),被积函数 $f(x, z-x) = x + y = z \neq 0$. 于是

$$f_Z(z) = \int_{-\infty}^{+\infty} f(x, z-x) \mathrm{d}x = \begin{cases} \int_0^z z \mathrm{d}x, & 0 < z < 1, \\ \int_{z-1}^1 z \mathrm{d}x, & 1 \leqslant z < 2, \\ 0, & 其他, \end{cases}$$

即

$$f_Z(z) = \begin{cases} z^2, & 0 < z < 1, \\ z(2-z), & 1 \leqslant z < 2, \\ 0, & 其他. \end{cases}$$

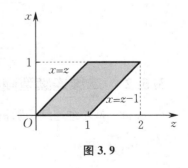

图 3.9

例 3.5.3 设随机变量 X 与 Y 相互独立,且 $X \sim N(0,1), Y \sim N(0,1)$,求 $Z = X + Y$ 的密度函数.

解 因为随机变量 X 与 Y 相互独立,由式(3.5.4)有

$$f_Z(z) = \int_{-\infty}^{+\infty} f_X(x) f_Y(z-x) \mathrm{d}x = \int_{-\infty}^{+\infty} \frac{1}{\sqrt{2\pi}} \mathrm{e}^{-\frac{x^2}{2}} \cdot \frac{1}{\sqrt{2\pi}} \mathrm{e}^{-\frac{(z-x)^2}{2}} \mathrm{d}x$$

$$= \frac{1}{2\pi} \int_{-\infty}^{+\infty} \mathrm{e}^{-\left(x^2 - zx + \frac{z^2}{2}\right)} \mathrm{d}x = \frac{1}{2\pi} \mathrm{e}^{-\frac{z^2}{4}} \int_{-\infty}^{+\infty} \mathrm{e}^{-\left(x - \frac{z}{2}\right)^2} \mathrm{d}\left(x - \frac{z}{2}\right)$$

$$= \frac{1}{2\pi} \mathrm{e}^{-\frac{z^2}{4}} \cdot \sqrt{\pi} = \frac{1}{\sqrt{2}\sqrt{2\pi}} \mathrm{e}^{-\frac{z^2}{2(\sqrt{2})^2}},$$

所以 $Z \sim N(0,2)$.

例 3.5.3 的结果可推广到更一般的情形. 设随机变量 X 与 Y 相互独立,且 $X \sim N(\mu_1, \sigma_1^2), Y \sim N(\mu_2, \sigma_2^2)$,则当 $Z = X + Y$ 时,有 $Z \sim N(\mu_1 + \mu_2, \sigma_1^2 + \sigma_2^2)$,即两个相互独立的正态随机变量之和仍然服从正态分布. 这一结论在 3.6 节中将更进一步被推广.

*2. $Z = XY$ 的分布

例 3.5.4 已知二维随机变量 (X,Y) 具有例 3.5.2 中的密度函数,求 $Z = XY$ 的密度函数.

解 设 Z 的分布函数为 $F_Z(z)$,则

$$F_Z(z) = P\{Z \leqslant z\} = P\{XY \leqslant z\} = \iint_{\{(x,y) \mid xy \leqslant z\}} f(x,y) \mathrm{d}x \mathrm{d}y.$$

显然,当 $z \leqslant 0$ 时,$F_Z(z) = 0$;当 $z \geqslant 1$ 时,$F_Z(z) = 1$;当 $0 < z < 1$ 时,积分区域如图 3.10 所示,有

$$F_Z(z) = \iint_{\{(x,y) \mid xy \leqslant z\}} f(x,y) \mathrm{d}x \mathrm{d}y$$

$$= \int_0^z \left[\int_0^1 (x+y) \mathrm{d}y\right] \mathrm{d}x + \int_z^1 \left[\int_0^{\frac{z}{x}} (x+y) \mathrm{d}y\right] \mathrm{d}x$$

$$= 2z - z^2.$$

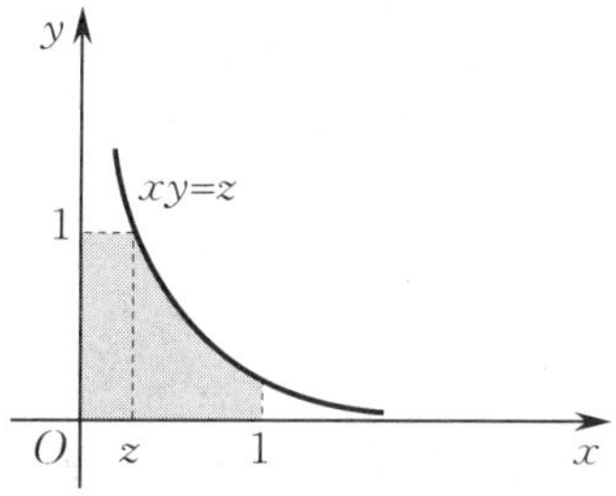

图 3.10

故 Z 的分布函数为

$$F_Z(z) = \begin{cases} 0, & z \leqslant 0, \\ 2z - z^2, & 0 < z < 1, \\ 1, & z \geqslant 1, \end{cases}$$

求导得 $Z = XY$ 的密度函数为

$$f_Z(z) = \begin{cases} 2(1-z), & 0 < z < 1, \\ 0, & \text{其他}. \end{cases}$$

例 3.5.5 设二维随机变量 (X,Y) 的密度函数为

$$f(x,y) = \begin{cases} x \mathrm{e}^{-x(1+y)}, & x > 0, y \geqslant 0, \\ 0, & \text{其他}, \end{cases}$$

求 $Z = XY$ 的密度函数.

解 设 Z 的分布函数为 $F_Z(z)$,则
$$F_Z(z) = P\{Z \leqslant z\} = P\{XY \leqslant z\} = \iint\limits_{\{(x,y) \mid xy \leqslant z\}} f(x,y)\mathrm{d}x\mathrm{d}y.$$

显然,当 $z < 0$ 时,$F_Z(z) = 0$;当 $z \geqslant 0$ 时,有
$$F_Z(z) = \iint\limits_{\{(x,y) \mid xy \leqslant z\}} f(x,y)\mathrm{d}x\mathrm{d}y = \int_0^{+\infty}\left[\int_0^{\frac{z}{x}} x\mathrm{e}^{-x(1+y)}\mathrm{d}y\right]\mathrm{d}x = 1 - \mathrm{e}^{-z}.$$

故 Z 的分布函数为
$$F_Z(z) = \begin{cases} 1 - \mathrm{e}^{-z}, & z \geqslant 0, \\ 0, & z < 0, \end{cases}$$

求导得 $Z = XY$ 的密度函数为
$$f_Z(z) = \begin{cases} \mathrm{e}^{-z}, & z \geqslant 0, \\ 0, & z < 0. \end{cases}$$

3. $Z = \max\{X,Y\}$ 和 $Z = \min\{X,Y\}$ 的分布

设随机变量 X 与 Y 相互独立,X,Y 的分布函数分别为 $F_X(x),F_Y(y)$,$Z = \max\{X,Y\}$ 和 $Z = \min\{X,Y\}$ 的分布函数分别 $F_{\max}(z)$ 和 $F_{\min}(z)$.

(1) 当 $Z = \max\{X,Y\}$ 时,
$$\begin{aligned} F_{\max}(z) &= P\{Z \leqslant z\} = P\{\max\{X,Y\} \leqslant z\} \\ &= P\{X \leqslant z, Y \leqslant z\} = P\{X \leqslant z\}P\{Y \leqslant z\}, \end{aligned}$$
即
$$F_{\max}(z) = F_X(z)F_Y(z). \tag{3.5.5}$$

(2) 当 $Z = \min\{X,Y\}$ 时,
$$\begin{aligned} F_{\min}(z) &= P\{\min\{X,Y\} \leqslant z\} = 1 - P\{\min\{X,Y\} > z\} = 1 - P\{X > z, Y > z\} \\ &= 1 - (1 - P\{X \leqslant z\})(1 - P\{Y \leqslant z\}), \end{aligned}$$
即
$$F_{\min}(z) = 1 - [1 - F_X(z)][1 - F_Y(z)]. \tag{3.5.6}$$

例 3.5.6 已知某品牌保险丝的寿命(单位:年)服从参数为 $\lambda = 0.2$ 的指数分布,某类电子产品接线柱上要求有两个这种保险丝,且这两个保险丝有相互独立的寿命 X 和 Y.

(1) 若用其中一个保险丝充当备用件,仅当第一个保险丝失效时才投入使用,求有效寿命 $Z = X + Y$ 的密度函数.

(2) 若两个保险丝同时失效才会导致该电子产品无法正常工作,求有效寿命 $Z = \max\{X,Y\}$ 的密度函数.

(3) 若两个保险丝中任何一个失效都会导致该电子产品无法正常工作,求有效寿命 $Z = \min\{X,Y\}$ 的密度函数.

解 (1) 因 X 和 Y 都服从参数为 $\lambda = 0.2$ 的指数分布,故 X 和 Y 的密度函数分别为
$$f_X(x) = \begin{cases} 0.2\mathrm{e}^{-0.2x}, & x \geqslant 0, \\ 0, & x < 0, \end{cases} \quad f_Y(y) = \begin{cases} 0.2\mathrm{e}^{-0.2y}, & y \geqslant 0, \\ 0, & y < 0. \end{cases}$$

由题意知,随机变量 X 与 Y 相互独立,则由式(3.5.4) 有

$$f_Z(z) = \int_{-\infty}^{+\infty} f_X(x) f_Y(z-x) \mathrm{d}x.$$

当且仅当 $x \geqslant 0$ 且 $z-x \geqslant 0$,即 $0 \leqslant x \leqslant z$ 时,被积函数 $f_X(x)f_Y(z-x) \neq 0$,于是有效寿命 $Z = X+Y$ 的密度函数为

$$\begin{aligned} f_Z(z) &= \int_{-\infty}^{+\infty} f_X(x) f_Y(z-x) \mathrm{d}x \\ &= \begin{cases} \int_0^z 0.2\mathrm{e}^{-0.2x} \cdot 0.2\mathrm{e}^{-0.2(z-x)} \mathrm{d}x, & z \geqslant 0, \\ 0, & z < 0 \end{cases} \\ &= \begin{cases} 0.04 z \mathrm{e}^{-0.2z}, & z \geqslant 0, \\ 0, & z < 0. \end{cases} \end{aligned}$$

(2) 因 X 和 Y 都服从参数为 $\lambda = 0.2$ 的指数分布,故 X 和 Y 的分布函数分别为

$$F_X(x) = \begin{cases} 1-\mathrm{e}^{-0.2x}, & x \geqslant 0, \\ 0 & x < 0, \end{cases} \quad F_Y(y) = \begin{cases} 1-\mathrm{e}^{-0.2y}, & y \geqslant 0, \\ 0, & y < 0. \end{cases}$$

因随机变量 X 与 Y 相互独立,则由式(3.5.5)有

$$F_{\max}(z) = F_X(z) F_Y(z) = \begin{cases} (1-\mathrm{e}^{-0.2z})^2, & z \geqslant 0, \\ 0, & z < 0. \end{cases}$$

故 $Z = \max\{X, Y\}$ 的密度函数为

$$f_Z(z) = \begin{cases} 0.4\mathrm{e}^{-0.2z} - 0.4\mathrm{e}^{-0.4z}, & z \geqslant 0, \\ 0, & z < 0. \end{cases}$$

(3) 由式(3.5.6)有

$$\begin{aligned} F_{\min}(z) &= 1 - [1-F_X(z)][1-F_Y(z)] \\ &= \begin{cases} 1-\mathrm{e}^{-0.4z}, & z \geqslant 0, \\ 0, & z < 0, \end{cases} \end{aligned}$$

故 $Z = \min\{X, Y\}$ 的密度函数为

$$f_Z(z) = \begin{cases} 0.4\mathrm{e}^{-0.4z}, & z \geqslant 0, \\ 0, & z < 0. \end{cases}$$

3.6 n 维随机变量

为了研究某些随机现象,我们需要同时讨论多个随机变量. 前面已经对二维随机变量的概念、概率分布、边缘分布、条件分布、独立性及二维随机变量函数的分布进行了较为全面的讨论. 当 $n > 2$ 时,类似于二维随机变量,不难推广得到 n 维随机变量的概念与相关结论.

3.6.1 n 维随机变量的定义与分布函数

定义 3.6.1 若 $X_1, X_2, \cdots, X_n$ 是定义在同一样本空间 Ω 上的 n 个随机变量,则称 $(X_1, X_2, \cdots, X_n)$ 为 n 维随机变量或 n 维随机向量.

定义 3.6.2 设 $(X_1, X_2, \cdots, X_n)$ 是 n 维随机变量,对于任意的实数 $x_1, x_2, \cdots, x_n$,称 n 元函数

$$F(x_1, x_2, \cdots, x_n) = P\{X_1 \leqslant x_1, X_2 \leqslant x_2, \cdots, X_n \leqslant x_n\} \quad (3.6.1)$$

为 n 维随机变量 $(X_1, X_2, \cdots, X_n)$ 的**分布函数**.

分布函数 $F(x_1, x_2, \cdots, x_n)$ 表示 n 个事件 $\{X_i \leqslant x_i\}(i=1,2,\cdots,n)$ 同时发生的概率. n 维随机变量也分为离散型和连续型,在此仅介绍较为常见的连续型.

定义 3.6.3 设 n 维随机变量 $(X_1, X_2, \cdots, X_n)$ 的分布函数为 $F(x_1, x_2, \cdots, x_n)$. 若存在一个 n 元非负可积函数 $f(x_1, x_2, \cdots, x_n)$,使得对于任意的实数 $x_1, x_2, \cdots, x_n$,有

$$F(x_1, x_2, \cdots, x_n) = \int_{-\infty}^{x_n} \cdots \int_{-\infty}^{x_2} \int_{-\infty}^{x_1} f(u_1, u_2, \cdots, u_n) \mathrm{d}u_1 \mathrm{d}u_2 \cdots \mathrm{d}u_n, \quad (3.6.2)$$

则称 $(X_1, X_2, \cdots, X_n)$ 是 n **维连续型随机变量**,其中 $f(x_1, x_2, \cdots, x_n)$ 称为 $(X_1, X_2, \cdots, X_n)$ 的**概率密度函数**,简称**密度函数**.

密度函数 $f(x_1, x_2, \cdots, x_n)$ 与二维随机变量的密度函数有着类似的性质. 例如,设分量 $X_i(i=1,2,\cdots,n)$ 的边缘密度函数为 $f_{X_i}(x_i)(i=1,2,\cdots,n)$,则有

$$f_{X_1}(x_1) = \int_{-\infty}^{+\infty} \cdots \int_{-\infty}^{+\infty} \int_{-\infty}^{+\infty} f(x_1, x_2, \cdots, x_n) \mathrm{d}x_2 \mathrm{d}x_3 \cdots \mathrm{d}x_n,$$

$$f_{X_2}(x_2) = \int_{-\infty}^{+\infty} \cdots \int_{-\infty}^{+\infty} \int_{-\infty}^{+\infty} f(x_1, x_2, \cdots, x_n) \mathrm{d}x_1 \mathrm{d}x_3 \cdots \mathrm{d}x_n,$$

……

$$f_{X_n}(x_n) = \int_{-\infty}^{+\infty} \cdots \int_{-\infty}^{+\infty} \int_{-\infty}^{+\infty} f(x_1, x_2, \cdots, x_n) \mathrm{d}x_1 \mathrm{d}x_2 \cdots \mathrm{d}x_{n-1},$$

其中积分是 $n-1$ 重积分.

3.6.2 n 维随机变量的独立性

定义 3.6.4 设 n 维随机变量 $(X_1, X_2, \cdots, X_n)$ 的分布函数为 $F(x_1, x_2, \cdots, x_n)$, $(X_1, X_2, \cdots, X_n)$ 关于 $X_i(i=1,2,\cdots,n)$ 的边缘分布函数为 $F_{X_i}(x_i)$. 若对于任意的实数 $x_1, x_2, \cdots, x_n$,有

$$F(x_1, x_2, \cdots, x_n) = \prod_{i=1}^{n} F_{X_i}(x_i), \quad (3.6.3)$$

则称随机变量 $X_1, X_2, \cdots, X_n$ **相互独立**.

进一步,设 $(X_1, X_2, \cdots, X_n)$ 是 n 维离散型随机变量. 如果对其所有可能的取值 $(x_1, x_2, \cdots, x_n)$,有

$$P\{X_1 = x_1, X_2 = x_2, \cdots, X_n = x_n\} = \prod_{i=1}^{n} P\{X_i = x_i\}, \quad (3.6.4)$$

则称随机变量 $X_1, X_2, \cdots, X_n$ 相互独立.

设 $(X_1, X_2, \cdots, X_n)$ 是 n 维连续型随机变量,其密度函数为 $f(x_1, x_2, \cdots, x_n)$,关于 X_i 的边缘密度函数为 $f_{X_i}(x_i)(i=1,2,\cdots,n)$. 若对于任意的实数 $x_1, x_2, \cdots, x_n$,有

$$f(x_1, x_2, \cdots, x_n) = \prod_{i=1}^{n} f_{X_i}(x_i), \quad (3.6.5)$$

则称随机变量 $X_1, X_2, \cdots, X_n$ 相互独立.

我们甚至可以定义随机变量 $(X_1, X_2, \cdots, X_m)$ 和 $(Y_1, Y_2, \cdots, Y_n)$ 的独立性.

定义 3.6.5 设随机变量 $(X_1, X_2, \cdots, X_m), (Y_1, Y_2, \cdots, Y_n), (X_1, X_2, \cdots, X_m, Y_1, Y_2, \cdots, Y_n)$ 的分布函数分别为 $F_1(x_1, x_2, \cdots, x_m), F_2(y_1, y_2, \cdots, y_n)$ 和 $F(x_1, x_2, \cdots, x_m, y_1, y_2, \cdots, y_n)$. 若对于任意的实数 $x_1, x_2, \cdots, x_m, y_1, y_2, \cdots, y_n$,有

$$F(x_1, x_2, \cdots, x_m, y_1, y_2, \cdots, y_n) = F_1(x_1, x_2, \cdots, x_m) F_2(y_1, y_2, \cdots, y_n), \quad (3.6.6)$$

则称随机变量 $(X_1, X_2, \cdots, X_m)$ 与 $(Y_1, Y_2, \cdots, Y_n)$ 相互独立.

3.4 节的定理 3.4.1 也可进一步推广.

定理 3.6.1 设随机变量 $(X_1, X_2, \cdots, X_m)$ 与 $(Y_1, Y_2, \cdots, Y_n)$ 相互独立,则 $X_i (i=1, 2, \cdots, m)$ 与 $Y_j (j=1, 2, \cdots, n)$ 相互独立. 又若 h, g 是连续函数,则 $h(X_1, X_2, \cdots, X_m)$ 和 $g(Y_1, Y_2, \cdots, Y_n)$ 相互独立.

例 3.6.1 设随机变量 $X_1, X_2, \cdots, X_n$ 相互独立,且均服从正态分布 $N(\mu, \sigma^2)$,求 $(X_1, X_2, \cdots, X_n)$ 的密度函数.

解 因 $X_i \sim N(\mu, \sigma^2)$,故 X_i 的密度函数为

$$f_{X_i}(x_i) = \frac{1}{\sqrt{2\pi}\sigma} e^{-\frac{(x_i-\mu)^2}{2\sigma^2}} \quad (-\infty < x_i < +\infty),$$

其中 $i = 1, 2, \cdots, n$.

又因随机变量 $X_1, X_2, \cdots, X_n$ 相互独立,则由式(3.6.5)有

$$f(x_1, x_2, \cdots, x_n) = \prod_{i=1}^{n} f_{X_i}(x_i) = \prod_{i=1}^{n} \frac{1}{\sqrt{2\pi}\sigma} e^{-\frac{(x_i-\mu)^2}{2\sigma^2}},$$

即 $(X_1, X_2, \cdots, X_n)$ 的密度函数为

$$f(x_1, x_2, \cdots, x_n) = \frac{1}{(2\pi\sigma^2)^{\frac{n}{2}}} e^{-\frac{1}{2\sigma^2} \sum_{i=1}^{n}(x_i-\mu)^2} \quad (-\infty < x_i < +\infty, i = 1, 2, \cdots, n).$$

3.6.3 n 维随机变量函数的分布

我们针对 3.5 节中两个随机变量 X 和 Y 的函数的分布做一些结论性的推广.

首先将 3.5 节例 3.5.3 中两个相互独立的随机变量推广到 n 个相互独立的随机变量,得到一个重要结论:设随机变量 $X_i \sim N(\mu_i, \sigma_i^2)(i=1, 2, \cdots, n)$ 且相互独立,$Z = \sum_{i=1}^{n} X_i$,则 $Z \sim N(\sum_{i=1}^{n} \mu_i, \sum_{i=1}^{n} \sigma_i^2)$,即有限个相互独立的正态随机变量之和仍服从正态分布.

更一般地,可以证明有限个相互独立的正态随机变量的线性组合仍服从正态分布.

然后将 3.5 节中 $Z = \max\{X, Y\}, Z = \min\{X, Y\}$ 的分布进一步推广,可得随机变量 $X_i (i=1, 2, \cdots, n)$ 相互独立时,$Z = \max\{X_1, X_2, \cdots, X_n\}$ 和 $Z = \min\{X_1, X_2, \cdots, X_n\}$ 的分布函数.

设随机变量 $X_i (i=1, 2, \cdots, n)$ 的分布函数为 $F_{X_i}(x_i)$,且 X_i 相互独立,$Z = \max\{X_1, X_2, \cdots, X_n\}$ 和 $Z = \min\{X_1, X_2, \cdots, X_n\}$ 的分布函数分别为 $F_{\max}(z)$ 和 $F_{\min}(z)$.

(1) 当 $Z=\max\{X_1,X_2,\cdots,X_n\}$ 时,有
$$F_{\max}(z)=P\{Z\leqslant z\}=P\{\max\{X_1,X_2,\cdots,X_n\}\leqslant z\}$$
$$=P\{X_1\leqslant z,X_2\leqslant z,\cdots,X_n\leqslant z\}$$
$$=P\{X_1\leqslant z\}P\{X_2\leqslant z\}\cdots P\{X_n\leqslant z\},$$
即 $Z=\max\{X_1,X_2,\cdots,X_n\}$ 的分布函数为
$$F_{\max}(z)=F_{X_1}(z)F_{X_2}(z)\cdots F_{X_n}(z). \tag{3.6.7}$$
(2) 当 $Z=\min\{X_1,X_2,\cdots,X_n\}$ 时,类似分析可得 $Z=\min\{X_1,X_2,\cdots,X_n\}$ 分布函数为
$$F_{\min}(z)=1-[1-F_{X_1}(z)][1-F_{X_2}(z)]\cdots[1-F_{X_n}(z)]. \tag{3.6.8}$$
特别地,若随机变量 $X_i(i=1,2,\cdots,n)$ 相互独立且有相同的分布函数 $F(x)$,则 $Z=\max\{X_1,X_2,\cdots,X_n\}$ 和 $Z=\min\{X_1,X_2,\cdots,X_n\}$ 的分布函数分别为
$$F_{\max}(z)=[F(z)]^n, \tag{3.6.9}$$
$$F_{\min}(z)=1-[1-F(z)]^n. \tag{3.6.10}$$

例 3.6.2 对某电子装置的输出测量 5 次,得到观察值 X_1,X_2,X_3,X_4,X_5,设它们是相互独立的随机变量,且有相同的密度函数
$$f(x)=\begin{cases}\dfrac{x}{4}\mathrm{e}^{-\frac{x^2}{8}}, & x\geqslant 0,\\ 0, & x<0,\end{cases}$$
求 $Z=\max\{X_1,X_2,X_3,X_4,X_5\}$ 的分布函数.

解 由 X_1,X_2,X_3,X_4,X_5 相互独立且有相同的密度函数知,它们有相同的分布函数
$$F(x)=\begin{cases}\int_0^x \dfrac{t}{4}\mathrm{e}^{-\frac{t^2}{8}}\mathrm{d}t, & x\geqslant 0,\\ 0, & x<0\end{cases}=\begin{cases}1-\mathrm{e}^{-\frac{x^2}{8}}, & x\geqslant 0,\\ 0, & x<0.\end{cases}$$
再由式(3.6.9)得 $Z=\max\{X_1,X_2,X_3,X_4,X_5\}$ 的分布函数为
$$F_{\max}(z)=[F(z)]^5=\begin{cases}\left(1-\mathrm{e}^{-\frac{z^2}{8}}\right)^5, & z\geqslant 0,\\ 0, & z<0.\end{cases}$$

3.7 实践案例

1. 流量测试问题

介绍该问题前先介绍瑞利分布. 设随机变量 $X\sim N(0,\sigma^2),Y\sim N(0,\sigma^2)(\sigma>0)$,且 X 与 Y 相互独立,则 $Z=\sqrt{X^2+Y^2}$ 的密度函数为
$$f_Z(z)=\begin{cases}\dfrac{z}{\sigma^2}\mathrm{e}^{-\frac{z^2}{2\sigma^2}}, & z\geqslant 0,\\ 0, & z<0,\end{cases}$$
并称 Z 服从参数为 σ 的瑞利分布. 例 3.6.2 中随机变量 $X_i(i=1,2,3,4,5)$ 正是服从参数为

$\sigma=2$ 的瑞利分布,将其推广至一般情形,就是常见的流量测试问题.

例 3.7.1 已知某电子设备的输出流量服从参数为 $\sigma(\sigma>0)$ 的瑞利分布,现对该设备独立测量 n 次,求最大输出流量 Z 的分布函数,并计算 $P\{Z>\sqrt{2}\sigma\}$.

解 设 n 次流量的输出值分别为 $X_1,X_2,\cdots,X_n$,它们相互独立且都服从参数为 σ 的瑞利分布,分布函数都是

$$F(x)=\begin{cases}\int_0^x \dfrac{t}{\sigma^2}\mathrm{e}^{-\frac{t^2}{2\sigma^2}}\mathrm{d}t, & x\geqslant 0,\\ 0, & x<0\end{cases}=\begin{cases}1-\mathrm{e}^{-\frac{x^2}{2\sigma^2}}, & x\geqslant 0,\\ 0, & x<0.\end{cases}$$

依题意,$Z=\max\{X_1,X_2,\cdots,X_n\}$,则 Z 的分布函数为

$$F_{\max}(z)=[F(z)]^n=\begin{cases}\left(1-\mathrm{e}^{-\frac{z^2}{2\sigma^2}}\right)^n, & z\geqslant 0,\\ 0, & z<0.\end{cases}$$

进一步计算,可得

$$P\{Z>\sqrt{2}\sigma\}=1-P\{Z\leqslant\sqrt{2}\sigma\}=1-F_{\max}(\sqrt{2}\sigma)=1-\left(1-\dfrac{1}{\mathrm{e}}\right)^n.$$

对测量次数 n 取不同的值,得到如表 3.19 所示的数据.

表 3.19

n	5	10	15	20
P	0.899 1	0.989 8	0.999 0	0.999 9

表 3.19 中数据表明,测量次数 n 越多,最大输出流量大于 $\sqrt{2}\sigma$ 的概率越大. 当测量次数大于或等于 20 时,$P\{Z>\sqrt{2}\sigma\}$ 已非常接近于 1.

2. 路灯照明问题

例 3.7.2 已知一城市某条街道照明路灯灯泡的寿命 X(单位:h)服从参数为 λ 的指数分布,原来该街道只安装了 10 盏路灯,后来由于道路改建,安装了 20 盏路灯,试解释为什么道路改建后路灯灯泡的更换更加频繁.

解 设该街道照明路灯的数量为 n,寿命分别为 $X_1,X_2,\cdots,X_n$,则它们相互独立且有相同的密度函数和分布函数,分别是

$$f(x)=\begin{cases}\lambda\mathrm{e}^{-\lambda x}, & x\geqslant 0,\\ 0, & x<0,\end{cases}\quad F(x)=\begin{cases}1-\mathrm{e}^{-\lambda x}, & x\geqslant 0,\\ 0, & x<0.\end{cases}$$

设 n 盏路灯中首盏路灯损坏的时间为 $Z=\min\{X_1,X_2,\cdots,X_n\}$,则其分布函数为

$$F_{\min}(z)=1-[1-F(z)]^n=\begin{cases}1-\mathrm{e}^{-n\lambda z}, & z\geqslant 0,\\ 0, & z<0.\end{cases}$$

如果每盏路灯每天工作 10 h,每月工作 30 天,则一个月内须更换路灯的概率为

$$P\{Z\leqslant 300\}=F_{\min}(300)=1-\mathrm{e}^{-300n\lambda}.$$

据以往信息测算 $\lambda=\dfrac{1}{2\,000}$,则有

$$P\{Z\leqslant 300\}=1-\mathrm{e}^{-\frac{3n}{20}}.$$

对 n 取不同的值,得到如表 3.20 所示的数据.

表 3.20

n	5	10	15	20	25	30
P	0.527 6	0.776 9	0.894 6	0.950 2	0.976 5	0.988 9

表 3.20 中数据表明,道路改建前,一个月内须更换路灯的概率为 0.776 9,道路改建后,更换概率提升至 0.950 2.可见,对于同一批路灯,安装数量 n 越大,则 $P\{Z \leqslant 300\}$ 越大,即一个月内须更换路灯的概率越大.试想,如果街道上的路灯数量达到 50 盏,甚至 100 盏,那么一个月内须更换路灯的概率将更高.因此,应尽量采用高寿命的节能灯泡,才能降低更换的概率.

本 章 总 结

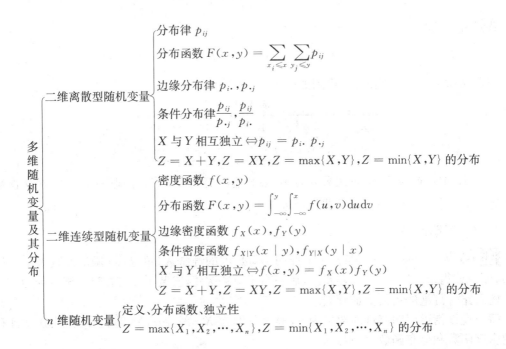

习 题 三

1. 在例 3.1.1 中,如果进行的是放回式抽取,求二维随机变量 (X,Y) 的分布律.
2. 设二维随机变量 (X,Y) 的分布函数为

$$F(x,y) = a\left(b + \arctan\frac{x}{2}\right)\left(c + \arctan\frac{y}{3}\right),$$

求:(1) 常数 a,b,c 的值;(2) (X,Y) 关于 X 和关于 Y 的边缘分布函数.

3. 设随机变量 X 在 1,2,3,4 四个整数中等可能地取一个值,随机变量 Y 在 $1 \sim X$ 中等可能地取一个整数值,求 (X,Y) 的分布律和边缘分布律.

4. 设二维随机变量 (X,Y) 的分布函数为 $F(x,y)$,密度函数为
$$f(x,y) = \begin{cases} k(6-x-y), & 0<x<2, 2<y<4, \\ 0, & \text{其他}, \end{cases}$$
求:(1) 常数 k 的值;(2) $F(1,5)$;(3) $P\{X<1.5\}$;(4) $P\{X+Y<4\}$.

5. 设二维随机变量 (X,Y) 的密度函数为
$$f(x,y) = \begin{cases} e^{-y}, & 0<x<y, \\ 0, & \text{其他}, \end{cases}$$
求:(1) (X,Y) 关于 X 和关于 Y 的边缘密度函数;(2) $P\{X+Y \leqslant 1\}$.

6. 设二维随机变量 (X,Y) 的密度函数为
$$f(x,y) = \begin{cases} \dfrac{21}{4}x^2 y, & x^2 \leqslant y \leqslant 1, \\ 0, & \text{其他}, \end{cases}$$
求 (X,Y) 关于 X 和关于 Y 的边缘密度函数.

7. 设二维随机变量 (X,Y) 的密度函数为
$$f(x,y) = \begin{cases} \dfrac{5}{4}(x^2+y), & 0<y<1-x^2, \\ 0, & \text{其他}, \end{cases}$$
求 (X,Y) 关于 X 和关于 Y 的边缘密度函数.

8. 设二维随机变量 (X,Y) 的分布函数为
$$F(x,y) = \begin{cases} 1-2^{-x}-2^{-y}+2^{-x-y}, & x \geqslant 0, y \geqslant 0, \\ 0, & \text{其他}, \end{cases}$$
判断 X 与 Y 是否相互独立,并说明理由.

9. 设二维随机变量 (X,Y) 服从单位圆域上的均匀分布.(1) 求 (X,Y) 关于 X 和关于 Y 的边缘密度函数.(2) 判断 X 与 Y 是否相互独立,并说明理由.

10. 设随机变量 X 与 Y 相互独立,且分布律分别如表 3.21 和表 3.22 所示:

表 3.21

X	0	1	2	3
P	$\dfrac{1}{2}$	$\dfrac{1}{4}$	$\dfrac{1}{8}$	$\dfrac{1}{8}$

表 3.22

Y	-1	0	1
P	$\dfrac{1}{3}$	$\dfrac{1}{3}$	$\dfrac{1}{3}$

求 $P\{X+Y=2\}$.

11. 设随机变量 X 与 Y 相互独立,且分别服从参数为 1 和参数为 4 的指数分布,求:(1) (X,Y) 的密度函数;(2) $P\{X<Y\}$.

12. 设数 X 在区间 $(0,1)$ 上随机取值,当观察到 $X=x(0<x<1)$ 时,数 Y 在区间 $(0,x)$ 上随机取值,求 Y 的密度函数.

13. 求第 6 题中 (X,Y) 的条件密度函数和条件概率 $P\left\{Y>\dfrac{3}{4} \Big| X=\dfrac{1}{2}\right\}$.

14. 设二维随机变量(X,Y)的分布律如表 3.23 所示. 求:

(1) (X,Y)关于 X 和关于 Y 的边缘分布律;

(2) $P\{X=2|Y=1\}$, $P\{Y=1|X=-1\}$;

(3) $Z_1=X+Y$ 的分布律;

(4) $Z_2=XY$ 的分布律;

(5) $Z_3=\max\{X,Y\}$ 的分布律;

(6) $Z_4=\min\{X,Y\}$ 的分布律.

表 3.23

X	Y		
	-1	1	2
-1	0.25	0.1	0.3
2	0.15	0.15	0.05

15. 设二维随机变量(X,Y)的密度函数为

$$f(x,y)=\begin{cases}2-x-y, & 0<x<1, 0<y<1,\\ 0, & \text{其他},\end{cases}$$

求 $Z=X+Y$ 的密度函数.

16. 设随机变量 X 与 Y 相互独立,且密度函数分别为

$$f_X(x)=\begin{cases}1, & 0\leqslant x\leqslant 1,\\ 0, & \text{其他},\end{cases} \quad f_Y(y)=\begin{cases}e^{-y}, & y>0,\\ 0, & y\leqslant 0,\end{cases}$$

求 $Z=X+Y$ 的密度函数.

17. 设二维随机变量(X,Y)在矩形区域 $D=\{(x,y)|0\leqslant x\leqslant 2, 0\leqslant y\leqslant 1\}$ 上服从均匀分布,求 $Z=XY$ 的密度函数.

18. 某电器设备中有 3 个同类电子元件,该类电子元件的工作时间(单位:h)都服从参数为 λ 的指数分布,且各元件工作相互独立. 当 3 个元件都正常工作时,该电器设备才正常工作,求该电器设备正常工作时间 Z 的密度函数.

19. 设二维随机变量(X,Y)的密度函数为

$$f(x,y)=\begin{cases}ce^{-(x+y)}, & 0<x<1, 0<y<+\infty,\\ 0, & \text{其他}.\end{cases}$$

(1) 求常数 c 的值. (2) 判断 X 与 Y 是否相互独立. (3) 求 $Z=\max\{X,Y\}$ 的分布函数.

20. 设某种商品一周的需求量是一个随机变量,其密度函数为

$$f(x)=\begin{cases}xe^{-x}, & x>0,\\ 0, & x\leqslant 0,\end{cases}$$

各周的需求量相互独立. 求两周的需求量 Z 的密度函数.

21. 设三维随机变量(X_1,X_2,X_3)的密度函数为

$$f(x_1,x_2,x_3)=\begin{cases}e^{-(x_1+x_2+x_3)}, & x_1>0, x_2>0, x_3>0,\\ 0, & \text{其他},\end{cases}$$

证明: X_1,X_2,X_3 相互独立.

22. 某品牌电子元件的寿命(单位:h)近似服从正态分布 $N(160,400)$,现随机抽取 4 个该品牌电子元件,求其中没有一个电子元件的寿命小于 180 h 的概率.

23. 设随机变量 X 与 Y 相互独立,表 3.24 给出了二维随机变量 (X,Y) 的分布律和边缘分布律的部分数据,请将表中剩余数据补充完整.

表 3.24

X	Y			$p_{i\cdot}$
	y_1	y_2	y_3	
x_1		$\frac{1}{8}$		
x_2	$\frac{1}{8}$			
$p_{\cdot j}$	$\frac{1}{6}$			1

24. 设随机变量 X 服从参数为 1 的指数分布,$Y_i = \begin{cases} 1, & X \leq i, \\ 0, & X > i \end{cases}$ $(i=1,2)$,求二维随机变量 (Y_1, Y_2) 的分布律.

25. 设随机变量 X 和 Y 的分布律分别如表 3.25 和表 3.26 所示,且 $P\{X^2 = Y^2\} = 1$.求:(1) 二维随机变量 (X,Y) 的分布律;(2) $Z = XY$ 的分布律.

表 3.25

X	0	1
P	$\frac{1}{3}$	$\frac{2}{3}$

表 3.26

Y	-1	0	1
P	$\frac{1}{3}$	$\frac{1}{3}$	$\frac{1}{3}$

26. 设 (X,Y) 是二维随机变量,X 的边缘密度函数为

$$f_X(x) = \begin{cases} 3x^2, & 0 < x < 1, \\ 0, & \text{其他}, \end{cases}$$

在给定 $X = x\,(0 < x < 1)$ 的条件下 Y 的条件密度函数为

$$f_{Y|X}(y|x) = \begin{cases} \dfrac{3y^2}{x^3}, & 0 < y < x, \\ 0, & \text{其他}. \end{cases}$$

求:(1) (X,Y) 的密度函数 $f(x,y)$;(2) Y 的边缘密度函数 $f_Y(y)$;(3) $P\{X > 2Y\}$.

27. 设二维随机变量 (X,Y) 在区域 $D = \{(x,y) \mid 0 < x < 1, x^2 < y < \sqrt{x}\}$ 上服从均匀分布,

$$U = \begin{cases} 1, & X \leq Y, \\ 0, & X > Y. \end{cases}$$

(1) 求 (X,Y) 的密度函数 $f(x,y)$.(2) 判断 U 与 X 是否相互独立,并说明理由.

28. 设二维随机变量 (X,Y) 在 D 上服从均匀分布,其中 D 是由直线 $x-y=0, x+y=2$ 与 $y=0$ 所围成的一个三角形区域,求:(1) X 的边缘密度函数 $f_X(x)$;(2) 条件密度函数 $f_{X|Y}(x|y)$.

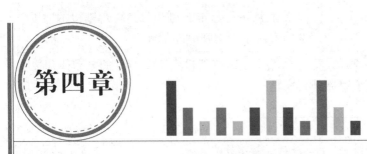

第四章 随机变量的数字特征

前面两章我们研究了随机变量的概率分布,知道了概率分布能完整地描述随机变量的统计特性.但在许多实际问题中,要确定一个随机变量的概率分布常常比较困难,且有时并不需要知道随机变量完整的性质,而只要了解某些特征就足够了.例如,在检验电子产品的质量时,我们主要关心电子产品的平均使用寿命;在投资股票时,我们关心的是所投资股票的期望收益和风险;等等.这些指标对应着概率分布的中心位置、分散程度等,一般称之为随机变量的数字特征.本章将介绍随机变量的常用数字特征:数学期望、方差、相关系数和矩.

4.1 数学期望

4.1.1 离散型随机变量的数学期望

某电子厂对工人的生产情况进行考察.车工小张每天生产的产品中废品数 X 是一个随机变量,如何定义 X 取值的平均值呢?若统计了一个月(30 天)内车工小张的生产情况,发现有 11 天没有出废品,9 天每天出 1 件废品,7 天每天出 2 件废品,3 天每天出 3 件废品,于是可以得到这 30 天内每天平均生产的废品数为

$$\frac{0\times 11+1\times 9+2\times 7+3\times 3}{30}=0\times\frac{11}{30}+1\times\frac{9}{30}+2\times\frac{7}{30}+3\times\frac{3}{30}\approx 1.067.$$

若另外再统计一个月(30 天)的生产情况,其中不出废品,出 1 件、2 件、3 件废品的天数与前面的一个月一般不会完全相同,所得的每天平均生产的废品数也不一定就是 1.067.

一般来说,若统计了 n 天(假定每天最多出 3 件废品),有 n_0 天没有出废品,n_1 天每天出 1 件废品,n_2 天每天出 2 件废品,n_3 天每天出 3 件废品,于是可以得到这 n 天内每天平均生产的废品数为

$$0\cdot\frac{n_0}{n}+1\cdot\frac{n_1}{n}+2\cdot\frac{n_2}{n}+3\cdot\frac{n_3}{n}.$$

这个平均值是对频率的加权平均,会随着 n 的变化而变化.由于当 n 很大时,频率在某种意义下会稳定于概率,因此用概率 p_i 代替频率 $\frac{n_i}{n}(i=0,1,2,3)$,得小张每天生产的废品数 X

的平均值为
$$0 \cdot p_0 + 1 \cdot p_1 + 2 \cdot p_2 + 3 \cdot p_3.$$
这样就得到一个确定的数,并由此引出随机变量的数学期望的定义.

定义 4.1.1 设离散型随机变量 X 的分布律为
$$P\{X=x_i\}=p_i \quad (i=1,2,\cdots).$$
若级数 $\sum_{i=1}^{\infty} x_i p_i$ 绝对收敛,则称级数 $\sum_{i=1}^{\infty} x_i p_i$ 的和为离散型随机变量 X 的**数学期望**,简称**期望**或**均值**,记作 $E(X)$,即
$$E(X) = \sum_{i=1}^{\infty} x_i p_i. \tag{4.1.1}$$
若级数 $\sum_{i=1}^{\infty} x_i p_i$ 不绝对收敛,则称 X 的数学期望不存在.

在定义 4.1.1 中,当 X 取可列无穷多个值时,要求级数 $\sum_{i=1}^{\infty} x_i p_i$ 绝对收敛可以保证其和不受级数各项次序变动的影响,即保证数学期望 $E(X)$ 的唯一性,而与 X 取值的人为排序无关.

数学期望反映了随机变量取值的平均水平,是实际应用中最常用的一种数字特征,对评判事物的优劣和辅助决策具有非常重要的作用.

例 4.1.1 某医院的新生儿诞生时,医生要根据新生儿的皮肤颜色、肌肉弹性、心脏的搏动、反应的敏感性等方面的情况对新生儿进行评分(满分 10 分),新生儿的得分 X 是一个随机变量.据以往资料统计,X 的分布律如表 4.1 所示,求 X 的数学期望.

表 4.1

X	0	1	2	3	4	5	6	7	8	9	10
P	0.002	0.001	0.002	0.005	0.02	0.04	0.18	0.37	0.25	0.12	0.01

解 由式(4.1.1)可得
$$E(X) = 0 \times 0.002 + 1 \times 0.001 + 2 \times 0.002 + 3 \times 0.005 + 4 \times 0.02 + 5 \times 0.04$$
$$+ 6 \times 0.18 + 7 \times 0.37 + 8 \times 0.25 + 9 \times 0.12 + 10 \times 0.01 = 7.15 \text{(分)}.$$
上述结果表明,该医院新生儿的平均得分为 7.15 分.

例 4.1.2 某彩票中心计划发行彩票 10 万张,每张售价 2 元.设一等奖 1 个,奖金 10 000 元;二等奖 2 个,奖金各 5 000 元;三等奖 10 个,奖金各 1 000 元;四等奖 100 个,奖金各 100 元;五等奖 1 000 个,奖金各 10 元.已知每张彩票的成本费为 0.3 元,试计算彩票中心发行 10 万张彩票的创收利润.

解 设每张彩票中奖的数额(单位:元)为随机变量 X,则 X 的分布律如表 4.2 所示(其中 p_0 为未中奖的概率).

表 4.2

X	10 000	5 000	1 000	100	10	0
P	$\dfrac{1}{10^5}$	$\dfrac{2}{10^5}$	$\dfrac{10}{10^5}$	$\dfrac{100}{10^5}$	$\dfrac{1\,000}{10^5}$	p_0

由上表可得 X 的数学期望为

$$E(X) = 10\,000 \times \frac{1}{10^5} + 5\,000 \times \frac{2}{10^5} + 1\,000 \times \frac{10}{10^5} + 100 \times \frac{100}{10^5} + 10 \times \frac{1\,000}{10^5} + 0 \times p_0$$
$$= 0.5(元),$$

于是彩票中心每售出一张彩票可赚取 $2 - 0.5 - 0.3 = 1.2$(元),故发行 10 万张彩票的创收利润为

$$100\,000 \times 1.2 = 120\,000(元).$$

下面讨论几种常见离散型随机变量的数学期望.

1. 两点分布

设随机变量 X 服从参数为 $p(0 < p < 1)$ 的两点分布,其分布律为

$$P\{X=1\} = p, \quad P\{X=0\} = 1-p,$$

则

$$E(X) = 1 \times p + 0 \times (1-p) = p.$$

2. 二项分布

设随机变量 $X \sim B(n,p)(0 < p < 1)$,其分布律为

$$P\{X=k\} = C_n^k p^k (1-p)^{n-k} \quad (k=0,1,2,\cdots,n),$$

则

$$E(X) = \sum_{k=0}^{n} k C_n^k p^k (1-p)^{n-k}$$
$$= np \sum_{k=1}^{n} \frac{(n-1)!}{(k-1)!(n-k)!} p^{k-1} (1-p)^{(n-1)-(k-1)}$$
$$\xrightarrow{令 m = k-1} np \sum_{m=0}^{n-1} \frac{(n-1)!}{m!(n-1-m)!} p^m (1-p)^{(n-1)-m}$$
$$= np[p + (1-p)]^{n-1} = np.$$

二项分布的数学期望是 np,这在直观上也比较容易理解.因为 X 表示 n 次试验中事件 A 发生的次数,而事件 A 在每次试验中的概率都为 p,那么在 n 次试验中事件 A 平均发生的次数当然等于 np.

3. 泊松分布

设随机变量 $X \sim P(\lambda)(\lambda > 0)$,其分布律为

$$P\{X=k\} = \frac{\lambda^k}{k!} e^{-\lambda} \quad (k=0,1,2,\cdots),$$

则

$$E(X) = \sum_{k=0}^{\infty} k \frac{\lambda^k}{k!} e^{-\lambda} = \lambda e^{-\lambda} \sum_{k=1}^{\infty} \frac{\lambda^{k-1}}{(k-1)!} \xrightarrow{令 m = k-1} \lambda e^{-\lambda} \sum_{m=0}^{\infty} \frac{\lambda^m}{m!} = \lambda e^{-\lambda} \cdot e^{\lambda} = \lambda.$$

4.1.2 连续型随机变量的数学期望

定义 4.1.2 设连续型随机变量 X 的密度函数为 $f(x)$.若广义积分 $\int_{-\infty}^{+\infty} x f(x) \mathrm{d}x$ 绝对

收敛,则称广义积分 $\int_{-\infty}^{+\infty} x f(x) \mathrm{d}x$ 的值为连续型随机变量 X 的**数学期望**,简称**期望**或**均值**,记作 $E(X)$,即

$$E(X)=\int_{-\infty}^{+\infty} x f(x) \mathrm{d}x. \tag{4.1.2}$$

若广义积分 $\int_{-\infty}^{+\infty} x f(x) \mathrm{d}x$ 不绝对收敛,则称 X 的数学期望不存在.

例 4.1.3 设随机变量 X 的密度函数为

$$f(x)=\begin{cases} 2-2x, & 0 \leqslant x \leqslant 1, \\ 0, & 其他, \end{cases}$$

求 $E(X)$.

解 由式(4.1.2)可得

$$E(X)=\int_{-\infty}^{+\infty} x f(x) \mathrm{d}x = \int_0^1 x(2-2x) \mathrm{d}x = \left(x^2 - \frac{2}{3}x^3\right)\Big|_0^1 = \frac{1}{3}.$$

下面同样讨论几种常见连续型随机变量的数学期望.

1. 均匀分布

设随机变量 $X \sim U[a,b]$,其密度函数为

$$f(x)=\begin{cases} \dfrac{1}{b-a}, & a \leqslant x \leqslant b, \\ 0, & 其他, \end{cases}$$

则

$$E(X)=\int_{-\infty}^{+\infty} x f(x) \mathrm{d}x = \int_a^b \frac{x}{b-a} \mathrm{d}x = \frac{x^2}{2(b-a)}\Big|_a^b = \frac{a+b}{2},$$

即在区间 $[a,b]$ 上服从均匀分布的随机变量的数学期望就是该区间的**中点值**.

2. 指数分布

设随机变量 $X \sim E(\lambda)$,其密度函数为

$$f(x)=\begin{cases} \lambda \mathrm{e}^{-\lambda x}, & x \geqslant 0, \\ 0, & x < 0, \end{cases}$$

则

$$\begin{aligned}E(X) &= \int_{-\infty}^{+\infty} x f(x) \mathrm{d}x = \int_0^{+\infty} \lambda x \mathrm{e}^{-\lambda x} \mathrm{d}x = -\int_0^{+\infty} x \mathrm{d}(\mathrm{e}^{-\lambda x}) \\ &= -x \mathrm{e}^{-\lambda x}\Big|_0^{+\infty} + \int_0^{+\infty} \mathrm{e}^{-\lambda x} \mathrm{d}x = -\frac{1}{\lambda} \mathrm{e}^{-\lambda x}\Big|_0^{+\infty} = \frac{1}{\lambda}.\end{aligned}$$

例 4.1.4 设顾客在某银行窗口等待服务的时间 X(单位:min)服从指数分布,平均等待时间为 5 min. 某顾客在该银行窗口等待服务,若等待时间超过 10 min,他就离开. 已知他一个月要来银行 5 次,以 Y 表示一个月内他未等到服务而离开窗口的次数,求 $P\{X>10\}$ 和 $E(Y)$.

解 依题意得 $E(X)=\dfrac{1}{\lambda}=5$,故 $\lambda=\dfrac{1}{5}$,则 X 的密度函数为

$$f(x)=\begin{cases}\dfrac{1}{5}\mathrm{e}^{-\frac{x}{5}}, & x\geqslant 0,\\ 0, & \text{其他}.\end{cases}$$

因此
$$P\{X>10\}=\int_{10}^{+\infty}\dfrac{1}{5}\mathrm{e}^{-\frac{x}{5}}\mathrm{d}x=\mathrm{e}^{-2}.$$

再由题意得 $Y\sim B(5,\mathrm{e}^{-2})$，故
$$E(Y)=np=5\mathrm{e}^{-2}\approx 0.677.$$

3. 正态分布

设随机变量 $X\sim N(\mu,\sigma^2)(\sigma>0)$，其密度函数为
$$f(x)=\dfrac{1}{\sqrt{2\pi}\sigma}\mathrm{e}^{-\frac{(x-\mu)^2}{2\sigma^2}}\quad(-\infty<x<+\infty),$$

则
$$E(X)=\int_{-\infty}^{+\infty}xf(x)\mathrm{d}x=\int_{-\infty}^{+\infty}\dfrac{x}{\sqrt{2\pi}\sigma}\mathrm{e}^{-\frac{(x-\mu)^2}{2\sigma^2}}\mathrm{d}x.$$

令 $z=\dfrac{x-\mu}{\sigma}$，有
$$E(X)=\int_{-\infty}^{+\infty}(\mu+\sigma z)\dfrac{1}{\sqrt{2\pi}}\mathrm{e}^{-\frac{z^2}{2}}\mathrm{d}z.$$

注意到
$$\int_{-\infty}^{+\infty}\dfrac{1}{\sqrt{2\pi}}\mathrm{e}^{-\frac{z^2}{2}}\mathrm{d}z=1,\quad \int_{-\infty}^{+\infty}\dfrac{1}{\sqrt{2\pi}}z\mathrm{e}^{-\frac{z^2}{2}}\mathrm{d}z=-\dfrac{1}{\sqrt{2\pi}}\mathrm{e}^{-\frac{z^2}{2}}\Big|_{-\infty}^{+\infty}=0,$$

所以 $E(X)=\mu$.

需要注意的是，并不是所有随机变量的数学期望都存在，例如下面给出的例子的数学期望就不存在.

柯西

例 4.1.5 设随机变量 X 服从柯西分布，其密度函数为
$$f(x)=\dfrac{1}{\pi(1+x^2)}\quad(-\infty<x<+\infty),$$

判断其数学期望是否存在.

解 由于
$$\int_{-\infty}^{+\infty}|x|f(x)\mathrm{d}x=\int_{-\infty}^{+\infty}\dfrac{|x|}{\pi(1+x^2)}\mathrm{d}x=-\int_{-\infty}^{0}\dfrac{x}{\pi(1+x^2)}\mathrm{d}x+\int_{0}^{+\infty}\dfrac{x}{\pi(1+x^2)}\mathrm{d}x=+\infty,$$

即广义积分 $\int_{-\infty}^{+\infty}|x|f(x)\mathrm{d}x$ 发散，因此随机变量 X 的数学期望不存在.

4.1.3 随机变量函数的数学期望

在实际问题中，我们经常需要求随机变量函数的数学期望. 例如，已知一种圆形零件的直径 D 的分布，求其面积 $S=\dfrac{\pi}{4}D^2$ 的数学期望，这时可以通过下面的定理来实现.

定理 4.1.1 设 $Y=g(X)$ 是随机变量 X 的函数,其中 g 是连续函数.

(1) 如果 X 是离散型随机变量,其分布律为 $P\{X=x_i\}=p_i(i=1,2,\cdots)$,且级数 $\sum_{i=1}^{\infty}g(x_i)p_i$ 绝对收敛,则有

$$E(Y)=E[g(X)]=\sum_{i=1}^{\infty}g(x_i)p_i. \qquad (4.1.3)$$

(2) 如果 X 是连续型随机变量,其密度函数为 $f(x)$,且广义积分 $\int_{-\infty}^{+\infty}g(x)f(x)\mathrm{d}x$ 绝对收敛,则有

$$E(Y)=E[g(X)]=\int_{-\infty}^{+\infty}g(x)f(x)\mathrm{d}x. \qquad (4.1.4)$$

定理 4.1.1 的意义在于,当我们已知随机变量 X 的分布时,就可以直接求出其函数 $Y=g(X)$ 的数学期望,而不需要先求出 Y 的分布,并且有时求 Y 的分布并不容易.定理的证明超出了本书范围,故略.

例 4.1.6 设离散型随机变量 X 的分布律如表 4.3 所示,求 $E(X)$,$E\{[X-E(X)]^2\}$,$E(\min\{|X-2|,1\})$.

表 4.3

X	0	1	2	3
P	0.4	0.3	0.2	0.1

解 $E(X)=0\times0.4+1\times0.3+2\times0.2+3\times0.1=1$,

$$\begin{aligned}E\{[X-E(X)]^2\}&=E[(X-1)^2]\\&=(0-1)^2\times0.4+(1-1)^2\times0.3\\&\quad+(2-1)^2\times0.2+(3-1)^2\times0.1=1,\end{aligned}$$

$E(\min\{|X-2|,1\})=1\times0.4+1\times0.3+0\times0.2+1\times0.1=0.8.$

例 4.1.7 设某种圆形零件的直径 X(单位:cm)服从区间 $[19.9,20.1]$ 上的均匀分布,求其面积 S 的数学期望.

解 依题意,X 的密度函数为

$$f(x)=\begin{cases}5, & 19.9\leqslant x\leqslant 20.1,\\ 0, & \text{其他}.\end{cases}$$

又 $S=\dfrac{\pi}{4}X^2$,由式(4.1.4)得

$$E(S)=\int_{19.9}^{20.1}\dfrac{\pi}{4}x^2\cdot 5\mathrm{d}x\approx 314.16\ (\text{cm}^2).$$

例 4.1.8 一公司经销某种原料,根据历史资料表明,这种原料的市场需求量 X(单位:t)服从区间 $[300,500]$ 上的均匀分布.已知每售出 1 t 这种原料,该公司可获利 1.5 千元;每积压 1 t 这种原料,则公司损失 0.5 千元.问:该公司应组织多少这种原料,可使平均收益最大?

解 设该公司组织这种原料 t t$(300\leqslant t\leqslant 500)$,收益为 Y(单位:千元),则 Y 是需求量 X

的函数,且
$$Y = g(X) = \begin{cases} 1.5t, & t \leqslant X \leqslant 500, \\ 2X - 0.5t, & 300 \leqslant X < t. \end{cases}$$

又 X 的密度函数为
$$f(x) = \begin{cases} \dfrac{1}{200}, & 300 \leqslant x \leqslant 500, \\ 0, & \text{其他}, \end{cases}$$

因此 Y 的数学期望为
$$E(Y) = \int_{-\infty}^{+\infty} g(x)f(x)\,\mathrm{d}x = \int_{300}^{500} g(x) \cdot \frac{1}{200}\,\mathrm{d}x$$
$$= \frac{1}{200}\left[\int_{300}^{t}(2x - 0.5t)\,\mathrm{d}x + \int_{t}^{500} 1.5t\,\mathrm{d}x\right]$$
$$= \frac{1}{200}(-t^2 + 900t - 90\,000).$$

令
$$\frac{\mathrm{d}E(Y)}{\mathrm{d}t} = \frac{1}{200}(-2t + 900) = 0,$$

得 $t = 450$,又 $\dfrac{\mathrm{d}^2 E(Y)}{\mathrm{d}t^2} = -\dfrac{1}{100} < 0$,故当 $t = 450$ 时,平均收益取极大值,也是最大值.

定理 4.1.1 可以推广到两个或两个以上随机变量函数的情形.

定理 4.1.2 设 $Z = g(X, Y)$ 是二维随机变量 (X, Y) 的函数,其中 g 是连续函数.

(1) 如果 (X, Y) 是二维离散型随机变量,其分布律为
$$P\{X = x_i, Y = y_j\} = p_{ij} \quad (i, j = 1, 2, \cdots),$$

且级数 $\sum\limits_{i=1}^{\infty}\sum\limits_{j=1}^{\infty} g(x_i, y_j) p_{ij}$ 绝对收敛,则有

$$E(Z) = E[g(X, Y)] = \sum_{i=1}^{\infty}\sum_{j=1}^{\infty} g(x_i, y_j) p_{ij}. \tag{4.1.5}$$

(2) 如果 (X, Y) 是二维连续型随机变量,其密度函数为 $f(x, y)$,且广义积分 $\int_{-\infty}^{+\infty}\int_{-\infty}^{+\infty} g(x, y) f(x, y)\,\mathrm{d}x\,\mathrm{d}y$ 绝对收敛,则有

$$E(Z) = E[g(X, Y)] = \int_{-\infty}^{+\infty}\int_{-\infty}^{+\infty} g(x, y) f(x, y)\,\mathrm{d}x\,\mathrm{d}y. \tag{4.1.6}$$

特别地,有

$$E(X) = \int_{-\infty}^{+\infty}\int_{-\infty}^{+\infty} x f(x, y)\,\mathrm{d}x\,\mathrm{d}y = \int_{-\infty}^{+\infty} x f_X(x)\,\mathrm{d}x, \tag{4.1.7}$$

$$E(Y) = \int_{-\infty}^{+\infty}\int_{-\infty}^{+\infty} y f(x, y)\,\mathrm{d}x\,\mathrm{d}y = \int_{-\infty}^{+\infty} y f_Y(y)\,\mathrm{d}y. \tag{4.1.8}$$

例 4.1.9 设二维随机变量 (X, Y) 的分布律如表 4.4 所示,求 $E(X^2 - Y)$,$E(XY)$.

表 4.4

X	Y		
	1	2	3
0	0.15	0.2	0.15
1	0.2	0	0.3

解 由式(4.1.5)得
$$E(X^2-Y)=(0^2-1)\times 0.15+(0^2-2)\times 0.2+(0^2-3)\times 0.15$$
$$+(1^2-1)\times 0.2+(1^2-2)\times 0+(1^2-3)\times 0.3$$
$$=-1.6,$$
$$E(XY)=0\times 1\times 0.15+0\times 2\times 0.2+0\times 3\times 0.15+1\times 1\times 0.2$$
$$+1\times 2\times 0+1\times 3\times 0.3$$
$$=1.1.$$

例 4.1.10 设二维随机变量 (X,Y) 的密度函数为
$$f(x,y)=\begin{cases}\dfrac{1}{2}, & -1\leqslant x\leqslant 1, 0\leqslant y\leqslant 1,\\ 0, & \text{其他},\end{cases}$$
求：(1) $E(X), E(Y)$；(2) $E(X+Y), E(XY)$.

解 (1) **解法一** 先求出 X 和 Y 的边缘密度函数，得
$$f_X(x)=\begin{cases}\dfrac{1}{2}, & -1\leqslant x\leqslant 1,\\ 0, & \text{其他},\end{cases}\quad f_Y(y)=\begin{cases}1, & 0\leqslant y\leqslant 1,\\ 0, & \text{其他}.\end{cases}$$
故
$$E(X)=\int_{-\infty}^{+\infty}xf_X(x)\mathrm{d}x=\int_{-1}^{1}\dfrac{x}{2}\mathrm{d}x=0,\quad E(Y)=\int_{-\infty}^{+\infty}yf_Y(y)\mathrm{d}y=\int_{0}^{1}y\mathrm{d}y=\dfrac{1}{2}.$$

解法二 由式(4.1.7)和式(4.1.8)得
$$E(X)=\int_{-\infty}^{+\infty}\int_{-\infty}^{+\infty}xf(x,y)\mathrm{d}x\mathrm{d}y=\int_{-1}^{1}\left(\int_{0}^{1}\dfrac{x}{2}\mathrm{d}y\right)\mathrm{d}x=0,$$
$$E(Y)=\int_{-\infty}^{+\infty}\int_{-\infty}^{+\infty}yf(x,y)\mathrm{d}x\mathrm{d}y=\int_{-1}^{1}\left(\int_{0}^{1}\dfrac{y}{2}\mathrm{d}y\right)\mathrm{d}x=\dfrac{1}{2}.$$

(2) 由式(4.1.6)得
$$E(X+Y)=\int_{-\infty}^{+\infty}\int_{-\infty}^{+\infty}(x+y)f(x,y)\mathrm{d}x\mathrm{d}y$$
$$=\int_{-\infty}^{+\infty}\int_{-\infty}^{+\infty}xf(x,y)\mathrm{d}x\mathrm{d}y+\int_{-\infty}^{+\infty}\int_{-\infty}^{+\infty}yf(x,y)\mathrm{d}x\mathrm{d}y$$
$$=0+\dfrac{1}{2}=\dfrac{1}{2},$$
$$E(XY)=\int_{-\infty}^{+\infty}\int_{-\infty}^{+\infty}xyf(x,y)\mathrm{d}x\mathrm{d}y=\int_{-1}^{1}\left(\int_{0}^{1}\dfrac{xy}{2}\mathrm{d}y\right)\mathrm{d}x$$
$$=\left(\int_{-1}^{1}\dfrac{x}{2}\mathrm{d}x\right)\left(\int_{0}^{1}y\mathrm{d}y\right)=0.$$

4.1.4 数学期望的性质

数学期望有几个很重要的性质,理解并掌握这些性质,将简化对随机变量数学期望的计算. 以下性质对离散型随机变量和连续型随机变量都成立,并假设所提到的数学期望都存在.

性质 1 设 c 是常数,则 $E(c)=c$.

证 将常数 c 看作离散型随机变量 X,它只取一个值 c,即 $P\{X=c\}=1$,所以
$$E(c)=c\times 1=c.$$

性质 2 设 X 是随机变量,k 是常数,则
$$E(kX)=kE(X).$$

证 设 X 是连续型随机变量,其密度函数为 $f(x)$,由式(4.1.4)得
$$E(kX)=\int_{-\infty}^{+\infty} kxf(x)\mathrm{d}x = k\int_{-\infty}^{+\infty} xf(x)\mathrm{d}x = kE(X).$$

离散型的情形请读者自行证明.

性质 3 设 X,Y 是两个随机变量,则有
$$E(X+Y)=E(X)+E(Y).$$

证 仅证连续型的情形. 设 (X,Y) 是二维连续型随机变量,其密度函数为 $f(x,y)$,由式(4.1.6)得
$$E(X+Y)=\int_{-\infty}^{+\infty}\int_{-\infty}^{+\infty}(x+y)f(x,y)\mathrm{d}x\mathrm{d}y$$
$$=\int_{-\infty}^{+\infty}\int_{-\infty}^{+\infty}xf(x,y)\mathrm{d}x\mathrm{d}y+\int_{-\infty}^{+\infty}\int_{-\infty}^{+\infty}yf(x,y)\mathrm{d}x\mathrm{d}y$$
$$=E(X)+E(Y).$$

一般地,设有 n 个随机变量 $X_1,X_2,\cdots,X_n$,结合性质 2 和性质 3 得
$$E\left(\sum_{i=1}^{n}c_iX_i\right)=\sum_{i=1}^{n}c_iE(X_i),$$

其中 $c_i(i=1,2,\cdots,n)$ 为常数.

性质 4 设 X 与 Y 是相互独立的随机变量,则
$$E(XY)=E(X)E(Y).$$

证 仅证连续型的情形. 设 (X,Y) 是二维连续型随机变量,其密度函数为 $f(x,y)$,由式(4.1.6)得
$$E(XY)=\int_{-\infty}^{+\infty}\int_{-\infty}^{+\infty}xyf(x,y)\mathrm{d}x\mathrm{d}y=\int_{-\infty}^{+\infty}\int_{-\infty}^{+\infty}xyf_X(x)f_Y(y)\mathrm{d}x\mathrm{d}y$$
$$=\left[\int_{-\infty}^{+\infty}xf_X(x)\mathrm{d}x\right]\left[\int_{-\infty}^{+\infty}yf_Y(y)\mathrm{d}y\right]=E(X)E(Y).$$

一般地,设 $n(n\geqslant 2)$ 个随机变量 $X_1,X_2,\cdots,X_n$ 相互独立,则
$$E(X_1X_2\cdots X_n)=E(X_1)E(X_2)\cdots E(X_n).$$

例 4.1.11 设随机变量 $X\sim B(n,p)$,利用数学期望的性质求 $E(X)$.

解 在 n 重伯努利试验中,令
$$X_i=\begin{cases}1, & \text{第 } i \text{ 次试验中事件 } A \text{ 发生},\\ 0, & \text{第 } i \text{ 次试验中事件 } A \text{ 不发生}\end{cases}\quad (i=1,2,\cdots,n).$$

易知 $X = X_1 + X_2 + \cdots + X_n$ 表示 n 次试验中事件 A 发生的次数，且 $X_i \sim B(1,p)(i=1,2,\cdots,n)$，即一个服从二项分布的随机变量可以表示为 n 个相互独立的服从两点分布的随机变量之和.

因 $X_i \sim B(1,p)(i=1,2,\cdots,n)$，有 $E(X_i) = p$，故由性质 3 的推广得

$$E(X) = E(X_1 + X_2 + \cdots + X_n) = \sum_{i=1}^{n} E(X_i) = np.$$

例 4.1.12 一大巴车上载 25 名乘客驶往终点站，途径 9 个站点，假设每位乘客都等可能地在任一站点下车，并且他们下车与否相互独立. 如果大巴车到达一个站点没有乘客下车就不停车，求该大巴车停车次数的数学期望.

解 设 X 表示该大巴车的停车次数，引入随机变量

$$X_i = \begin{cases} 1, & \text{第 } i \text{ 站有人下车}, \\ 0, & \text{第 } i \text{ 站没有人下车} \end{cases} \quad (i=1,2,\cdots,9).$$

易知 $X = X_1 + X_2 + \cdots + X_9$，且 $X_i \sim B(1,p)(i=1,2,\cdots,9)$.

根据题意，25 名乘客都不在第 i 站下车的概率为 $\left(\dfrac{8}{9}\right)^{25}$，故在第 i 站有人下车的概率为 $1 - \left(\dfrac{8}{9}\right)^{25}$，即 $p = 1 - \left(\dfrac{8}{9}\right)^{25}$. 因此，

$$E(X) = E(X_1 + X_2 + \cdots + X_9) = 9p = 9 \times \left[1 - \left(\dfrac{8}{9}\right)^{25}\right] \approx 8.526.$$

从上述两例可以看出，将随机变量分解成 n 个随机变量之和，然后利用性质 3 的推广去计算数学期望比用定义计算简便得多，这种方法具有一定的普遍意义.

4.2 方 差

4.2.1 方差的定义

数学期望反映了随机变量的平均取值，但在某些场合，只知道随机变量的数学期望是不够的.

引例 某人有一笔资金，可投入房产和商业两个项目. 若把未来市场划分为好、中、差三个等级，通过调查研究发现，该投资者得到投资于房产的收益 X（单位：万元）和投资于商业的收益 Y（单位：万元）的分布律分别如表 4.5 和表 4.6 所示.

表 4.5

X	12	5	-2
P	0.2	0.6	0.2

表 4.6

Y	8	5	-1
P	0.2	0.7	0.1

容易得到 $E(X) = E(Y) = 5$（万元），即收益的期望值一样，但两种投资收益的波动性不同，即风险不同. 我们发现，投资于商业的收益与平均收益 $E(Y)$ 的偏离程度更小，即风险更小，故投资者选择投资于商业更有利.

从这个引例可以看出，了解实际指标与其数学期望的偏离程度是很有必要的. 那么如何刻画随机变量 X 与其数学期望 $E(X)$ 的偏离程度呢？

设随机变量 X 的数学期望为 $E(X)=\mu$，X 的实际取值与数学期望 μ 会有偏差，可以考虑用随机变量 $X-\mu$ 的数学期望来刻画 X 与 μ 的偏离程度. 但根据数学期望的性质，有 $E(X-\mu)=E(X)-E(\mu)=\mu-\mu=0$，造成这种结果的原因是 $X-\mu$ 有正有负. 为了不让正负抵消，可以考虑随机变量 $|X-\mu|$. 但由于 $|X-\mu|$ 的数学期望不易求得，因此可以考虑 $(X-\mu)^2$.

定义 4.2.1 设 X 为一随机变量. 若 $E\{[X-E(X)]^2\}$ 存在，则称之为 X 的**方差**，记作 $D(X)$，即

$$D(X)=E\{[X-E(X)]^2\}, \tag{4.2.1}$$

并称 $\sqrt{D(X)}$ 为 X 的**标准差**或**均方差**，记作 $\sigma(X)$，即

$$\sigma(X)=\sqrt{D(X)}.$$

由定义 4.2.1 可知，方差 $D(X)$ 其实是 X 的函数 $g(X)=[X-E(X)]^2$ 的数学期望，它描述了随机变量与其数学期望的偏离程度. $D(X)$ 越小，说明 X 取值越集中；反之，$D(X)$ 越大，说明 X 取值越分散，即 $D(X)$ 反映了 X 取值的波动性大小.

由上一节中随机变量函数的数学期望求解公式(4.1.3)和(4.1.4)可得离散型随机变量和连续型随机变量 X 的方差 $D(X)$.

若 X 是离散型随机变量，其分布律为 $P\{X=x_i\}=p_i(i=1,2,\cdots)$，则有

$$D(X)=\sum_{i=1}^{\infty}[x_i-E(X)]^2 p_i. \tag{4.2.2}$$

若 X 是连续型随机变量，其密度函数为 $f(x)$，则有

$$D(X)=\int_{-\infty}^{+\infty}[x-E(X)]^2 f(x)\mathrm{d}x. \tag{4.2.3}$$

事实上，随机变量 X 的方差通常采用下列简化公式来计算：

$$D(X)=E(X^2)-[E(X)]^2. \tag{4.2.4}$$

利用数学期望的性质可证明式(4.2.4)，即

$$D(X)=E\{[X-E(X)]^2\}=E\{X^2-2XE(X)+[E(X)]^2\}$$
$$=E(X^2)-2E(X)E(X)+[E(X)]^2$$
$$=E(X^2)-[E(X)]^2.$$

例 4.2.1 求引例中随机变量 X 和 Y 的方差 $D(X),D(Y)$ 及均方差 $\sigma(X),\sigma(Y)$.

解 **解法一** 前面已得出 $E(X)=E(Y)=5$，利用式(4.2.2)得

$$D(X)=\sum_{i=1}^{3}[x_i-E(X)]^2 p_i$$
$$=(12-5)^2\times 0.2+(5-5)^2\times 0.6+(-2-5)^2\times 0.2=19.6,$$
$$D(Y)=\sum_{i=1}^{3}[y_i-E(Y)]^2 p_i$$
$$=(8-5)^2\times 0.2+(5-5)^2\times 0.7+(-1-5)^2\times 0.1=5.4.$$

故

$$\sigma(X)=\sqrt{D(X)}=\sqrt{19.6}\approx 4.43,$$
$$\sigma(Y)=\sqrt{D(Y)}=\sqrt{5.4}\approx 2.32.$$

解法二 易得

$$E(X^2)=12^2\times 0.2+5^2\times 0.6+(-2)^2\times 0.2=44.6,$$

故
$$D(X) = E(X^2) - [E(X)]^2 = 44.6 - 25 = 19.6.$$
同理可得 $D(Y) = 5.4$. 因此
$$\sigma(X) = \sqrt{D(X)} \approx 4.43, \quad \sigma(Y) = \sqrt{D(Y)} \approx 2.32.$$

随机变量 X 和 Y 的数学期望相等,但是 Y 的方差(相当于投资风险)却小得多,因此投资者会将资金投向商业. 在实际生活中,即使 X 的数学期望可能略高些,但风险大得多,投资者也是选择投资于商业更好.

例 4.2.2 设随机变量 X 的密度函数为
$$f(x) = \begin{cases} 2 - 2x, & 0 \leqslant x \leqslant 1, \\ 0, & \text{其他}, \end{cases}$$
求 $D(X)$.

解 4.1 节例 4.1.3 中已求得 $E(X) = \dfrac{1}{3}$.

解法一 由式(4.2.3)得
$$D(X) = \int_{-\infty}^{+\infty} [x - E(X)]^2 f(x) \mathrm{d}x = \int_0^1 \left(x - \frac{1}{3}\right)^2 (2 - 2x) \mathrm{d}x = \frac{1}{18}.$$

解法二 易得
$$E(X^2) = \int_0^1 x^2 (2 - 2x) \mathrm{d}x = \frac{1}{6},$$
故
$$D(X) = E(X^2) - [E(X)]^2 = \frac{1}{6} - \left(\frac{1}{3}\right)^2 = \frac{1}{18}.$$

显然,例 4.2.2 利用简化公式(4.2.4)计算方差更为简单.

4.2.2 方差的性质

假设以下提到的随机变量的方差都是存在的.

性质 1 设 c 为常数,则
$$D(c) = 0, \quad D(X + c) = D(X).$$

证 $D(c) = E\{[c - E(c)]^2\} = 0$,
$$D(X + c) = E\{[(X + c) - E(X + c)]^2\} = E\{[X - E(X)]^2\} = D(X).$$

性质 2 设 k 为常数,则
$$D(kX) = k^2 D(X).$$
特别地,当 $k = -1$ 时,有
$$D(-X) = D(X).$$

证 $D(kX) = E\{[kX - E(kX)]^2\} = E\{[kX - kE(X)]^2\}$
$$= k^2 E\{[X - E(X)]^2\} = k^2 D(X).$$

性质 3 设 X 与 Y 是两个相互独立的随机变量,则
$$D(X \pm Y) = D(X) + D(Y).$$

证 $D(X \pm Y) = E\{[(X \pm Y) - E(X \pm Y)]^2\}$

$$= E\{\{[X-E(X)] \pm [Y-E(Y)]\}^2\}$$
$$= E\{[X-E(X)]^2\} + E\{[Y-E(Y)]^2\}$$
$$\pm 2E\{[X-E(X)][Y-E(Y)]\}$$
$$= D(X) + D(Y) \pm 2E\{[X-E(X)][Y-E(Y)]\}.$$

由于当 X 与 Y 相互独立时,$X-E(X)$ 与 $Y-E(Y)$ 也相互独立,因此有
$$E\{[X-E(X)][Y-E(Y)]\} = E[X-E(X)]E[Y-E(Y)] = 0,$$
从而
$$D(X \pm Y) = D(X) + D(Y).$$

一般地,设 $n(n \geqslant 2)$ 个随机变量 $X_1, X_2, \cdots, X_n$ 相互独立,则
$$D(c_1 X_1 + c_2 X_2 + \cdots + c_n X_n) = c_1^2 D(X_1) + c_2^2 D(X_2) + \cdots + c_n^2 D(X_n), \quad (4.2.5)$$
其中 $c_i (i=1,2,\cdots,n)$ 为常数.

性质 4 $D(X) = 0$ 的充要条件是 X 以概率 1 取值 $E(X)$,即
$$P\{X = E(X)\} = 1.$$

例 4.2.3 设随机变量 X 的数学期望为 $E(X)$,方差为 $D(X)$,且 $D(X) > 0$,令 $Y = \dfrac{X-E(X)}{\sqrt{D(X)}}$,求 $E(Y)$ 和 $D(Y)$.

解 $E(Y) = E\left[\dfrac{X-E(X)}{\sqrt{D(X)}}\right] = \dfrac{E[X-E(X)]}{\sqrt{D(X)}} = 0,$

$$D(Y) = D\left[\dfrac{X-E(X)}{\sqrt{D(X)}}\right] = \dfrac{D[X-E(X)]}{(\sqrt{D(X)})^2} = 1.$$

通常称 $Y = \dfrac{X-E(X)}{\sqrt{D(X)}}$ 为 X 的**标准化随机变量**,简称标准化量.

4.2.3 几种常见分布的方差

1. 两点分布

设随机变量 $X \sim B(1, p)(0 < p < 1)$,其分布律为
$$P\{X=1\} = p, \quad P\{X=0\} = 1-p.$$
4.1 节中已算得 $E(X) = p$,又
$$E(X^2) = 1^2 \times p + 0^2 \times (1-p) = p,$$
所以
$$D(X) = E(X^2) - [E(X)]^2 = p - p^2 = p(1-p).$$

2. 二项分布

设随机变量 $X \sim B(n, p)$.由例 4.1.11 得 $X = X_1 + X_2 + \cdots + X_n$,其中 $X_i \sim B(1, p)$ $(i = 1, 2, \cdots, n)$,且 $X_1, X_2, \cdots, X_n$ 相互独立,所以
$$D(X) = D(X_1 + X_2 + \cdots + X_n) = D(X_1) + D(X_2) + \cdots + D(X_n) = np(1-p).$$

3. 泊松分布

设随机变量 $X \sim P(\lambda)$.4.1 节中已算得 $E(X) = \lambda$,又

$$E(X^2) = E[X(X-1)+X] = E[X(X-1)] + E(X)$$
$$= \sum_{k=0}^{\infty} k(k-1) \frac{\lambda^k}{k!} e^{-\lambda} + \lambda = \sum_{k=2}^{\infty} \frac{\lambda^k}{(k-2)!} e^{-\lambda} + \lambda$$
$$= \lambda^2 e^{-\lambda} \sum_{k=2}^{\infty} \frac{\lambda^{k-2}}{(k-2)!} + \lambda = \lambda^2 e^{-\lambda} \cdot e^{\lambda} + \lambda = \lambda^2 + \lambda,$$

所以
$$D(X) = E(X^2) - [E(X)]^2 = \lambda^2 + \lambda - \lambda^2 = \lambda.$$

由此可知，泊松分布的数学期望和方差相等，都等于参数 λ. 又因为泊松分布只含一个参数 λ，所以只要知道它的数学期望或方差就能完全确定它的分布了.

4. 均匀分布

设随机变量 $X \sim U[a,b]$. 4.1 节中已算得 $E(X) = \frac{a+b}{2}$，又

$$E(X^2) = \int_a^b \frac{x^2}{b-a} dx = \frac{1}{3}(a^2 + ab + b^2),$$

从而
$$D(X) = E(X^2) - [E(X)]^2 = \frac{(b-a)^2}{12}.$$

5. 指数分布

设随机变量 $X \sim E(\lambda)$. 4.1 节中已算得 $E(X) = \frac{1}{\lambda}$，又

$$E(X^2) = \int_0^{+\infty} x^2 \lambda e^{-\lambda x} dx = -\int_0^{+\infty} x^2 d(e^{-\lambda x})$$
$$= -x^2 e^{-\lambda x} \Big|_0^{+\infty} + \int_0^{+\infty} 2x e^{-\lambda x} dx = 0 + \frac{2}{\lambda} \int_0^{+\infty} \lambda x e^{-\lambda x} dx$$
$$= \frac{2}{\lambda} \cdot \frac{1}{\lambda} = \frac{2}{\lambda^2},$$

从而
$$D(X) = E(X^2) - [E(X)]^2 = \frac{1}{\lambda^2}.$$

6. 正态分布

设随机变量 $X \sim N(\mu, \sigma^2)$. 根据方差的定义，有

$$D(X) = \int_{-\infty}^{+\infty} [x - E(X)]^2 f(x) dx = \int_{-\infty}^{+\infty} (x-\mu)^2 \frac{1}{\sqrt{2\pi}\sigma} e^{-\frac{(x-\mu)^2}{2\sigma^2}} dx.$$

令 $\frac{x-\mu}{\sigma} = t$，得

$$D(X) = \frac{\sigma^2}{\sqrt{2\pi}} \int_{-\infty}^{+\infty} t^2 e^{-\frac{t^2}{2}} dt = \frac{\sigma^2}{\sqrt{2\pi}} \left(-t e^{-\frac{t^2}{2}} \Big|_{-\infty}^{+\infty} + \int_{-\infty}^{+\infty} e^{-\frac{t^2}{2}} dt \right)$$
$$= \frac{\sigma^2}{\sqrt{2\pi}} \int_{-\infty}^{+\infty} e^{-\frac{t^2}{2}} dt = \sigma^2.$$

正态分布的数学期望和方差

由此可见，正态分布的两个参数 μ 和 σ^2 分别是正态分布的数学期望和方差，因此知道了正态分布的数学期望和方差就完全确定了其分布.

设随机变量 $X_i \sim N(\mu_i, \sigma_i^2)(i=1,2,\cdots,n)$，且它们相互独立. 由 3.6 节的结论知它们的线性组合 $c_1 X_1 + c_2 X_2 + \cdots + c_n X_n$（$c_1, c_2, \cdots, c_n$ 为不全为 0 的常数）仍然服从正态分布，根据数学期望和方差的性质，于是有

$$\sum_{i=1}^{n} c_i X_i \sim N\left(\sum_{i=1}^{n} c_i \mu_i, \sum_{i=1}^{n} c_i^2 \sigma_i^2\right).$$

例 4.2.4 设随机变量 $X \sim N(1,3), Y \sim N(2,4)$，且 X 与 Y 相互独立，求 $Z = 2X - 3Y$ 的密度函数.

解 由已知可得 Z 也服从正态分布，且

$$E(Z) = 2E(X) - 3E(Y) = 2 \times 1 - 3 \times 2 = -4,$$
$$D(Z) = 2^2 D(X) + (-3)^2 D(Y) = 4 \times 3 + 9 \times 4 = 48,$$

故 $Z \sim N(-4, 48)$，其密度函数为

$$f(z) = \frac{1}{\sqrt{2\pi}\,\sigma} e^{-\frac{(z-\mu)^2}{2\sigma^2}} = \frac{1}{4\sqrt{6\pi}} e^{-\frac{(z+4)^2}{96}} \quad (z \in \mathbf{R}).$$

为了使用方便，下面列出几种常见分布的数学期望与方差，如表 4.7 所示.

表 4.7

分布名称	参数范围	分布律或密度函数	数学期望	方差
两点分布	$0 < p < 1$	$P\{X=1\} = p,$ $P\{X=0\} = 1-p$	p	$p(1-p)$
二项分布 $B(n,p)$	n 为正整数，$0 < p < 1$	$P\{X=k\} = C_n^k p^k (1-p)^{n-k}$ $(k=0,1,2,\cdots,n)$	np	$np(1-p)$
泊松分布 $P(\lambda)$	$\lambda > 0$	$P\{X=k\} = \dfrac{\lambda^k}{k!} e^{-\lambda} (k=0,1,2,\cdots)$	λ	λ
均匀分布 $U[a,b]$	$a < b$	$f(x) = \begin{cases} \dfrac{1}{b-a}, & a \leqslant x \leqslant b, \\ 0, & \text{其他} \end{cases}$	$\dfrac{a+b}{2}$	$\dfrac{(b-a)^2}{12}$
指数分布 $E(\lambda)$	$\lambda > 0$	$f(x) = \begin{cases} \lambda e^{-\lambda x}, & x \geqslant 0, \\ 0, & x < 0 \end{cases}$	$\dfrac{1}{\lambda}$	$\dfrac{1}{\lambda^2}$
正态分布 $N(\mu, \sigma^2)$	μ 任意，$\sigma > 0$	$f(x) = \dfrac{1}{\sqrt{2\pi}\,\sigma} e^{-\frac{(x-\mu)^2}{2\sigma^2}} (-\infty < x < +\infty)$	μ	σ^2

4.3 协方差与相关系数

对于二维随机变量 (X, Y)，其分量 X 和 Y 的数学期望与方差仅仅描述了自身的某些特

征,而对于 X 和 Y 之间的相互联系并没有提供任何信息. 为此,我们需要引入新的数字特征来反映两个随机变量之间的相关性,这就是协方差与相关系数.

4.3.1 协方差

在 4.2 节方差的性质 3 的证明中提到,若随机变量 X 与 Y 相互独立,则有
$$E\{[X-E(X)][Y-E(Y)]\}=0.$$
这意味着当 $E\{[X-E(X)][Y-E(Y)]\}\neq 0$ 时,X 与 Y 不相互独立,两者之间存在着一定的关系.

定义 4.3.1 设 (X,Y) 是二维随机变量,则称
$$E\{[X-E(X)][Y-E(Y)]\}$$
为随机变量 X 与 Y 的**协方差**,记作 $\mathrm{Cov}(X,Y)$,即
$$\mathrm{Cov}(X,Y)=E\{[X-E(X)][Y-E(Y)]\}. \tag{4.3.1}$$

特别地,当 $X=Y$ 时,$\mathrm{Cov}(X,X)=E\{[X-E(X)]^2\}=D(X)$.

由 4.2 节方差的性质 3 的证明过程可知,对任意两个随机变量 X 与 Y,有
$$D(X\pm Y)=D(X)+D(Y)\pm 2\mathrm{Cov}(X,Y). \tag{4.3.2}$$

由协方差的定义及数学期望的性质,易得协方差的简化计算公式,即
$$\mathrm{Cov}(X,Y)=E(XY)-E(X)E(Y). \tag{4.3.3}$$

协方差具有下列性质:

(1) $\mathrm{Cov}(X,Y)=\mathrm{Cov}(Y,X)$.

(2) 设 a,b,c,d 是常数,则
$$\mathrm{Cov}(aX+b,cY+d)=ac\mathrm{Cov}(X,Y).$$

(3) $\mathrm{Cov}(X_1+X_2,Y)=\mathrm{Cov}(X_1,Y)+\mathrm{Cov}(X_2,Y)$.

(4) 若 X 与 Y 相互独立,则 $\mathrm{Cov}(X,Y)=0$.

注 性质(4)的逆命题不成立,即若 $\mathrm{Cov}(X,Y)=0$,X 与 Y 不一定相互独立.

例 4.3.1 设二维随机变量 (X,Y) 在圆域 $D=\{(x,y)\,|\,x^2+y^2\leqslant 1\}$ 上服从均匀分布,求 X 与 Y 的协方差,并判断 X 与 Y 是否相互独立.

解 (X,Y) 的密度函数为
$$f(x,y)=\begin{cases}\dfrac{1}{\pi}, & x^2+y^2\leqslant 1,\\ 0, & \text{其他},\end{cases}$$
可求得 X 与 Y 的边缘密度函数分别为
$$f_X(x)=\begin{cases}\dfrac{2}{\pi}\sqrt{1-x^2}, & |x|\leqslant 1,\\ 0, & \text{其他},\end{cases} \quad f_Y(y)=\begin{cases}\dfrac{2}{\pi}\sqrt{1-y^2}, & |y|\leqslant 1,\\ 0, & \text{其他}.\end{cases}$$
由数学期望的定义,有
$$E(X)=\int_{-1}^{1}x\,\dfrac{2}{\pi}\sqrt{1-x^2}\,\mathrm{d}x=0,\quad E(Y)=\int_{-1}^{1}y\,\dfrac{2}{\pi}\sqrt{1-y^2}\,\mathrm{d}y=0,$$
$$E(XY)=\int_{-1}^{1}\left(\int_{-\sqrt{1-x^2}}^{\sqrt{1-x^2}}xy\,\dfrac{1}{\pi}\,\mathrm{d}y\right)\mathrm{d}x=0,$$

故
$$\text{Cov}(X,Y) = E(XY) - E(X)E(Y) = 0.$$
由 $f(x,y) \neq f_X(x)f_Y(y)$，可得 X 与 Y 不相互独立．

4.3.2 相关系数

协方差在一定程度上描述了随机变量 X 与 Y 相关程度的大小，但它会受量纲的影响，不利于比较不同性质的随机变量之间的相关关系．为了弥补这种不足，下面我们引入相关系数．

定义 4.3.2 设随机变量 X 与 Y 的方差 $D(X) > 0, D(Y) > 0$，则称 $\dfrac{\text{Cov}(X,Y)}{\sqrt{D(X)}\sqrt{D(Y)}}$ 为 X 与 Y 的**相关系数**，记作 ρ_{XY}，即

$$\rho_{XY} = \frac{\text{Cov}(X,Y)}{\sqrt{D(X)}\sqrt{D(Y)}}. \tag{4.3.4}$$

事实上，相关系数是 X 与 Y 两个标准化量的协方差，即

$$\text{Cov}\left(\frac{X-E(X)}{\sqrt{D(X)}}, \frac{Y-E(Y)}{\sqrt{D(Y)}}\right) = \frac{\text{Cov}(X-E(X), Y-E(Y))}{\sqrt{D(X)}\sqrt{D(Y)}} = \frac{\text{Cov}(X,Y)}{\sqrt{D(X)}\sqrt{D(Y)}},$$

它是无量纲的量．相比于协方差，相关系数消除了量纲的影响，用它来描述 X 与 Y 的相关程度更为合适．

下面来推导相关系数 ρ_{XY} 的两条性质，并说明 ρ_{XY} 的含义．

考虑以 X 的线性函数 $a+bX$ 来近似表示 Y．如何确定常数 a,b 的值，使得 $a+bX$ 最接近 Y，近似程度又如何来衡量？我们选取均方误差

$$\begin{aligned} e &= E\{[Y-(a+bX)]^2\} \\ &= E(Y^2) + b^2 E(X^2) + a^2 - 2bE(XY) + 2abE(X) - 2aE(Y) \end{aligned} \tag{4.3.5}$$

来衡量以 $a+bX$ 来近似表示 Y 的近似程度．e 的值越小表示近似程度越好．这样，问题就转化为求常数 a,b 的值，使得 e 取到最小值．利用微积分中二元函数求最值的方法来求解，将 e 分别对 a,b 求偏导数，并令它们等于 0，得

$$\begin{cases} \dfrac{\partial e}{\partial a} = 2a + 2bE(X) - 2E(Y) = 0, \\ \dfrac{\partial e}{\partial b} = 2bE(X^2) - 2E(XY) + 2aE(X) = 0, \end{cases}$$

解得唯一的驻点 $b_0 = \dfrac{\text{Cov}(X,Y)}{D(X)}, a_0 = E(Y) - E(X)\dfrac{\text{Cov}(X,Y)}{D(X)}$．根据实际意义，$(a_0, b_0)$ 也是最小值点．将 a_0, b_0 代入式 (4.3.5) 得

$$e_{\min} = E\{[Y-(a_0+b_0X)]^2\} = (1-\rho_{XY}^2)D(Y). \tag{4.3.6}$$

设 $D(X) > 0, D(Y) > 0, \rho_{XY}$ 为 X 与 Y 的相关系数，则由式 (4.3.6) 容易得到相关系数的下述性质：

(1) $|\rho_{XY}| \leqslant 1$；

(2) $|\rho_{XY}| = 1$ 的充要条件是存在常数 a,b，使得 $P\{Y = a+bX\} = 1$．

证 (1) 由式 (4.3.6) 及 $E\{[Y-(a_0+b_0X)]^2\}, D(Y)$ 的非负性得 $1-\rho_{XY}^2 \geqslant 0$，即 $|\rho_{XY}| \leqslant 1$．

(2) 若 $|\rho_{XY}|=1$，由式(4.3.6)得 $E\{[Y-(a_0+b_0X)]^2\}=0$，即
$$E\{[Y-(a_0+b_0X)]^2\}=D[Y-(a_0+b_0X)]+\{E[Y-(a_0+b_0X)]\}^2=0,$$
故有 $D[Y-(a_0+b_0X)]=0, E[Y-(a_0+b_0X)]=0$. 再由方差的性质 4 得
$$P\{Y=a_0+b_0X\}=1.$$
反之，若存在常数 a^*,b^*，使得 $P\{Y=a^*+b^*X\}=1$，即 $P\{Y-(a^*+b^*X)=0\}=1$，于是 $P\{[Y-(a^*+b^*X)]^2=0\}=1$，从而有
$$E\{[Y-(a^*+b^*X)]^2\}=0.$$
而
$$0=E\{[Y-(a^*+b^*X)]^2\}\geqslant e_{\min}=(1-\rho_{XY}^2)D(Y),$$
又 $D(Y)>0$，所以 $1-\rho_{XY}^2\leqslant 0$，得 $|\rho_{XY}|\geqslant 1$. 结合性质(1)得 $|\rho_{XY}|=1$.

由式(4.3.6)知，相关系数 ρ_{XY} 的含义如下：

(1) 当 $|\rho_{XY}|$ 趋于 1 时，$e_{\min}$ 较小，表明 X 与 Y 的线性相关程度较高.

特别地，当 $|\rho_{XY}|=1$ 时，称 X 与 Y **完全相关**；当 $\rho_{XY}=1$ 时，称 X 与 Y **完全正相关**；当 $\rho_{XY}=-1$ 时，称 X 与 Y **完全负相关**.

(2) 当 $|\rho_{XY}|$ 趋于 0 时，$e_{\min}$ 较大，表明 X 与 Y 的线性相关程度较低，此时用线性关系来描述两者之间的关系是不合理的.

特别地，当 $\rho_{XY}=0$ 时，称 X 与 Y **不相关**.

一般地，若 X 与 Y 相互独立，且 $D(X)>0, D(Y)>0$，则 $\mathrm{Cov}(X,Y)=0$，从而 $\rho_{XY}=0$，即 X 与 Y 不相关. 反之，若 X 与 Y 不相关，X 与 Y 不一定相互独立(见例 4.3.1). 不难看出，不相关只是就线性关系而言，而相互独立是就一般关系而言，X 与 Y 之间没有线性关系的同时可能有其他关系.

例 4.3.2 已知二维随机变量 (X,Y) 的分布律如表 4.8 所示，问：X 与 Y 是否相关？是否相互独立？

表 4.8

X	Y		
	-1	0	1
0	0	$\frac{1}{3}$	0
1	$\frac{1}{3}$	0	$\frac{1}{3}$

解 易得
$$E(X)=\frac{2}{3},\quad E(Y)=0,\quad E(XY)=1\times(-1)\times\frac{1}{3}+1\times 1\times\frac{1}{3}=0,$$
故
$$\mathrm{Cov}(X,Y)=E(XY)-E(X)E(Y)=0,$$
从而 $\rho_{XY}=0$，所以 X 与 Y 不相关. 但
$$P\{X=0,Y=0\}=\frac{1}{3}\neq P\{X=0\}P\{Y=0\}=\frac{1}{9},$$
由此可得 X 与 Y 不相互独立.

例 4.3.3 设二维随机变量$(X,Y) \sim N(\mu_1, \mu_2, \sigma_1^2, \sigma_2^2, \rho)$，求$X$与$Y$的相关系数$\rho_{XY}$.

解 由第三章例 3.2.6 的结论易知$E(X) = \mu_1, E(Y) = \mu_2, D(X) = \sigma_1^2, D(Y) = \sigma_2^2$. 又

$$\text{Cov}(X,Y) = \int_{-\infty}^{+\infty} \int_{-\infty}^{+\infty} (x-\mu_1)(y-\mu_2) f(x,y) \, dx \, dy,$$

做变量代换$u = \dfrac{x-\mu_1}{\sigma_1}, v = \dfrac{y-\mu_2}{\sigma_2}$，则上式化为

$$\text{Cov}(X,Y) = \frac{\sigma_1 \sigma_2}{2\pi\sqrt{1-\rho^2}} \int_{-\infty}^{+\infty} \int_{-\infty}^{+\infty} uv \, e^{-\frac{u^2 - 2\rho uv + v^2}{2(1-\rho^2)}} \, du \, dv$$

$$= \frac{\sigma_1 \sigma_2}{2\pi\sqrt{1-\rho^2}} \int_{-\infty}^{+\infty} \int_{-\infty}^{+\infty} uv \, e^{-\frac{1}{2}\left[\frac{(u-\rho v)^2}{(1-\rho^2)} + v^2\right]} \, du \, dv.$$

再做变量代换$t_1 = \dfrac{u - \rho v}{\sqrt{1-\rho^2}}, t_2 = v$，则上式化为

$$\text{Cov}(X,Y) = \frac{\sigma_1 \sigma_2 \sqrt{1-\rho^2}}{2\pi} \int_{-\infty}^{+\infty} t_1 e^{-\frac{t_1^2}{2}} \, dt_1 \int_{-\infty}^{+\infty} t_2 e^{-\frac{t_2^2}{2}} \, dt_2 + \frac{\sigma_1 \sigma_2 \rho}{2\pi} \int_{-\infty}^{+\infty} e^{-\frac{t_1^2}{2}} \, dt_1 \int_{-\infty}^{+\infty} t_2^2 e^{-\frac{t_2^2}{2}} \, dt_2.$$

又

$$\int_{-\infty}^{+\infty} e^{-\frac{x^2}{2}} \, dx = \sqrt{2\pi}, \quad \int_{-\infty}^{+\infty} x e^{-\frac{x^2}{2}} \, dx = 0, \quad \int_{-\infty}^{+\infty} x^2 e^{-\frac{x^2}{2}} \, dx = \sqrt{2\pi}.$$

故

$$\text{Cov}(X,Y) = \sigma_1 \sigma_2 \rho.$$

于是

$$\rho_{XY} = \frac{\text{Cov}(X,Y)}{\sqrt{D(X)}\sqrt{D(Y)}} = \frac{\sigma_1 \sigma_2 \rho}{\sigma_1 \sigma_2} = \rho.$$

由例 4.3.3 可知，当(X,Y)服从二维正态分布时，X与Y不相关的充要条件是$\rho = 0$. 又由第三章例 3.4.5 的结论知，当(X,Y)服从二维正态分布时，X与Y相互独立的充要条件也是$\rho = 0$. 因此，当(X,Y)服从二维正态分布时，X与Y不相关和相互独立是等价的.

例 4.3.4 （投资风险组合）设某人有一笔资金，总量记为 1，他现在准备投资 A，B 两种证券. 若将x资金投资于 A 证券，余下$1-x=y$资金投资于 B 证券，于是(x,y)就形成一个投资组合. 分别用X, Y表示投资 A，B 两种证券的收益率，它们均为随机变量. 若已知X和Y的数学期望（代表平均收益）分别为μ_1和μ_2，方差（代表风险）分别为σ_1^2和σ_2^2，X和Y的相关系数为ρ，求该投资组合的平均收益与风险，并求使得投资风险最小的x.

解 该投资组合的收益为

$$Z = xX + yY = xX + (1-x)Y,$$

因此该投资组合的平均收益为

$$E(Z) = xE(X) + (1-x)E(Y) = x\mu_1 + (1-x)\mu_2,$$

风险为

$$D(Z) = x^2 D(X) + (1-x)^2 D(Y) + 2x(1-x)\text{Cov}(X,Y)$$
$$= x^2 \sigma_1^2 + (1-x)^2 \sigma_2^2 + 2x(1-x)\rho\sigma_1\sigma_2.$$

求最小风险投资组合，即求$D(Z)$关于x的最小值点. 对$D(Z)$求导并令导数等于 0，即

$$\frac{\mathrm{d}[D(Z)]}{\mathrm{d}x}=2x\sigma_1^2-2(1-x)\sigma_2^2+2\rho\sigma_1\sigma_2-4x\rho\sigma_1\sigma_2=0,$$

解得 $x^*=\dfrac{\sigma_2^2-\rho\sigma_1\sigma_2}{\sigma_1^2+\sigma_2^2-2\rho\sigma_1\sigma_2}$. 又

$$\frac{\mathrm{d}^2[D(Z)]}{\mathrm{d}x^2}=2\sigma_1^2+2\sigma_2^2-4\rho\sigma_1\sigma_2=2(\sigma_1-\sigma_2)^2+4(1-\rho)\sigma_1\sigma_2\geqslant 0,$$

故求得的 x^* 使得投资组合风险达到最小.

例如,当 $\sigma_1^2=0.3,\sigma_2^2=0.4,\rho=0.3$ 时,则有

$$x^*=\frac{0.4-0.3\sqrt{0.3\times 0.4}}{0.3+0.4-2\times 0.3\sqrt{0.3\times 0.4}}\approx 0.602.$$

这说明投资者应把全部资金的 60% 投资于 A 证券,剩下的 40% 投资于 B 证券,这样的投资组合风险最小.

4.4 矩与协方差矩阵

4.4.1 矩

前面介绍的数学期望、方差和协方差是随机变量最常用的数字特征,它们都是矩的特例. 下面要介绍的矩是更广泛的数字特征.

定义 4.4.1 设 X 和 Y 是两个随机变量. 若

$$\mu_k=E(X^k),\quad k=1,2,\cdots$$

存在,则称它为 X 的 k **阶原点矩**,简称 k **阶矩**. 若

$$\nu_k=E\{[X-E(X)]^k\},\quad k=2,3,\cdots$$

存在,则称它为 X 的 k **阶中心矩**. 若

$$E(X^kY^l),\quad k,l=1,2,\cdots$$

存在,则称它为 X 与 Y 的 $k+l$ **阶混合原点矩**. 若

$$E\{[X-E(X)]^k[Y-E(Y)]^l\},\quad k,l=1,2,\cdots$$

存在,则称它为 X 与 Y 的 $k+l$ **阶混合中心矩**.

由矩的定义可知,数学期望 $E(X)$ 是 X 的一阶原点矩,方差 $D(X)$ 是 X 的二阶中心矩,协方差 $\mathrm{Cov}(X,Y)$ 是 X 与 Y 的二阶混合中心矩.

4.4.2 协方差矩阵

下面介绍 n 维随机变量的协方差矩阵,先从二维随机变量讲起.

将二维随机变量 (X_1,X_2) 的四个二阶中心矩(设它们都存在)分别记为

$$c_{11}=E\{[X_1-E(X_1)]^2\}=D(X_1),$$
$$c_{12}=E\{[X_1-E(X_1)][X_2-E(X_2)]\}=\mathrm{Cov}(X_1,X_2),$$
$$c_{21}=E\{[X_2-E(X_2)][X_1-E(X_1)]\}=\mathrm{Cov}(X_2,X_1),$$
$$c_{22}=E\{[X_2-E(X_2)]^2\}=D(X_2).$$

将它们排成矩阵形式

$$\begin{pmatrix} c_{11} & c_{12} \\ c_{21} & c_{22} \end{pmatrix}.$$

这个矩阵称为二维随机变量(X_1,X_2)的**协方差矩阵**. 一般地,有如下定义.

定义 4.4.2 设$(X_1,X_2,\cdots,X_n)$为n维随机变量,记
$$c_{ij}=E\{[X_i-E(X_i)][X_j-E(X_j)]\}=\mathrm{Cov}(X_i,X_j), \quad i,j=1,2,\cdots,n.$$
假设它们都存在,则称矩阵

$$\boldsymbol{C}=(c_{ij})_{n\times n}=\begin{pmatrix} c_{11} & c_{12} & \cdots & c_{1n} \\ c_{21} & c_{22} & \cdots & c_{2n} \\ \vdots & \vdots & & \vdots \\ c_{n1} & c_{n2} & \cdots & c_{nn} \end{pmatrix} \tag{4.4.1}$$

为n维随机变量$(X_1,X_2,\cdots,X_n)$的**协方差矩阵**.

因为$c_{ij}=c_{ji}(i,j=1,2,\cdots,n)$,所以协方差矩阵是对称矩阵.

由于n维随机变量的分布在很多情况下并不容易求得,或过于复杂,不易处理,这时可以考虑使用协方差矩阵来研究n维随机变量的统计规律性.

利用协方差矩阵还可以写出n维正态分布的密度函数. 先用协方差矩阵表示二维正态随机变量(X_1,X_2)的密度函数. 已知

$$f(x_1,x_2)=\frac{1}{2\pi\sigma_1\sigma_2\sqrt{1-\rho^2}}\exp\left\{-\frac{1}{2(1-\rho^2)}\left[\frac{(x_1-\mu_1)^2}{\sigma_1^2}\right.\right.$$
$$\left.\left.-2\rho\frac{(x_1-\mu_1)(x_2-\mu_2)}{\sigma_1\sigma_2}+\frac{(x_2-\mu_2)^2}{\sigma_2^2}\right]\right\}, \tag{4.4.2}$$

令矩阵

$$\boldsymbol{X}=\begin{pmatrix} x_1 \\ x_2 \end{pmatrix}, \quad \boldsymbol{\mu}=\begin{pmatrix} \mu_1 \\ \mu_2 \end{pmatrix}, \quad \boldsymbol{C}=\begin{pmatrix} c_{11} & c_{12} \\ c_{21} & c_{22} \end{pmatrix}=\begin{pmatrix} \sigma_1^2 & \rho\sigma_1\sigma_2 \\ \rho\sigma_1\sigma_2 & \sigma_2^2 \end{pmatrix},$$

则上述密度函数(4.4.2)可表示为

$$f(x_1,x_2)=\frac{1}{(2\pi)^{2/2}\sqrt{|\boldsymbol{C}|}}\exp\left\{-\frac{1}{2}(\boldsymbol{X}-\boldsymbol{\mu})^{\mathrm{T}}\boldsymbol{C}^{-1}(\boldsymbol{X}-\boldsymbol{\mu})\right\},$$

其中$|\boldsymbol{C}|$为矩阵$\boldsymbol{C}$的行列式(证明略).

上式容易推广到n维正态随机变量$(X_1,X_2,\cdots,X_n)$的情况. 引入矩阵

$$\boldsymbol{X}=\begin{pmatrix} x_1 \\ x_2 \\ \vdots \\ x_n \end{pmatrix}, \quad \boldsymbol{\mu}=\begin{pmatrix} \mu_1 \\ \mu_2 \\ \vdots \\ \mu_n \end{pmatrix}, \quad \boldsymbol{C}=\begin{pmatrix} c_{11} & c_{12} & \cdots & c_{1n} \\ c_{21} & c_{22} & \cdots & c_{2n} \\ \vdots & \vdots & & \vdots \\ c_{n1} & c_{n2} & \cdots & c_{nn} \end{pmatrix},$$

其中$\mu_i=E(X_i)(i=1,2,\cdots,n)$,$c_{ij}=\mathrm{Cov}(X_i,X_j)(i,j=1,2,\cdots,n)$,且$\boldsymbol{C}$为正定矩阵.

定义 4.4.3 若n维随机变量$(X_1,X_2,\cdots,X_n)$的密度函数为

$$f(x_1,x_2,\cdots,x_n)=\frac{1}{(2\pi)^{n/2}\sqrt{|\boldsymbol{C}|}}\exp\left\{-\frac{1}{2}(\boldsymbol{X}-\boldsymbol{\mu})^{\mathrm{T}}\boldsymbol{C}^{-1}(\boldsymbol{X}-\boldsymbol{\mu})\right\}, \tag{4.4.3}$$

则称$(X_1,X_2,\cdots,X_n)$服从n**维正态分布**,其中$|C|$为矩阵C的行列式.

n维正态随机变量具有以下四条重要性质:

(1) n维正态随机变量$(X_1,X_2,\cdots,X_n)$的每个分量$X_i(i=1,2,\cdots,n)$都是一维正态随机变量;反之,若$X_i(i=1,2,\cdots,n)$是正态随机变量,且它们相互独立,则$(X_1,X_2,\cdots,X_n)$服从n维正态分布.

(2) n维随机变量$(X_1,X_2,\cdots,X_n)$服从n维正态分布的充要条件是$X_1,X_2,\cdots,X_n$的任意非零线性组合$l_1X_1+l_2X_2+\cdots+l_nX_n$服从一维正态分布,其中$l_1,l_2,\cdots,l_n$不全为0.

(3) 设$(X_1,X_2,\cdots,X_n)$服从n维正态分布,$Y_1,Y_2,\cdots,Y_k$都是$X_1,X_2,\cdots,X_n$的线性函数,则$(Y_1,Y_2,\cdots,Y_k)$也服从多维正态分布(这个性质称为正态随机变量的线性变换不变性).

(4) 设$(X_1,X_2,\cdots,X_n)$服从n维正态分布,则$X_1,X_2,\cdots,X_n$相互独立与$X_1,X_2,\cdots,X_n$两两不相关是等价的.

4.5 实 践 案 例

1. 疾病普查问题

例 4.5.1 假设某地需要对N个人进行病毒检测.如果逐人检测,则需要检测N次.如果采用分组检测:将N个人进行分组,每组k个人,将k个人的检测标本混合做一次检验,若结果为阴性,则这k个人做一次检测就够了,即平均每人做$\dfrac{1}{k}$次检测;若结果为阳性,再逐个检测,这k个人共要做$k+1$次检测,即平均每人做$\dfrac{k+1}{k}$次检测.假设每个人的检测结果是相互独立的,每个人携带病毒的概率为p.试证明当N较大,p较小时,通过选择适当的k和采用分组检测的方法可以减少检测次数,并说明k取何值时最合适.

解 依题意,分组检测时平均每人做检测的次数X是一个随机变量,其分布律如表4.9所示.

表 4.9

X	$\dfrac{1}{k}$	$\dfrac{k+1}{k}$
P	$(1-p)^k$	$1-(1-p)^k$

由上表可得

$$E(X)=\frac{1}{k}(1-p)^k+\frac{k+1}{k}[1-(1-p)^k]=1+\frac{1}{k}-(1-p)^k.$$

由于逐人检测时平均每人做检测1次,因此选择适当的k,使得$E(X)<1$就可以减少检测的次数,提高工作效率,达到节约人力、财力、物力和时间成本的目的.由

$$E(X)=1+\frac{1}{k}-(1-p)^k<1$$

可知,选择适当的k满足$1-\dfrac{1}{\sqrt[k]{k}}>p$时,就可以减少检测次数.当$p$固定,选择适当的$k$,使得

$$L = 1 + \frac{1}{k} - (1-p)^k$$

小于 1 且取得最小值,这时就能得到最好的分组方法.

例如,取 $p = 0.00004$,下面给出简略计算,如表 4.10 所示.

表 4.10

k	$L = 1 + \frac{1}{k} - (1-p)^k$	k	$L = 1 + \frac{1}{k} - (1-p)^k$
5	0.200 199 984	30	0.034 532 638
10	0.100 399 928	35	0.029 970 477
15	0.067 266 499	40	0.026 598 753
20	0.050 799 696	50	0.021 998 041
25	0.040 999 520	100	0.013 992 090

由表 4.10 可知,即使按照 10 个人一组的分组方法,也可以减少约 90% 的工作量,这说明按照分组检测的办法是非常高效的.

2. 竞拍问题

例 4.5.2 小张和其他三人参加某项目的竞拍,价格以万元记,价高者中标.若小张中标,他就将此项目以 10 万元转让给其他人.可以认为其他三人的报价是相互独立的,都服从 6~11 万元之间的均匀分布,问:小张应如何报价才能使其获益的数学期望最大(若小张中标,必须将此项目以他自己的报价买下)?

解 设 X_1, X_2, X_3(单位:万元)分别表示其他三人的报价. 依题意, X_1, X_2, X_3 相互独立,都服从区间 [6,11] 上的均匀分布,分布函数为

$$F_{X_i}(u) = \begin{cases} 0, & u < 6, \\ \dfrac{u-6}{5}, & 6 \leqslant u \leqslant 11, \quad i = 1,2,3. \\ 1, & u > 11, \end{cases}$$

记 Y 为三人中的最大报价,即 $Y = \max\{X_1, X_2, X_3\}$,则其分布函数为

$$F_Y(y) = P\{Y \leqslant y\} = [F_{X_1}(y)]^3 = \begin{cases} 0, & y < 6, \\ \left(\dfrac{y-6}{5}\right)^3, & 6 \leqslant y \leqslant 11, \\ 1, & y > 11. \end{cases}$$

若小张报价 x 万元,依题意有 $6 < x < 10$,则小张能中标的概率为

$$p = P\{Y \leqslant x\} = F_Y(x) = \left(\frac{x-6}{5}\right)^3.$$

设 Z(单位:万元)表示小张的获益,则 Z 是一个随机变量,其分布律如表 4.11 所示.

表 4.11

Z	$10-x$	0
P	$\left(\dfrac{x-6}{5}\right)^3$	$1 - \left(\dfrac{x-6}{5}\right)^3$

由上表可得
$$E(Z) = \left(\frac{x-6}{5}\right)^3 (10-x).$$

令
$$\frac{\mathrm{d}[E(Z)]}{\mathrm{d}x} = \frac{1}{5^3}[(x-6)^2(36-4x)] = 0,$$

解得
$$x = 9, \quad x = 6 \text{（舍去）}.$$

又 $\left.\dfrac{\mathrm{d}^2[E(Z)]}{\mathrm{d}x^2}\right|_{x=9} < 0$，故当小张报价 9 万元时，他获益的数学期望达到极大值，也是最大值.

3. 求职决策问题

例 4.5.3 有三家公司为大学生小林提供了应聘机会，按面试的时间顺序依次是甲、乙、丙三家公司. 每家公司都可提供好、较好、一般三种类别的职位，每家公司根据面试情况决定给求职者某种职位或者不予录用. 按规定，双方在面试后要立即做出决定，且不许毁约. 小林咨询了就业指导中心的老师，指导老师在评估了小林的学业成绩和综合素质后，认为小林获得好、较好、一般的职位和被拒绝的可能性依次为 0.2, 0.3, 0.4, 0.1. 三家公司的工资（单位：元）承诺如表 4.12 所示.

表 4.12

公司	好	较好	一般
甲	4 500	3 500	3 000
乙	5 000	4 200	3 500
丙	5 500	4 500	3 800

如果小林把工资作为首选条件，那么小林在各公司面试时，对各公司提供的职位应如何做出选择？

解 由于小林是从甲公司开始面试的，在选择甲公司的三种职位时必须考虑乙、丙公司提供的工资待遇，在乙公司面试时，也必须考虑丙公司提供的工资待遇.

先讨论丙公司提供的工资 Z（单位：元）的数学期望：
$$E(Z) = 5\,500 \times 0.2 + 4\,500 \times 0.3 + 3\,800 \times 0.4 + 0 \times 0.1 = 3\,970 \text{（元）}.$$

再讨论乙公司. 由于乙公司提供的一般职位的工资 3 500 元低于丙公司提供的平均工资，因此小林在乙公司面试时只接受好和较好的两种职位，否则去丙公司. 乙公司提供的工资 Y（单位：元）的数学期望为
$$E(Y) = 5\,000 \times 0.2 + 4\,200 \times 0.3 + 3\,500 \times 0.4 + 0 \times 0.1 = 3\,660 \text{（元）}.$$

最后讨论甲公司. 由于甲公司只有好的职位工资超过乙公司提供的平均工资，因此小林在甲公司面试时，只接受好的职位，否则去乙公司.

这样，小林面试的整体策略应该是：先去甲公司面试，若甲公司提供好的职位就接受，否则去乙公司面试；若乙公司提供好或较好的职位就接受，否则去丙公司应聘任一岗位就职.

本 章 总 结

一维随机变量的数字特征
- 数学期望
  - 定义
    - 离散型:$E(X) = \sum_{i=1}^{\infty} x_i p_i$
    - 连续型:$E(X) = \int_{-\infty}^{+\infty} x f(x) \mathrm{d}x$
  - 意义:反映随机变量取值的平均水平
  - 性质
    - $E(c) = c, E(kX) = kE(X), E\left(\sum_{i=1}^{n} c_i X_i\right) = \sum_{i=1}^{n} c_i E(X_i)$
    - 当 X 与 Y 相互独立时,$E(XY) = E(X)E(Y)$(条件可弱化为不相关)
- 随机变量函数的数学期望
  - 离散型:$E[g(X)] = \sum_{i=1}^{\infty} g(x_i) p_i$
  - 连续型:$E[g(X)] = \int_{-\infty}^{+\infty} g(x) f(x) \mathrm{d}x$
- 方差
  - 定义:$D(X) = E\{[X - E(X)]^2\} = E(X^2) - [E(X)]^2$
  - 意义:描述随机变量与其数学期望的偏离程度
  - 性质
    - $D(c) = 0, D(kX) = k^2 D(X), D(X) = 0 \Leftrightarrow P\{X = E(X)\} = 1$
    - $D(X \pm Y) = D(X) + D(Y) \pm 2\mathrm{Cov}(X, Y)$
    - 当 X 与 Y 相互独立时,$D(X \pm Y) = D(X) + D(Y)$(条件可弱化为不相关)

二维随机变量的数字特征
- 随机变量函数的数学期望
  - 离散型:$E[g(X, Y)] = \sum_{i=1}^{\infty} \sum_{j=1}^{\infty} g(x_i, y_j) p_{ij}$
  - 连续型:$E[g(X, Y)] = \int_{-\infty}^{+\infty} \int_{-\infty}^{+\infty} g(x, y) f(x, y) \mathrm{d}x \mathrm{d}y$
- 协方差
  - 定义:$\mathrm{Cov}(X, Y) = E\{[X - E(X)][Y - E(Y)]\}$
  - 简化计算公式:$\mathrm{Cov}(X, Y) = E(XY) - E(X)E(Y)$
  - 性质
    - $\mathrm{Cov}(X, Y) = \mathrm{Cov}(Y, X)$
    - $\mathrm{Cov}(aX + b, cY + d) = ac\mathrm{Cov}(X, Y)$
    - $\mathrm{Cov}(X_1 + X_2, Y) = \mathrm{Cov}(X_1, Y) + \mathrm{Cov}(X_2, Y)$
    - 当 X 与 Y 相互独立时,$\mathrm{Cov}(X, Y) = 0$(条件可弱化为不相关)
- 相关系数
  - 定义:$\rho_{XY} = \dfrac{\mathrm{Cov}(X, Y)}{\sqrt{D(X)} \sqrt{D(Y)}}$
  - 意义:反映随机变量 X 与 Y 线性相关的程度
  - 性质
    - $|\rho_{XY}| \leqslant 1$
    - $|\rho_{XY}| = 1 \Leftrightarrow$ 存在常数 a, b,使得 $P\{Y = a + bX\} = 1$
    - $\rho_{XY} = 0 \Leftrightarrow X$ 与 Y 不相关
    - 相互独立 $\Rightarrow$ 不相关(多维正态分布两者等价)
- 矩
  - k 阶原点矩:$\mu_k = E(X^k)$
  - k 阶中心矩:$\nu_k = E\{[X - E(X)]^k\}$
  - $k + l$ 阶混合原点矩:$E(X^k Y^l)$
  - $k + l$ 阶混合中心矩:$E\{[X - E(X)]^k [Y - E(Y)]^l\}$
- 协方差矩阵:$\begin{pmatrix} c_{11} & c_{12} & \cdots & c_{1n} \\ c_{21} & c_{22} & \cdots & c_{2n} \\ \vdots & \vdots & & \vdots \\ c_{n1} & c_{n2} & \cdots & c_{nn} \end{pmatrix}$

习 题 四

1. 设随机变量 X 的分布律如表 4.13 所示,求 $E(X),E(2X-1),E(X^2),E(|X-1|)$.

表 4.13

X	-1	0	1	2
P	0.2	0.3	0.1	0.4

2. 已知甲、乙两厂生产同一种产品,其中甲厂生产的产品中有 3 件一等品和 3 件二等品,乙厂生产的 3 件产品都是一等品. 现乙厂为满足客户需求,须从甲厂随机调取 2 件产品,求乙厂拥有的产品中二等品的件数 X 的数学期望.

3. 设随机变量 X 的密度函数为

$$f(x)=\begin{cases}\dfrac{1}{2}\sin\dfrac{x}{2},&0\leqslant x\leqslant\pi,\\0,&\text{其他}.\end{cases}$$

对 X 独立地重复观察 5 次,用 Y 表示观察值大于 $\dfrac{2\pi}{3}$ 的次数,求 Y^2 的数学期望.

4. 设某人每次射击命中目标的概率为 p,现在他连续向目标射击,直到第一次命中目标为止,各次射击相互独立,求射击次数的数学期望.

5. 设随机变量 X 的密度函数为

$$f(x)=\begin{cases}x,&0\leqslant x\leqslant 1,\\2-x,&1<x\leqslant 2,\\0,&\text{其他},\end{cases}$$

求 $E(X)$.

6. 设随机变量 X 的密度函数为 $f(x)=\dfrac{1}{2}e^{-|x|}(-\infty<x<+\infty)$,求 $E(X)$.

7. 设一商场某种商品每周的需求量(单位:件)$X\sim U[10,30]$. 商场每销售 1 件该种商品可获利 500 元;若供大于求则降价处理,每处理 1 件该种商品亏损 100 元;若供不应求,则从外部调剂,此时每销售 1 件该种商品可获利 300 元. 设商场每周的进货量为区间 $[10,30]$ 上的某一整数,为使商场每周获利的期望不小于 9 280 元,试确定该种商品的最小进货量.

8. 假设某公交站于每个整点开始,每隔 20 min 发一辆车,乘客到达公交站的时间是随机的,求乘客在公交站等车时间的数学期望.

9. 设随机变量 X 的密度函数为 $f(x)=\begin{cases}\dfrac{1}{2}e^{-\frac{1}{2}x},&x>0,\\0,&x\leqslant 0,\end{cases}$ 分别求 $Y=3X$ 和 $Y=e^{-X}$ 的数学期望.

10. 设二维随机变量 (X,Y) 的密度函数为

$$f(x,y)=\begin{cases}c,&x^2\leqslant y\leqslant x,\\0,&\text{其他},\end{cases}$$

确定常数 c 的值,并求 $E(X),E(Y),E(XY)$.

11. 对某设备进行测量,测量误差服从区间 $[-a,a](a>0)$ 上的均匀分布. 现进行两次独立测量,记这两次测量的误差值分别为 X,Y,那么这两个误差值的平均差距是多少?

12. 设一次数学测验由 20 道单项选择题构成,每道选择题有 4 个选项,每道题选择正确答案得 5 分,否则得 0 分,满分 100 分. 已知学生甲每道题选对的概率为 0.8,学生乙则每次靠猜测任选一个答案,求学生甲和乙在这次测验中得分(单位:分)的数学期望.

13. 将一颗匀称的骰子连续投掷 10 次,求所掷点数之和的数学期望.

14. 某公司的某种产品可以按大批、中批或小批进行生产,未来可能面临的市场销售状况及概率、公司利润(单位:万元)情况如表 4.14 所示.

表 4.14

	畅销,$p=0.3$	一般,$p=0.5$	滞销,$p=0.2$
大批	20	5	-10
中批	8	8	-5
小批	5	5	5

(1) 分别计算按大批、中批或小批进行生产时公司能获得的平均利润.

(2) 如果按照利润最大的原则进行决策,该公司应按大批、中批还是小批进行生产?如果按风险最小化原则呢?

15. 求第 5 题中随机变量 X 的方差.

16. 求第 6 题中随机变量 X 的方差.

17. 设二维随机变量 (X,Y) 的密度函数为

$$f(x,y)=\begin{cases}\dfrac{1+xy}{4}, & -1<x<1,-1<y<1,\\ 0, & \text{其他},\end{cases}$$

求 $D(X),D(Y)$.

18. 设随机变量 $X\sim N(1,4),Y\sim U[0,4]$. 分别就下列两种情况求 $E(XY),D(X+Y),D(2X-3Y)$:

(1) X 与 Y 相互独立;

(2) $\text{Cov}(X,Y)=-1$.

19. 设随机变量 X 与 Y 相互独立,且 $X\sim N(22.4,0.03^2),Y\sim N(22.5,0.04^2)$,求 $Z=X-Y$ 的分布,并求概率 $P\{X<Y\}$.

20. 有 5 家商店联营,设它们每周售出的某种农产品的数量(单位:kg)分别为 X_1,X_2,X_3,X_4,X_5,已知 $X_1\sim N(240,240),X_2\sim N(200,225),X_3\sim N(260,265),X_4\sim N(180,225),X_5\sim N(320,270)$,且 X_1,X_2,X_3,X_4,X_5 相互独立.

(1) 求这 5 家商店联营每周总销量的数学期望与方差.

(2) 已知这 5 家商店每隔一周进货一次,为了使商店在新的供货到达前不会卖脱销的概率大于 0.99,问:商店的仓库应至少储存多少该种农产品?

21. 设二维随机变量 (X,Y) 的分布律如表 4.15 所示.

表 4.15

Y \ X	−1	0	1
−1	$\frac{1}{8}$	$\frac{1}{8}$	$\frac{1}{8}$
0	$\frac{1}{8}$	0	$\frac{1}{8}$
1	$\frac{1}{8}$	$\frac{1}{8}$	$\frac{1}{8}$

(1) 求 X,Y 的数学期望与方差.

(2) 求 $\text{Cov}(X,Y)$ 与 ρ_{XY},并判断 X 与 Y 是否相关,是否相互独立.

22. 求第 19 题中随机变量 X 与 Y 的相关系数 ρ_{XY}.

23. 设随机变量 X 在区间 $[0,2\pi]$ 上服从均匀分布,$Y=\cos X$,求 ρ_{XY}.

24. 设随机变量 $W=(aX+3Y)^2$,$E(X)=E(Y)=0$,$D(X)=4$,$D(Y)=16$,$\rho_{XY}=-0.5$,求常数 a 的值,使得 $E(W)$ 最小,并求 $E(W)$ 的最小值.

25. 设随机变量 $X \sim N(0,1)$,求 $E(Xe^{2X})$.

26. 已知随机变量 X 的分布律为 $P\{X=k\}=\dfrac{1}{2^k}(k=1,2,\cdots)$,设 Y 表示 X 被 3 除的余数,求 $E(Y)$.

27. 将 n 个球放入 M 个盒子中,设每个球落入各个盒子是等可能的,求有球的盒子数 X 的数学期望.

28. 设随机变量 X 与 Y 相互独立,X 的分布律为 $P\{X=1\}=\dfrac{1}{2}$,$P\{X=-1\}=\dfrac{1}{2}$,Y 服从参数为 λ 的泊松分布,令 $Z=XY$,求 $\text{Cov}(X,Z)$.

29. 甲、乙两个盒子中各装有 2 个红球和 2 个白球,先从甲盒中任取一球,观察颜色后放入乙盒中,再从乙盒中任取一球. 令 X,Y 分别表示从甲盒和乙盒中取到的红球个数,求 X 与 Y 的相关系数.

30. 设 X_1,X_2,X_3 为相互独立的随机变量,且有相同的密度函数

$$f(x)=\begin{cases}\dfrac{3x^2}{\theta^3}, & 0<x<\theta, \\ 0, & \text{其他},\end{cases}$$

其中 θ 为大于 0 的参数,令 $T=\max\{X_1,X_2,X_3\}$.

(1) 求 T 的密度函数.

(2) 确定常数 a 的值,使得 $E(aT)=\theta$.

31. 设 X 为随机变量,c 为常数,证明:当 $c=E(X)$ 时,$E[(X-c)^2]$ 的值最小,且最小值为 $D(X)$.

32. 设 X,Y 为两个随机变量. 若 $E(X^2),E(Y^2)$ 存在,证明:柯西-施瓦茨不等式
$$[E(XY)]^2 \leqslant E(X^2)E(Y^2).$$

第五章

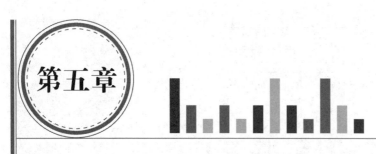

极 限 定 理

通过前面的学习我们知道,如果已知一个随机变量服从什么样的分布,就可以完整描述这个随机变量,并求相关事件的概率,随机变量的均值、方差等.但在实际生活中,很多时候事先并不知道随机变量的分布,这个时候该怎么办呢?通常情况下,我们需要做大量重复的试验来观察数据,而在大量重复试验下有些数据几乎呈现必然的规律性.例如,早期科学家们在研究概率的定义时,就是在大量重复试验下,随着试验次数的增加,用所观察到的频率来近似代替概率.但是这样定义的概率是不是准确的呢?极限定理就给了我们理论支撑.

极限定理是概率论与数理统计学的基本理论之一,在概率论与数理统计的理论研究和实际应用中都具有重要意义,其中最重要的有两种:大数定律与中心极限定理.

5.1 大 数 定 律

我们知道频率具有稳定性,然而通过大量试验统计数据还发现,随机变量序列的算术平均值也具有稳定性,它与个别随机现象的特征无关,而阐明这种稳定性的一系列定理都称为大数定律.

可以通过下面的例子来直观地感受大数定律.某校有 5 000 名学生,设他们的平均身高为 a(单位:cm).如果随机抽取一名学生,测得其身高为 X_1,则 X_1 与 a 可能相差较大;如果随机抽取 10 名学生,测得其身高分别为 $X_1,X_2,\cdots,X_{10}$,则他们的平均身高 $\frac{1}{10}\sum_{i=1}^{10}X_i$ 大概率与 a 接近;如果随机抽取 100 名学生,测得其身高分别为 $X_1,X_2,\cdots,X_{100}$,则他们的平均身高 $\frac{1}{100}\sum_{i=1}^{100}X_i$ 大概率与 a 更接近;如果随机抽取 $n(1\leqslant n<5\,000)$ 名学生,测得其身高分别为 $X_1,X_2,\cdots,X_n$,则当 n 逐渐增大时,他们的平均身高 $\frac{1}{n}\sum_{i=1}^{n}X_i$ 将在某种意义下与 a 充分接近.这就是大数定律所揭示的规律.

介绍大数定律之前,我们首先介绍一个重要的不等式——切比雪夫不等式.

定理 5.1.1 (切比雪夫不等式)设随机变量 X 具有有限的数学期望和方差,且 $E(X)=$

$\mu, D(X) = \sigma^2$,则对于任意 $\varepsilon > 0$,有

$$P\{|X - \mu| \geqslant \varepsilon\} \leqslant \frac{\sigma^2}{\varepsilon^2}. \tag{5.1.1}$$

证 这里仅给出 X 为连续型随机变量的证明.

设 X 是连续型随机变量,其密度函数为 $f(x)$,则

$$P\{|X - \mu| \geqslant \varepsilon\} = \int_{|x-\mu| \geqslant \varepsilon} f(x) \mathrm{d}x \leqslant \int_{|x-\mu| \geqslant \varepsilon} \frac{(x-\mu)^2}{\varepsilon^2} f(x) \mathrm{d}x$$

$$= \frac{1}{\varepsilon^2} \int_{|x-\mu| \geqslant \varepsilon} (x-\mu)^2 f(x) \mathrm{d}x \leqslant \frac{1}{\varepsilon^2} \int_{-\infty}^{+\infty} (x-\mu)^2 f(x) \mathrm{d}x$$

$$= \frac{D(X)}{\varepsilon^2} = \frac{\sigma^2}{\varepsilon^2}.$$

切比雪夫

关于切比雪夫不等式,我们做两点说明:

(1) 若把 μ 和 σ^2 用其概率意义表示,切比雪夫不等式也可以表示为

$$P\{|X - E(X)| \geqslant \varepsilon\} \leqslant \frac{D(X)}{\varepsilon^2}. \tag{5.1.2}$$

(2) 若考虑事件"$|X - E(X)| \geqslant \varepsilon$"的对立事件的概率,切比雪夫不等式也可以表示为

$$P\{|X - E(X)| < \varepsilon\} \geqslant 1 - \frac{D(X)}{\varepsilon^2}. \tag{5.1.3}$$

切比雪夫不等式表明,当随机变量 X 的分布未知时,只要知道其数学期望和方差,就能估算出 X 落在某一区域的概率,或者说概率的上(下)限估计. 例如,设随机变量 X 的方差为 2,则根据切比雪夫不等式,有 $P\{|X - E(X)| \geqslant 2\} \leqslant \frac{1}{2}$.

例 5.1.1 设随机变量 $X \sim B(n, p)$,根据切比雪夫不等式估计 $P\{|X - np| \geqslant \sqrt{n}\}$ 的上限.

解 由 $X \sim B(n, p)$,得 $E(X) = np, D(X) = np(1-p)$,则

$$P\{|X - np| \geqslant \sqrt{n}\} = P\{|X - E(X)| \geqslant \sqrt{n}\} \leqslant \frac{np(1-p)}{(\sqrt{n})^2} = p(1-p).$$

故 $P\{|X - np| \geqslant \sqrt{n}\}$ 的上限为 $p(1-p)$.

例 5.1.2 设某供电网络有 10 000 盏电灯,每盏电灯在夜晚熄灭的概率均为 0.2,且每盏电灯开、关相互独立. 试用切比雪夫不等式估计在夜晚熄灭的灯数在 1 950 盏到 2 050 盏之间的概率.

解 设随机变量 X 表示在夜晚熄灭的灯数,则它服从参数为 $n = 10\,000, p = 0.2$ 的二项分布. 故

$$E(X) = np = 10\,000 \times 0.2 = 2\,000,$$
$$D(X) = np(1-p) = 10\,000 \times 0.2 \times 0.8 = 1\,600.$$

由切比雪夫不等式得

$$P\{1\,950 < X < 2\,050\} = P\{|X - 2\,000| < 50\} \geqslant 1 - \frac{1\,600}{50^2} = 0.36.$$

实际上,切比雪夫不等式只是估计出上述概率大于 0.36,并没有求出这个概率值,所以精

确度不高,但是切比雪夫不等式在理论证明中有重大意义.

定义 5.1.1 设 $X_1, X_2, \cdots, X_n, \cdots$ 是一个随机变量序列. 若存在一个常数 a, 使得对任意 $\varepsilon > 0$, 有

$$\lim_{n \to \infty} P\{|X_n - a| < \varepsilon\} = 1,$$

则称随机变量序列 $X_1, X_2, \cdots, X_n, \cdots$ **依概率收敛于** a, 记作 $X_n \xrightarrow{P} a$.

设随机变量序列 $X_1, X_2, \cdots, X_n, \cdots$ 依概率收敛于 a, 则当 n 充分大时, 事件 "X_n 落在 $(a-\varepsilon, a+\varepsilon)$ 内" 的概率几乎为 1, 或者可以理解为 X_n 与 a 出现大的偏差的概率几乎为 0. 但并不能排除事件 "$|X_n - a| \geqslant \varepsilon$" 发生的可能性, 只是说它发生的可能性很小.

例 5.1.3 设 $\{X_n\}$ 是一个随机变量序列, 且

$$E(X_n) = 3, \quad D(X_n) = \frac{1}{n} \quad (n = 1, 2, \cdots),$$

问:$\{X_n\}$ 依概率收敛于什么值?

解 由切比雪夫不等式得

$$\lim_{n \to \infty} P\{|X_n - 3| < \varepsilon\} \geqslant \lim_{n \to \infty} \left[1 - \frac{D(X_n)}{\varepsilon^2}\right] = \lim_{n \to \infty} \left(1 - \frac{1}{n\varepsilon^2}\right) = 1,$$

所以 $X_n \xrightarrow{P} 3$.

定理 5.1.2 （切比雪夫大数定律）设 $X_1, X_2, \cdots, X_n, \cdots$ 是相互独立的随机变量序列, 各有数学期望 $E(X_1), E(X_2), \cdots$ 及方差 $D(X_1), D(X_2), \cdots$, 且对所有的 $i = 1, 2, \cdots$, 存在常数 c, 使得 $D(X_i) \leqslant c$, 则对于任意 $\varepsilon > 0$, 有

$$\lim_{n \to \infty} P\left\{\left|\frac{1}{n}\sum_{i=1}^{n} X_i - \frac{1}{n}\sum_{i=1}^{n} E(X_i)\right| < \varepsilon\right\} = 1. \tag{5.1.4}$$

证 因为 $X_1, X_2, \cdots, X_n, \cdots$ 相互独立, 所以由方差的性质得

$$D\left(\frac{1}{n}\sum_{i=1}^{n} X_i\right) = \frac{1}{n^2}\sum_{i=1}^{n} D(X_i) \leqslant \frac{1}{n^2} \cdot nc = \frac{c}{n}.$$

又因为

$$E\left(\frac{1}{n}\sum_{i=1}^{n} X_i\right) = \frac{1}{n}\sum_{i=1}^{n} E(X_i),$$

所以由切比雪夫不等式得, 对于任意 $\varepsilon > 0$, 有

$$P\left\{\left|\frac{1}{n}\sum_{i=1}^{n} X_i - \frac{1}{n}\sum_{i=1}^{n} E(X_i)\right| < \varepsilon\right\} \geqslant 1 - \frac{1}{\varepsilon^2} D\left(\frac{1}{n}\sum_{i=1}^{n} X_i\right) \geqslant 1 - \frac{c}{n\varepsilon^2}.$$

由于当 $n \to \infty$ 时, $\frac{c}{n\varepsilon^2} \to 0$, 因此

$$\lim_{n \to \infty} P\left\{\left|\frac{1}{n}\sum_{i=1}^{n} X_i - \frac{1}{n}\sum_{i=1}^{n} E(X_i)\right| < \varepsilon\right\} = 1.$$

切比雪夫大数定律表明,在定理的条件下,相互独立的随机变量序列的算术平均值依概率收敛于它们的数学期望的算术平均值.

推论 5.1.1 （切比雪夫大数定律的特殊情况）设随机变量序列 $X_1,X_2,\cdots,X_n,\cdots$ 相互独立，且具有相同的数学期望和方差：
$$E(X_i)=\mu,\quad D(X_i)=\sigma^2\quad(i=1,2,\cdots).$$
取前 n 个随机变量的算术平均 $\overline{X}=\dfrac{1}{n}\sum_{i=1}^{n}X_i$，则对于任意 $\varepsilon>0$，有
$$\lim_{n\to\infty}P\{|\overline{X}-\mu|<\varepsilon\}=1. \tag{5.1.5}$$

定理 5.1.3 （伯努利大数定律）设 n_A 是 n 次独立重复试验中事件 A 发生的次数，事件 A 在每次试验中发生的概率是 p，则对于任意 $\varepsilon>0$，有
$$\lim_{n\to\infty}P\left\{\left|\dfrac{n_A}{n}-p\right|<\varepsilon\right\}=1 \tag{5.1.6}$$
或
$$\lim_{n\to\infty}P\left\{\left|\dfrac{n_A}{n}-p\right|\geqslant\varepsilon\right\}=0. \tag{5.1.7}$$

证 引入随机变量
$$X_k=\begin{cases}0,&\text{第 }k\text{ 次试验中事件 }A\text{ 不发生},\\ 1,&\text{第 }k\text{ 次试验中事件 }A\text{ 发生}\end{cases}\quad(k=1,2,\cdots,n),$$
则
$$n_A=X_1+X_2+\cdots+X_n.$$
又因为 $X_k\sim B(1,p)(k=1,2,\cdots,n)$ 且相互独立，其中 $p=P(A)$，所以
$$E(X_k)=p,\quad D(X_k)=p(1-p)\quad(k=1,2,\cdots,n).$$
由推论 5.1.1 得
$$\lim_{n\to\infty}P\left\{\left|\dfrac{n_A}{n}-p\right|<\varepsilon\right\}=1\quad \text{或}\quad \lim_{n\to\infty}P\left\{\left|\dfrac{n_A}{n}-p\right|\geqslant\varepsilon\right\}=0.$$

伯努利大数定律证明了在大量独立重复试验中，事件 A 发生的频率 $\dfrac{n_A}{n}$ 依概率收敛于事件 A 的概率，因此只要 n 足够大，就可用事件的频率作为概率的估计。本定律使概率的概念有了实际意义，给了它强有力的理论支撑。

上述大数定律都要求随机变量的方差存在，但在随机变量服从同一分布的情形下，并不需要这一要求，从而有下列定律。

定理 5.1.4 （辛钦大数定律）设 $X_1,X_2,\cdots,X_n,\cdots$ 是相互独立、服从同一分布的随机变量序列，数学期望为 $E(X_i)=\mu(i=1,2,\cdots)$，则对于任意 $\varepsilon>0$，有
$$\lim_{n\to\infty}P\left\{\left|\dfrac{1}{n}\sum_{i=1}^{n}X_i-\mu\right|<\varepsilon\right\}=1. \tag{5.1.8}$$

辛钦大数定律的证明超出本书的知识范围，证明略。

辛钦大数定律告诉我们，对于独立同分布的随机变量序列，只要它们的数学期望存在，那么它们的算术平均值就依概率收敛于数学期望 μ，即辛钦大数定律又可以表示为
$$\overline{X}=\dfrac{1}{n}\sum_{i=1}^{n}X_i\xrightarrow{P}\mu.$$

辛钦大数定律是使用算术平均值法则的理论依据. 例如, 为了测量某一物体的质量 μ, 可以在相同条件下重复测量 n 次, 得到测量值 $x_1, x_2, \cdots, x_n$, 则当 n 充分大时, 可以认为

$$\mu = \frac{\sum_{i=1}^{n} x_i}{n}.$$

例 5.1.4 设 $X_1, X_2, \cdots, X_n, \cdots$ 是相互独立的随机变量序列, X_n 服从参数为 $n(n \geqslant 1)$ 的指数分布, 问: 随机变量序列 $X_1, \frac{X_2}{2}, \cdots, \frac{X_n}{n}, \cdots$ 是否满足切比雪夫大数定律的条件?

解 由题意可知, 随机变量序列 $X_1, \frac{X_2}{2}, \cdots, \frac{X_n}{n}, \cdots$ 也相互独立, 且 $E(X_n) = \frac{1}{n}$, $D(X_n) = \frac{1}{n^2}$, 则

$$D\left(\frac{X_n}{n}\right) = \frac{1}{n^2} D(X_n) = \frac{1}{n^4} \leqslant 1 \quad (n \geqslant 1).$$

所以随机变量序列 $X_1, \frac{X_2}{2}, \cdots, \frac{X_n}{n}, \cdots$ 满足切比雪夫大数定律的条件.

例 5.1.5 若在一个盒子中装入 10 个相同的小球, 并给小球编号 $0 \sim 9$, 现从盒子中有放回地抽取若干次, 每次抽取一个小球, 并记下号码. 设随机变量

$$X_i = \begin{cases} 1, & 第 i 次取到号码 0, \\ 0, & 其他 \end{cases} \quad (i = 1, 2, \cdots),$$

问: 随机变量序列 $\{X_i\}$ 是否满足辛钦大数定律的条件?

解 X_i 的分布律为

$$P\{X_i = 1\} = 0.1, \quad P\{X_i = 0\} = 0.9 \quad (i = 1, 2, \cdots),$$

所以 $E(X_i) = 0.1 (i = 1, 2, \cdots)$. 又 $X_1, X_2, \cdots, X_i, \cdots$ 相互独立且同分布, 故随机变量序列 $\{X_i\}$ 满足辛钦大数定律的条件.

5.2 中心极限定理

在客观世界中, 有很多随机变量都是由大量独立且微小的因素共同作用的结果, 而这种随机变量往往近似服从正态分布. 例如, 考察射击命中点与靶心距离的偏差, 这种偏差是大量独立的偶然因素造成的微小误差的总和. 这些因素包括瞄准误差、测量误差、射击时武器的振动、气象因素等, 每个微小的因素对总的影响很小, 但它们的总和对射击成绩影响显著, 试验表明射击命中点与靶心距离的偏差近似服从正态分布. 概率论中把有关论证"独立随机变量的和近似服从正态分布"的一系列定理称为中心极限定理. 下面介绍几个著名的中心极限定理.

首先介绍林德伯格-列维中心极限定理, 它是在相互独立同分布的前提下形成的, 所以又称为独立同分布的中心极限定理.

定理 5.2.1 （林德伯格-列维中心极限定理）设随机变量序列 $X_1, X_2, \cdots, X_n, \cdots$ 相互独立，服从同一分布，且具有数学期望和方差：

$$E(X_i) = \mu, \quad D(X_i) = \sigma^2 \neq 0 \quad (i = 1, 2, \cdots),$$

则随机变量之和 $\sum_{i=1}^{n} X_i$ 的标准化量

$$Y_n = \frac{\sum_{i=1}^{n} X_i - E(\sum_{i=1}^{n} X_i)}{\sqrt{D(\sum_{i=1}^{n} X_i)}} = \frac{\sum_{i=1}^{n} X_i - n\mu}{\sqrt{n}\sigma}$$

的分布函数 $F_n(x)$ 对于任意实数 x，有

$$\lim_{n \to \infty} F_n(x) = \lim_{n \to \infty} P\left\{\frac{\sum_{i=1}^{n} X_i - n\mu}{\sqrt{n}\sigma} \leqslant x\right\} = \int_{-\infty}^{x} \frac{1}{\sqrt{2\pi}} e^{-\frac{t^2}{2}} dt = \Phi(x). \quad (5.2.1)$$

这个定理更直观地表明，当 n 足够大时，可近似认为

$$\frac{\sum_{i=1}^{n} X_i - n\mu}{\sqrt{n}\sigma} \sim N(0,1).$$

若记 $\overline{X} = \dfrac{\sum_{i=1}^{n} X_i}{n}$，则近似有

$$\frac{\overline{X} - \mu}{\sigma/\sqrt{n}} \sim N(0,1).$$

也就是说，在实际问题中，当 n 较大时，可以利用正态分布近似求得概率

$$P\left\{\sum_{i=1}^{n} X_i \leqslant a\right\} \approx \Phi\left(\frac{a - n\mu}{\sqrt{n}\sigma}\right).$$

例 5.2.1 假设某电器的使用寿命（单位:h）是一个随机变量，其数学期望为 100 h，标准差为 10 h，求 100 台同型号电器寿命的总和大于 10 200 h 的概率．

解 设第 i 台同型号电器的使用寿命（单位:h）为 $X_i (i=1,2,\cdots,100)$，用 T 表示 100 台同型号电器的寿命总和，即 $T = \sum_{i=1}^{100} X_i$. 由题设知 $E(X_i) = 100, \sqrt{D(X_i)} = 10$，则

$$E(T) = 100 E(X_i) = 10\,000, \quad \sqrt{D(T)} = 10\sqrt{D(X_i)} = 100.$$

根据定理 5.2.1 知，$\dfrac{T - 10\,000}{100}$ 近似服从 $N(0,1)$，故

$$P\{T > 10\,200\} = 1 - P\{T \leqslant 10\,200\} = 1 - P\left\{\frac{T - 10\,000}{100} \leqslant 2\right\}$$

$$\approx 1 - \Phi(2) = 1 - 0.977\,2 = 0.022\,8.$$

例 5.2.2 随机地选取两组学生,每组 80 人,分别在两个实验室里测量某种化合物的 pH 值. 已知每位学生的测量结果是一随机变量,它们相互独立且同分布,数学期望为 5,方差为 0.3,用 $\overline{X}$ 表示第一组所得 pH 值的算术平均,求 $P\{4.9 < \overline{X} < 5.1\}$.

解 由题设知

$$E(\overline{X}) = 5, \quad \sqrt{D(\overline{X})} = \sqrt{\frac{0.3}{80}} \approx 0.0612.$$

由定理 5.2.1 知,$\dfrac{\overline{X} - 5}{0.0612}$ 近似服从 $N(0,1)$,故

$$P\{4.9 < \overline{X} < 5.1\} = P\left\{\frac{4.9 - 5}{0.0612} < \frac{\overline{X} - 5}{0.0612} < \frac{5.1 - 5}{0.0612}\right\}$$

$$\approx \Phi(1.63) - \Phi(-1.63) = 2\Phi(1.63) - 1$$

$$= 2 \times 0.9484 - 1 = 0.8968.$$

定理 5.2.2 (李雅普诺夫定理) 设随机变量序列 $X_1, X_2, \cdots, X_n, \cdots$ 相互独立,具有数学期望和方差:

$$E(X_i) = \mu_i, \quad D(X_i) = \sigma_i^2 \neq 0 \quad (i = 1, 2, \cdots).$$

记 $B_n^2 = \sum\limits_{i=1}^{n} \sigma_i^2$,若存在 $\delta > 0$,使得当 $n \to \infty$ 时,有

$$\frac{1}{B_n^{2+\delta}} \sum_{i=1}^{n} E(|X_i - \mu_i|^{2+\delta}) \to 0,$$

则随机变量之和 $\sum\limits_{i=1}^{n} X_i$ 的标准化量

$$Z_n = \frac{\sum\limits_{i=1}^{n} X_i - E\left(\sum\limits_{i=1}^{n} X_i\right)}{\sqrt{D\left(\sum\limits_{i=1}^{n} X_i\right)}} = \frac{\sum\limits_{i=1}^{n} X_i - \sum\limits_{i=1}^{n} \mu_i}{B_n}$$

的分布函数 $F_n(x)$ 对于任意实数 x,有

$$\lim_{n \to \infty} F_n(x) = \lim_{n \to \infty} P\left\{\frac{\sum\limits_{i=1}^{n} X_i - \sum\limits_{i=1}^{n} \mu_i}{B_n} \leqslant x\right\} = \int_{-\infty}^{x} \frac{1}{\sqrt{2\pi}} e^{-\frac{t^2}{2}} dt = \Phi(x). \quad (5.2.2)$$

定理 5.2.2 表明,当 n 足够大时,随机变量

$$Z_n = \frac{\sum\limits_{i=1}^{n} X_i - \sum\limits_{i=1}^{n} \mu_i}{B_n}$$

近似服从标准正态分布 $N(0,1)$. 因此,当 n 足够大时,随机变量之和

$$\sum_{i=1}^{n} X_i = B_n Z_n + \sum_{i=1}^{n} \mu_i$$

近似服从正态分布 $N\left(\sum\limits_{i=1}^{n} \mu_i, B_n^2\right)$. 这也说明,无论随机变量 $X_i (i = 1, 2, \cdots)$ 服从怎样的分布,只

要满足定理的条件,当 n 足够大时,它们的和 $\sum_{i=1}^{n} X_i$ 就近似服从正态分布.在许多实际问题中,所涉及的随机变量往往能表示成多个独立的随机变量之和,所以它们常常近似服从正态分布.

下面介绍独立同分布的中心极限定理的特殊情况,即当随机变量序列 $X_1, X_2, \cdots, X_n, \cdots$ 相互独立且都服从同一两点分布 $B(1,p)$ 的情况.记 $Y_n = X_1 + X_2 + \cdots + X_n$,则 $Y_n \sim B(n,p)$.

定理 5.2.3 (棣莫弗-拉普拉斯定理)设随机变量 $Y_n \sim B(n,p)$,则对于任意实数 x,有

$$\lim_{n \to \infty} P\left\{\frac{Y_n - np}{\sqrt{np(1-p)}} \leqslant x\right\} = \int_{-\infty}^{x} \frac{1}{\sqrt{2\pi}} e^{-\frac{t^2}{2}} dt = \Phi(x). \quad (5.2.3)$$

棣莫弗及拉普拉斯

定理 5.2.3 表明,当 n 充分大时,服从二项分布的随机变量经过标准化后近似服从标准正态分布,因此二项分布的概率计算可以转化为标准正态分布的概率计算.

例 5.2.3 某工厂生产零件的废品率为 0.005,现从中挑选出 10 000 个零件,求其中的废品不超过 70 个的概率.

解 设这 10 000 个零件中的废品数为 X,则 $X \sim B(10\,000, 0.005)$,且
$$np = 10\,000 \times 0.005 = 50, \quad \sqrt{np(1-p)} = \sqrt{10\,000 \times 0.005 \times 0.995} \approx 7.053.$$
由棣莫弗-拉普拉斯定理知,$\dfrac{X-np}{\sqrt{np(1-p)}} = \dfrac{X-50}{7.053}$ 近似服从标准正态分布 $N(0,1)$,故

$$P\{X \leqslant 70\} = P\left\{\frac{X-50}{7.053} \leqslant \frac{70-50}{7.053}\right\} \approx \Phi(2.84) = 0.997\,7.$$

例 5.2.4 已知一个车间有 150 台机床在相互独立工作,每台机床工作时均需要 5 kW 电力,但因为换料、检修等原因,每台机床平均只有 60% 的时间在工作,试问:要供给这个车间多少电力才能以 99.865% 的概率保证这个车间的用电?

解 设 X 表示这 150 台机床中在某时刻工作的台数,则 $X \sim B(150, 0.6)$,且
$$np = 150 \times 0.6 = 90, \quad \sqrt{np(1-p)} = \sqrt{150 \times 0.6 \times 0.4} = 6.$$
由棣莫弗-拉普拉斯定理知,$\dfrac{X-np}{\sqrt{np(1-p)}} = \dfrac{X-90}{6}$ 近似服从标准正态分布 $N(0,1)$.假定供给该车间 a kW 电力,使得

$$P\{5X \leqslant a\} = P\left\{X \leqslant \frac{a}{5}\right\} = P\left\{\frac{X-90}{6} \leqslant \frac{\frac{a}{5}-90}{6}\right\} \approx \Phi\left(\frac{a}{30} - 15\right) \geqslant 0.998\,65.$$

查附表 2 得 $\Phi(3) = 0.998\,65$,所以要求

$$\frac{a}{30} - 15 \geqslant 3,$$

解得 $a \geqslant 540$.

需要注意的是,二项分布是离散分布,而正态分布是连续分布,所以当 n 较小时,用正态分布计算二项分布的概率误差较大.

5.3 实践案例

1. 用蒙特卡洛方法计算定积分

蒙特卡洛方法又称统计试验法,它是用概率模型来进行近似计算的方法.下面介绍这种方法在定积分中的应用.

例 5.3.1 设 $0 \leqslant f(x) \leqslant 1$,计算定积分 $J = \int_0^1 f(x) \mathrm{d}x$.

解 设随机变量 X 服从区间 $[0,1]$ 上的均匀分布,则随机变量 X 的函数 $Y = f(X)$ 的数学期望为

$$E[f(X)] = \int_0^1 f(x) \mathrm{d}x = J.$$

因此,估计 J 的值就是估计 $Y = f(X)$ 的数学期望的值. 由辛钦大数定律,可以用 $Y = f(X)$ 的观察值的算术平均值去估计 $Y = f(X)$ 的数学期望的值.具体做法如下:

(1) 用计算机产生 n 个在区间 $[0,1]$ 上均匀分布的随机数 $x_1, x_2, \cdots, x_n$;

(2) 对每个 x_i 计算 $f(x_i)$ $(i = 1, 2, \cdots, n)$;

(3) 计算 J 的估计值,即 $J \approx \dfrac{1}{n} \sum_{i=1}^{n} f(x_i)$.

例如,计算定积分 $J = \int_0^1 \dfrac{1}{\sqrt{2\pi}} \mathrm{e}^{-\frac{x^2}{2}} \mathrm{d}x$,则其精确值和 $n = 10^4$,$n = 10^5$ 时的一次模拟值如表 5.1 所示.

表 5.1

精确值	$n = 10^4$	$n = 10^5$
0.341 345	0.341 329	0.341 334

2. 保险公司盈亏问题

例 5.3.2 某城市一家保险公司开办了一项一年期保险业务,参保人员有 10 000 人,每人每年须缴纳保费 800 元.若参保人员在一年内患重大疾病可获得 10 万元的保险赔付.设该城市居民一年内患重大疾病的概率为 0.006,试计算:

(1) 该保险公司一年内亏本的概率;

(2) 该保险公司一年内至少盈利 150 万元的概率.

解 设该城市参保人员中一年内患重大疾病的人数为 X,则 $X \sim B(10\,000, 0.006)$,且

$$np = 60, \quad \sqrt{np(1-p)} \approx 7.72.$$

根据棣莫弗-拉普拉斯定理知,$\dfrac{X - np}{\sqrt{np(1-p)}} = \dfrac{X - 60}{7.72}$ 近似服从 $N(0,1)$.该公司每年收取保费共计 $10\,000 \times 800 = 8\,000\,000$(元).

(1) 该保险公司一年内亏本的概率为

$$P\{100\,000X > 8\,000\,000\} = P\{X > 80\} = P\left\{\frac{X-60}{7.72} > \frac{80-60}{7.72}\right\}$$
$$\approx 1 - \Phi(2.59) = 1 - 0.995\,2 = 0.004\,8,$$

这表明该保险公司一年内亏本的概率很小.

(2) 该保险公司一年内至少盈利 150 万元的概率为

$$P\{8\,000\,000 - 100\,000X \geqslant 1\,500\,000\} = P\{X \leqslant 65\} = P\left\{\frac{X-60}{7.72} \leqslant \frac{65-60}{7.72}\right\}$$
$$\approx \Phi(0.65) = 0.742\,2.$$

3. 彩票预备金问题

例 5.3.3 某种福利彩票的奖金额(单位:万元)X 由摇奖决定,其分布律如表 5.2 所示. 若一年中要开出 300 个奖,问:需要准备多少奖金总额,才有 95% 的把握能够及时发放奖金?

表 5.2

X	5	10	20	30	40	50	100
P	0.2	0.2	0.2	0.1	0.1	0.1	0.1

解 记 $X_i(i=1,2,\cdots,300)$(单位:万元)为第 i 个开出的奖金额,则 X_i 与 X 同分布,要开出的 300 个奖的奖金总额可以表示为 $\sum_{i=1}^{300} X_i$. 计算得

$$E(X) = 5 \times 0.2 + 10 \times 0.2 + 20 \times 0.2 + 30 \times 0.1$$
$$+ 40 \times 0.1 + 50 \times 0.1 + 100 \times 0.1 = 29,$$
$$E(X^2) = 5^2 \times 0.2 + 10^2 \times 0.2 + 20^2 \times 0.2 + 30^2 \times 0.1$$
$$+ 40^2 \times 0.1 + 50^2 \times 0.1 + 100^2 \times 0.1 = 1\,605,$$
$$D(X) = E(X^2) - [E(X)]^2 = 764.$$

设需要准备 a 万元奖金总额,使得 $P\left\{\sum_{i=1}^{300} X_i \leqslant a\right\} \geqslant 95\%$. 由独立同分布的中心极限定理知,$\dfrac{\sum_{i=1}^{300} X_i - 300 \times 29}{\sqrt{300 \times 764}}$ 近似服从标准正态分布 $N(0,1)$,故

$$P\left\{\sum_{i=1}^{300} X_i \leqslant a\right\} = P\left\{\frac{\sum_{i=1}^{300} X_i - 300 \times 29}{\sqrt{300 \times 764}} \leqslant \frac{a - 300 \times 29}{\sqrt{300 \times 764}}\right\} \approx \Phi\left(\frac{a - 300 \times 29}{\sqrt{300 \times 764}}\right) \geqslant 95\%.$$

查附表 2 得 $\Phi(1.645) = 0.95$,所以要求

$$\frac{a - 300 \times 29}{\sqrt{300 \times 764}} \geqslant 1.645,$$

解得 $a \geqslant 9\,488$. 故需要准备 9 488 万元奖金总额,才有 95% 的把握能够及时发放奖金.

本 章 总 结

$$
\text{极限定理}\begin{cases}
\text{切比雪夫不等式：}P\{|X-E(X)|\geqslant\varepsilon\}\leqslant\dfrac{D(X)}{\varepsilon^{2}}\\
\text{依概率收敛的定义：}\lim\limits_{n\to\infty}P\{|X_{n}-a|<\varepsilon\}=1\text{，记作 }X_{n}\xrightarrow{P}a\\
\text{大数定律}\begin{cases}\text{切比雪夫大数定律的条件：相互独立，各方差存在且有共同的上界}\\ \text{辛钦大数定律的条件：独立同分布，数学期望存在}\\ \text{伯努利大数定律：}\dfrac{n_{A}}{n}\xrightarrow{P}p\text{（前两者的特例）}\end{cases}\\
\text{中心极限定理}\begin{cases}\text{独立同分布的中心极限定理：}\lim\limits_{n\to\infty}P\left\{\dfrac{\sum\limits_{i=1}^{n}X_{i}-n\mu}{\sqrt{n}\sigma}\leqslant x\right\}=\Phi(x)\\ \text{棣莫弗-拉普拉斯定理：}\lim\limits_{n\to\infty}P\left\{\dfrac{Y_{n}-np}{\sqrt{np(1-p)}}\leqslant x\right\}=\Phi(x)\\ {}^{*}\text{李雅普诺夫定理}\end{cases}
\end{cases}
$$

习 题 五

1. 设随机变量 $X\sim N(\mu,\sigma^{2})$，用切比雪夫不等式估计概率 $P\{|X-\mu|\geqslant 3\sigma\}$.

2. 已知随机变量 $X\sim E(3)$.

(1) 计算概率 $P\left\{\left|X-\dfrac{1}{3}\right|\leqslant 2\right\}$.

(2) 利用切比雪夫不等式估计概率 $P\left\{\left|X-\dfrac{1}{3}\right|\leqslant 2\right\}$ 的下界.

3. 已知正常成年男性的血液中每毫升白细胞数的平均值是 7 300，均方差是 700，利用切比雪夫不等式估计每毫升血液中的白细胞数在 5 200~9 400 之间的概率.

4. 设有一批种子，其中良种占 $\dfrac{1}{6}$，试用切比雪夫不等式估计在任选的 6 000 粒种子中良种所占比例与 $\dfrac{1}{6}$ 相比上、下小于 $\dfrac{1}{100}$ 的概率.

5. 设 $X_{1},X_{2},\cdots$ 是相互独立、服从同一分布的随机变量序列，且 $X_{i}\sim E(2)(i=1,2,\cdots)$，则当 $n\to\infty$ 时，$Y_{n}=\dfrac{1}{n}\sum\limits_{i=1}^{n}X_{i}^{2}$ 依概率收敛于什么值?

6. 据以往经验，某电器元件的寿命（单位:h）服从数学期望为 100 h 的指数分布. 现随机抽取 16 个该电器元件，设它们的寿命是相互独立的，求这 16 个电器元件的寿命总和大于 1 920 h 的概率.

7. 对敌人的防御阵地进行 100 次轰炸，每次命中目标的炸弹数目是一个随机变量，且其数学期望是 2，方差是 1.69，求在 100 次轰炸中有 180 颗到 220 颗炸弹命中目标的概率.

8. 设某网店每天接到的订单数服从参数为20的泊松分布.若一年365天该网店都营业,且假设每天接到的订单数相互独立,求该网店一年至少接到7 400个订单的概率的近似值.

9. 有一批钢材,其中20%的钢材长度小于4 m.现从中随机抽取100根钢材,试用中心极限定理求取出的钢材中长度不小于4 m的钢材数不超过84根的概率.

10. 对一个学生而言,来参加家长会的家长人数是一个随机变量.假设一个学生无家长、有1名家长、有2名家长参加家长会的概率分别是0.05,0.8,0.15.若学校共有400个学生,设各个学生家长来参加家长会的人数相互独立,且服从同一分布,试求:

(1) 来学校参加家长会的家长数超过450的概率;

(2) 有1名家长来参加家长会的学生数不多于340个的概率.

11. 一座公寓有200户家庭,每户家庭拥有的汽车数(单位:辆)X的分布律如表5.3所示.为了使每辆汽车都有一个车位的概率不低于0.95,问:至少得准备多少个车位?

表 5.3

X	0	1	2
P	0.1	0.6	0.3

12. 某产品成箱包装,每箱的质量是随机的,假设每箱的平均质量为50 kg,标准差为5 kg.现用载重为5 t的汽车承运,试问:汽车最多能装多少箱才能使不超载的概率大于0.977 2?

13. 某药厂声称它生产的某种药品对某疾病的治愈率为80%.现为了检验此治愈率,任意抽取100个此种病患者进行临床试验,如果至少有75人治愈,则此药通过检验.试在以下两种情况下,分别计算此药通过检验的可能性:

(1) 此药的实际治愈率为80%;

(2) 此药的实际治愈率为70%.

14. 设随机变量X和Y的数学期望分别为-2和2,方差分别为1和4,而相关系数为-0.5.试根据切比雪夫不等式估计$P\{|X+Y|\geqslant 6\}$的上限.

15. 设随机变量序列$X_1,X_2,\cdots,X_n,\cdots$相互独立、服从同一分布,且$X_i(i=1,2,\cdots)$的密度函数为

$$f_{X_i}(x)=\begin{cases}1-|x|, & |x|<1,\\ 0, & 其他,\end{cases}$$

则当$n\to\infty$时,$\dfrac{1}{n}\sum_{i=1}^{n}X_i^2$依概率收敛于多少?

16. 设随机变量$X_1,X_2,\cdots,X_n$相互独立、服从同一分布,且X_1的4阶原点矩存在,$\mu_k=E(X_1^k)(k=1,2,3,4)$.试根据切比雪夫不等式,对任意$\varepsilon>0$,求$P\left\{\left|\dfrac{1}{n}\sum_{i=1}^{n}X_i^2-\mu_2\right|\geqslant\varepsilon\right\}$的上限.

第六章 统计量及其分布

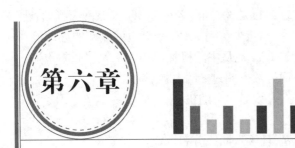

通过前五章的学习我们已经知道，要描述一个随机现象，可以通过研究随机变量来实现，即通过确定该随机变量的概率分布或数字特征（如数学期望、方差等），从而把握这个随机变量，进一步认识随机现象的本质属性.然而，怎样才能确定一个随机变量的概率分布或数字特征呢？这就是数理统计要解决的问题.

统计学发展史

为了获得随机变量的概率分布或数字特征，我们可以对随机现象进行调查试验.试验方式从逻辑上来看一般有两种：普查或抽查.普查就是对研究对象的全体进行调查，抽查就是从研究对象的全体中按照一定的方式，抽取一部分对象进行研究，然后通过这部分的信息对研究对象的全体进行推断，即从局部推断整体.普查的方式存在着很大的局限性.首先，某些调查试验对产品本身是具备破坏性的，如电池寿命的测试、钢丝拉力强度的试验等.其次，某些调查试验本身就无法做到对全体研究对象进行调查，如我们要研究某地区的土壤成分构成，不可能把所有的土壤都挖出来研究.最后，即使客观上能对全体研究对象进行试验，但是所需的成本、时间往往过高，如对某地区青少年身体情况的研究等.因此，一般采取抽查的方式进行试验.

概率论与数理统计中的哲学思想

虽然局部来自整体，局部从某种程度上确实能反映整体的某些特征，但是实际上我们也知道局部并不能完全准确无误地描述整体.局部描述整体的准确性跟抽样的方式、试验的设计、对试验数据的处理等都有着很大的关系.因此，如何建立行之有效的抽样方式，设计合理的试验，对试验所得的数据进行正确的处理，从而让局部能更准确地描述整体就构成了数理统计的基本内容.

本章主要介绍总体与样本、经验分布函数、统计量等基本概念，并重点介绍抽样分布及其相关定理.

6.1 简单随机样本

6.1.1 总体与样本

1. 总体

在数理统计中，我们把研究对象的全体称为**总体**，把组成总体的每个对象称为**个体**.

例如，要考察一批电池的平均寿命，那么这批电池就组成了一个总体，而其中每块电池就是一个个体.电池的特征有很多，如质量、散热程度、体积等，而我们只关心电池的平均寿命，它是一个数量指标.在统计问题的研究中，真正关心的不是总体或个体本身，而是总体的某一项（或某几项）数量指标，可用 X（或 $X_1,X_2,\cdots,X_n$）来表示，该数量指标有大有小，出现的次数有多有少，具备一定的随机性，相当于一个随机变量，因此可以把总体的数量指标和随机变量 X 联系起来，并记作总体 X.总体可以看作服从某一分布的随机变量，对总体的研究，就是对随机变量的研究，总体的分布就是指该随机变量的分布.

2. 样本

由于总体往往包含的个体数目过多，因此我们只能从中抽取一部分个体进行研究.这种从总体中抽取一部分个体来观察某项数量指标的过程称为**抽样**.要使得抽取的部分个体能更好地反映总体的特征，我们必须对抽样提出一定的要求.抽样必须满足以下两个条件.

（1）随机性：总体中的每个个体被抽到的机会是等可能的；

（2）独立性：每次抽取的结果既不能影响其他各次的抽取结果，也不受其他各次抽取结果的影响.

凡满足以上两个条件的抽样称为**简单随机抽样**，简称**抽样**.

定义 6.1.1 设总体 X 是具有分布函数 $F(x)$ 的随机变量.若 $X_1,X_2,\cdots,X_n$ 是从 X 中抽取的 n 个样本，且满足以下两个条件：

（1）$X_i(i=1,2,\cdots,n)$ 与 X 具有相同的分布函数 $F(x)$，

（2）$X_1,X_2,\cdots,X_n$ 相互独立，

则称 $X_1,X_2,\cdots,X_n$ 为从 X 中得到的**简单随机样本**，简称**样本**，其中 n 称为**样本容量**.

一般地，可通过简单随机抽样获得简单随机样本.理论上，当总体所含个体的数目为无穷多个时，抽取单个个体并不影响总体分布，因此做不放回抽样即可得到简单随机样本；当总体所含个体的数目有限时，做有放回抽样才可得到简单随机样本.在实际应用中，当个体的总数 N 比要得到的样本容量 n 大得多$\left(\text{一般要求 } \dfrac{N}{n}\geqslant 10\right)$时，可以将不放回抽样近似地当作有放回抽样处理.以后如无特别说明，我们的讨论仅限于简单随机样本.

在数理统计中，样本具有二重性.设 $X_1,X_2,\cdots,X_n$ 是从总体 X 中抽取的样本，由于抽样的随机性及在具体的试验中数量指标出现的随机性，样本中的每个个体 $X_1,X_2,\cdots,X_n$ 可看作随机变量.而一旦进行一次具体的试验后，我们就可以得到一组数据 $x_1,x_2,\cdots,x_n$，这组数据可作为 $X_1,X_2,\cdots,X_n$ 的观测值，这样样本又具备数的性质.样本既可以看作一组数也可以看作一组随机变量，这就是样本的二重性.

由定义 6.1.1 可得，若总体 X 的分布函数为 $F(x)$，密度函数为 $f(x)$，$X_1,X_2,\cdots,X_n$ 是一个容量为 n 的样本，则 $(X_1,X_2,\cdots,X_n)$ 的分布函数和密度函数分别为

$$F^*(x_1,x_2,\cdots,x_n)=\prod_{i=1}^{n}F(x_i), \tag{6.1.1}$$

$$f^*(x_1,x_2,\cdots,x_n)=\prod_{i=1}^{n}f(x_i). \tag{6.1.2}$$

例 6.1.1 研究某高校学生的身高情况.假定该校学生的身高 X 服从正态分布 $N(\mu,\sigma^2)$，

其密度函数为

$$f(x) = \frac{1}{\sqrt{2\pi}\sigma} e^{-\frac{(x-\mu)^2}{2\sigma^2}}, \quad x \in (-\infty, +\infty).$$

现在随机抽取 n 位学生进行调查,其身高记为 $X_1, X_2, \cdots, X_n$,则 $X_1, X_2, \cdots, X_n$ 就是从总体 X 中抽取的样本. 由式(6.1.2)可得,$(X_1, X_2, \cdots, X_n)$ 的密度函数为

$$f^*(x_1, x_2, \cdots, x_n) = \frac{1}{(\sqrt{2\pi}\sigma)^n} \exp\left[-\frac{1}{2\sigma^2} \sum_{i=1}^{n}(x_i - \mu)^2\right], \quad x \in (-\infty, +\infty).$$

例 6.1.2 考察洗涤剂的产品质量,产品可分为合格品与不合格品两类. 不合格品用"0"表示,合格品用"1"表示,则洗涤剂的产品质量 X 服从两点分布,即

$$P\{X = x\} = p^x(1-p)^{1-x} \quad (x = 0, 1),$$

其中 p 为合格品率. 于是来自总体 X 的 $(X_1, X_2, \cdots, X_n)$ 的分布律为

$$P\{X_1 = x_1, X_2 = x_2, \cdots, X_n = x_n\} = \prod_{i=1}^{n} P\{X_i = x_i\} = p^{\sum_{i=1}^{n} x_i}(1-p)^{n-\sum_{i=1}^{n} x_i},$$

其中 $x_i = 0, 1 (i = 1, 2, \cdots, n)$.

6.1.2 经验分布函数

总体的分布称为理论分布,总体的分布函数称为理论分布函数. 若总体的分布已知,则样本的联合分布可以确定. 然而,在实际问题中,总体的分布通常是未知的. 正如前文所说,数理统计考虑的主要问题之一就是通过样本来推断总体的分布. 下面介绍可以通过样本来推断总体的理论依据. 为此,引入经验分布函数的概念.

定义 6.1.2 设总体 X 的 n 个独立的观测值为 $x_1, x_2, \cdots, x_n$. 将这些观测值由小到大依次排序为 $x_{(1)} \leqslant x_{(2)} \leqslant \cdots \leqslant x_{(n)}$,构造如下函数:

$$F_n(x) = \begin{cases} 0, & x < x_{(1)}, \\ \dfrac{k}{n} & x_{(k)} \leqslant x < x_{(k+1)}, \quad (k = 1, 2, \cdots, n-1, x \in \mathbf{R}), \\ 1 & x \geqslant x_{(n)}. \end{cases}$$

称 $F_n(x)$ 为总体 X 的**经验分布函数**或**样本分布函数**.

经验分布函数具有如下性质.

(1) 非负有界性:$0 \leqslant F_n(x) \leqslant 1$,且 $\lim\limits_{x \to -\infty} F_n(x) = 0, \lim\limits_{x \to +\infty} F_n(x) = 1$;

(2) 单调不减性:当 $x_1 < x_2$ 时,有 $F_n(x_1) \leqslant F_n(x_2)$;

(3) 右连续性:$F_n(x + 0) = F_n(x)$.

对于每一个固定的 x,$F_n(x)$ 是事件 $\{X \leqslant x\}$ 发生的频率,而经验分布函数 $F_n(x)$ 依赖样本的观测值. 由大数定律可知,事件发生的频率依概率收敛于这个事件发生的概率,那么当 n 足够大时,事件 $\{X \leqslant x\}$ 发生的频率 $F_n(x)$ 是否接近于事件 $\{X \leqslant x\}$ 发生的概率 $F(x) = P\{X \leqslant x\}$ 呢? 换句话说,当 n 足够大时,可以用总体 X 的经验分布函数 $F_n(x)$ 估计总体的分布函数 $F(x)$ 吗? 格里汶科给出了答案.

定理 6.1.1 (格里汶科定理)设总体 X 的分布函数为 $F(x)$,经验分布函数为 $F_n(x)$,

则有
$$P\{\lim_{n\to\infty}\sup_{-\infty<x<+\infty}|F_n(x)-F(x)|=0\}=1.$$

由此可见,当 n 充分大时,经验分布函数与总体分布函数有很好的近似度,这就是数理统计中用样本来推断总体的理论依据.

6.1.3 统计量

样本是总体的代表和反映,是统计推断的基本依据,但是我们在抽取样本后,经常得到的是一些杂乱无章的原始数据,并不能直接对总体进行推断,需要对数据进行一定的加工处理和提炼. 此外,根据研究的需要,也需要对样本采取有目的性的处理才行. 加工处理样本数据最常用的方法就是构造样本的一个适当的函数,即统计量. 例如,在例 6.1.1 中得到一个容量为 n 的样本 $X_1, X_2, \cdots, X_n$ 的观测值 $x_1, x_2, \cdots, x_n$,则这 n 位学生的平均身高为

$$\bar{x} = \frac{1}{n}(x_1 + x_2 + \cdots + x_n),$$

以此为该校学生的平均身高是比较合理的. 这个容量为 n 的样本 $X_1, X_2, \cdots, X_n$ 的函数

$$\overline{X} = \frac{1}{n}(X_1 + X_2 + \cdots + X_n)$$

就是样本 $X_1, X_2, \cdots, X_n$ 的统计量.

定义 6.1.3 设 $X_1, X_2, \cdots, X_n$ 是来自总体 X 的一个样本,$T(X_1, X_2, \cdots, X_n)$ 是样本的函数. 若样本函数 $T = T(X_1, X_2, \cdots, X_n)$ 中不含任何未知参数,则称 T 为该样本的**统计量**.

例 6.1.3 已知总体 $X \sim N(\mu, \sigma^2)$,其中 μ 已知,σ^2 未知,$X_1, X_2, \cdots, X_n$ 为来自总体 X 的样本,则下列哪些函数是统计量?

(1) $X_1 + \mu$;

(2) $\frac{1}{2}\sum_{i=1}^{n}(X_i - \mu)$;

(3) $\max\{X_1, X_2, \cdots, X_n\}$;

(4) $\frac{1}{2}\sum_{i=1}^{n}X_i^2 - \sigma^2$;

(5) $\overline{X} = \frac{1}{n}\sum_{i=1}^{n}X_i$;

(6) $\frac{\overline{X} - \mu}{\sigma}$.

解 因为(1),(2),(3),(5)均不含总体的未知参数,所以是统计量. 而(4),(6)均含有总体的未知参数,所以不是统计量.

统计量应用广泛,针对不同的问题,可以构造不同的统计量. 下面给出几个在数理统计中常用的统计量. 设 $X_1, X_2, \cdots, X_n$ 是来自总体 X 的样本,定义如下统计量:

(1) **样本均值**(或样本一阶原点矩)

$$\overline{X} = \frac{1}{n}\sum_{i=1}^{n}X_i;$$

(2) (修正的)**样本方差**

$$S^2 = \frac{1}{n-1}\sum_{i=1}^{n}(X_i - \overline{X})^2 = \frac{1}{n-1}\left(\sum_{i=1}^{n}X_i^2 - n\overline{X}^2\right);$$

(3) **未修正的样本方差**

$$S_n^2 = \frac{1}{n}\sum_{i=1}^{n}(X_i - \overline{X})^2;$$

(4) **样本标准差**

$$S = \sqrt{S^2} = \sqrt{\frac{1}{n-1}\sum_{i=1}^{n}(X_i - \overline{X})^2};$$

(5) **样本 k 阶原点矩**

$$A_k = \frac{1}{n}\sum_{i=1}^{n}X_i^k \quad (k=1,2,\cdots);$$

(6) **样本 k 阶中心矩**

$$B_k = \frac{1}{n}\sum_{i=1}^{n}(X_i - \overline{X})^k \quad (k=1,2,\cdots);$$

(7) **顺序统计量** 设 $x_1, x_2, \cdots, x_n$ 为样本 $X_1, X_2, \cdots, X_n$ 的一组观测值,将其按照从小到大的递增次序排列起来,得到 $x_{(1)} \leqslant x_{(2)} \leqslant \cdots \leqslant x_{(n)}$,定义 $X_{(i)}$ 取值 $x_{(i)}$,称 $X_{(i)}(i=1,2,\cdots,n)$ 为样本 $X_1, X_2, \cdots, X_n$ 的顺序统计量,称 $X_{(1)} = \min\{X_1, X_2, \cdots, X_n\}$ 为**最小顺序统计量**,称 $X_{(n)} = \max\{X_1, X_2, \cdots, X_n\}$ 为**最大顺序统计量**.

顺序统计量因其计算非常简便的特点,应用非常广泛.记 $R = X_{(n)} - X_{(1)}$,称为**极差**.极差在实际中衡量方差的大小,反映了总体 X 的分散程度.记

$$\widetilde{X} = \begin{cases} X_{(\frac{n+1}{2})}, & n \text{ 为奇数}, \\ \frac{1}{2}\left(X_{(\frac{n}{2})} + X_{(\frac{n}{2}+1)}\right), & n \text{ 为偶数}, \end{cases}$$

称为**样本中位数**.样本中位数反映了总体 X 在实轴上分布的位置特征.

例 6.1.4 设 $X_1, X_2, \cdots, X_n$ 为来自均值为 μ、方差为 σ^2 的总体 X 的一个样本.证明:当 n 充分大时,近似地有 $\overline{X} \sim N\left(\mu, \frac{\sigma^2}{n}\right)$.

证 $X_1, X_2, \cdots, X_n$ 是独立同分布的,且 $E(X_i) = \mu$,$D(X_i) = \sigma^2 (i=1,2,\cdots,n)$.根据独立同分布的中心极限定理,当 n 充分大时,近似地有

$$\frac{\sum_{i=1}^{n} X_i - n\mu}{\sqrt{n}\sigma} \sim N(0,1),$$

上式等价于 $\dfrac{\frac{1}{n}\sum_{i=1}^{n} X_i - \mu}{\sigma/\sqrt{n}} \sim N(0,1)$,即当 n 充分大时,近似地有

$$\overline{X} \sim N\left(\mu, \frac{\sigma^2}{n}\right).$$

从例 6.1.4 可以看出,当 n 充分大时,不管总体 X 服从什么样的分布,只要它的均值为 μ,方差为 σ^2,那么对于从这个总体得到的样本均值 $\overline{X}$,近似地有 $\overline{X} \sim N\left(\mu, \frac{\sigma^2}{n}\right)$,即对许多总体而言,可以用正态分布 $N\left(\mu, \frac{\sigma^2}{n}\right)$ 作为样本均值的近似分布,这在实际应用中既便捷又有效.

例 6.1.5 牛奶生产公司用机器向瓶子中罐装牛奶,规定每瓶装 μ mL,但实际中每瓶的罐装量总是有一定波动. 假设每瓶牛奶罐装量的标准差 $\sigma = 1$ mL,如果每箱装 16 瓶牛奶,问:这一箱牛奶的平均罐装量与标定值 μ 相差不超过 0.4 mL 的概率是多少? 如果每箱装 25 瓶呢?

解 记一箱中 16 瓶牛奶的罐装量(单位:mL)分别为 $X_1, X_2, \cdots, X_{16}$,则依题意有
$$E(X_i) = \mu, \quad D(X_i) = 1 \quad (i = 1, 2, \cdots, 16).$$

我们要计算的是 $P\{|\overline{X} - \mu| \leqslant 0.4\}$,由例 6.1.4 的结论,近似地有 $\overline{X} \sim N\left(\mu, \dfrac{1}{n}\right)$. 若每箱装 16 瓶牛奶,则有

$$P\{|\overline{X} - \mu| \leqslant 0.4\} = P\{-0.4 \leqslant \overline{X} - \mu \leqslant 0.4\} = P\left\{\frac{-0.4}{\sigma/\sqrt{n}} \leqslant \frac{\overline{X} - \mu}{\sigma/\sqrt{n}} \leqslant \frac{0.4}{\sigma/\sqrt{n}}\right\}$$
$$\approx \Phi\left(\frac{0.4}{1/\sqrt{16}}\right) - \Phi\left(\frac{-0.4}{1/\sqrt{16}}\right) = 2\Phi(1.6) - 1$$
$$= 0.8904.$$

若每箱装 25 瓶牛奶,则有

$$P\{|\overline{X} - \mu| \leqslant 0.4\} = P\{-0.4 \leqslant \overline{X} - \mu \leqslant 0.4\} = P\left\{\frac{-0.4}{\sigma/\sqrt{n}} \leqslant \frac{\overline{X} - \mu}{\sigma/\sqrt{n}} \leqslant \frac{0.4}{\sigma/\sqrt{n}}\right\}$$
$$\approx \Phi\left(\frac{0.4}{1/\sqrt{25}}\right) - \Phi\left(\frac{-0.4}{1/\sqrt{25}}\right) = 2\Phi(2) - 1$$
$$= 0.9544.$$

由此可见,当每箱装 25 瓶牛奶时,能以更大的概率保证平均罐装量与标定值相差不大.

6.2 抽样分布

由于统计量是样本的函数,根据样本的二重性,因此它也有概率分布,称统计量的概率分布为抽样分布. 这个概念是由英国统计与遗传学家费希尔提出的,他是现代统计学的奠基人之一.

在数理统计中,许多统计推断是基于正态总体假设的. 对于正态总体,我们可以计算出一些重要统计量的精确抽样分布,这些精确的抽样分布为后面正态总体的参数估计和假设检验提供了理论依据. 下面我们介绍在数理统计中占重要地位的三大分布:χ^2 分布、t 分布和 F 分布.

费希尔

6.2.1 χ^2 分布

定义 6.2.1 设随机变量 $X_1, X_2, \cdots, X_n$ 相互独立,且均服从标准正态分布 $N(0,1)$,则称随机变量
$$\chi^2 = X_1^2 + X_2^2 + \cdots + X_n^2$$
服从自由度为 n 的 χ^2 分布,记作 $\chi^2 \sim \chi^2(n)$.

在 χ^2 分布的定义中,自由度 n 是它的一个参数,表示独立变量的个数. 自由度为 n 的 χ^2 分布的密度函数为

$$f(x) = \begin{cases} \dfrac{1}{2^{\frac{n}{2}}\Gamma\left(\dfrac{n}{2}\right)} x^{\frac{n}{2}-1} e^{-\frac{x}{2}}, & x > 0, \\ 0, & x \leqslant 0, \end{cases}$$

其中函数 $\Gamma(x) = \int_0^{+\infty} t^{x-1} e^{-t} dt \ (x > 0)$.

$f(x)$ 的图形随 n 的取值不同而不同,如图 6.1 所示.

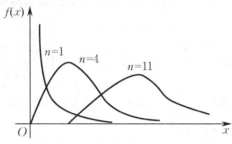

图 6.1

χ^2 分布具有如下性质.

性质 1（可加性）设 $X \sim \chi^2(n), Y \sim \chi^2(m)$,且它们相互独立,则 $X + Y \sim \chi^2(n+m)$.

证 因为 $X \sim \chi^2(n), Y \sim \chi^2(m)$,由定义 6.2.1,可以把 X 和 Y 分别表示为
$$X = X_1^2 + X_2^2 + \cdots + X_n^2, \quad Y = Y_1^2 + Y_2^2 + \cdots + Y_m^2,$$
其中 $X_i, Y_j \ (i = 1, 2, \cdots, n; j = 1, 2, \cdots, m)$ 都服从标准正态分布 $N(0,1)$ 且相互独立,所以
$$X + Y = X_1^2 + X_2^2 + \cdots + X_n^2 + Y_1^2 + Y_2^2 + \cdots + Y_m^2,$$
由定义 6.2.1 可得 $X + Y \sim \chi^2(n+m)$.

性质 2 若 $\chi^2 \sim \chi^2(n)$,则 $E(\chi^2) = n, D(\chi^2) = 2n$.

证 因为 $\chi^2 \sim \chi^2(n)$,所以由定义 6.2.1,可以把 χ^2 表示为
$$\chi^2 = X_1^2 + X_2^2 + \cdots + X_n^2,$$
其中 $X_i (i = 1, 2, \cdots, n)$ 都服从标准正态分布 $N(0,1)$ 且相互独立. 由标准正态分布的数学期望和方差的性质,有
$$E(X_i) = 0, \quad D(X_i) = E(X_i^2) - [E(X_i)]^2 = E(X_i^2) = 1,$$
$$E(X_i^4) = \frac{1}{\sqrt{2\pi}} \int_{-\infty}^{+\infty} x^4 e^{-\frac{x^2}{2}} dx = 3, \quad D(X_i^2) = E(X_i^4) - [E(X_i^2)]^2 = 3 - 1 = 2.$$
又因为 $X_i (i = 1, 2, \cdots, n)$ 相互独立,所以 X_i^2 也相互独立,故
$$E(\chi^2) = E\left(\sum_{i=1}^n X_i^2\right) = \sum_{i=1}^n E(X_i^2) = n,$$
$$D(\chi^2) = D\left(\sum_{i=1}^n X_i^2\right) = \sum_{i=1}^n D(X_i^2) = 2n.$$

定义 6.2.2 设随机变量 $\chi^2 \sim \chi^2(n)$,密度函数为 $f(x)$. 对于给定的实数 $\alpha (0 < \alpha < 1)$,称满足条件
$$P\{\chi^2 > \chi_\alpha^2(n)\} = \int_{\chi_\alpha^2(n)}^{+\infty} f(x) dx = \alpha$$
的点 $\chi_\alpha^2(n)$ 为 $\chi^2(n)$ 分布的**上 α 分位点**(见图 6.2).

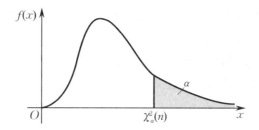

图 6.2

对于不同的 $\alpha, n, \chi^2(n)$ 分布的上 α 分位点的值已制成表,可以直接查用(见附表 4). 例如,当 $\alpha=0.1, n=25$ 时,查附表 4 得 $\chi^2_{0.1}(25)=34.382$.

例 6.2.1 设随机变量 $X \sim \chi^2(11)$,求满足条件 $P\{X \leqslant \lambda\}=0.01$ 的 λ 的值.

解 因为
$$P\{X > \lambda\} = 1 - P\{X \leqslant \lambda\} = 0.99,$$
所以查附表 4 得 $\lambda = \chi^2_{0.99}(11) = 3.053$.

6.2.2 t 分布

定义 6.2.3 设随机变量 $X \sim N(0,1), Y \sim \chi^2(n)$,且 X 与 Y 相互独立,则称随机变量
$$T = \frac{X}{\sqrt{Y/n}}$$
服从自由度为 n 的 t 分布,记作 $T \sim t(n)$.

自由度为 n 的 t 分布的密度函数为
$$f(t) = \frac{\Gamma\left(\frac{n+1}{2}\right)}{\sqrt{n\pi}\,\Gamma\left(\frac{n}{2}\right)} \left(1 + \frac{t^2}{n}\right)^{-\frac{n+1}{2}} \quad (-\infty < t < +\infty).$$

由上式可得,t 分布的密度函数是偶函数,其图形关于 y 轴对称. 当 n 较小时,t 分布与标准正态分布之间有较大的差异;当 n 较大时,其图形类似于标准正态分布的密度函数图形. 这是因为当 $n \to \infty$ 时,有
$$f(t) = \frac{1}{\sqrt{2\pi}} e^{-\frac{t^2}{2}} \quad (-\infty < t < +\infty).$$

图 6.3 给出了当 $n=1, 10, \infty$ 时的 t 分布的密度函数图形.

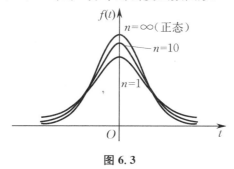

图 6.3

t 分布是统计学中的一类重要分布,它是由英国统计学家戈塞特发现的. 1908 年,戈塞特以笔名"Student"在生物统计杂志《生物统计学》上发表论文,提出了这一分布,因而 t 分布又称为"学生氏分布". t 分布的发现打破了人们局限于正态分布的认知,开创了小样本统计推断的新纪元,在统计学史上具有划时代的意义.

定义 6.2.4 设随机变量 $T \sim t(n)$,密度函数为 $f(t)$. 对于给定的实数 $\alpha(0<\alpha<1)$,称满足条件

$$P\{T>t_\alpha(n)\}=\int_{t_\alpha(n)}^{+\infty} f(x)\mathrm{d}x=\alpha$$

的点 $t_\alpha(n)$ 为 $t(n)$ 分布的**上 α 分位点**(见图 6.4).

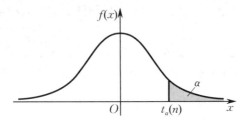

图 6.4

t 分布的上 α 分位点的具体数值可以从 t 分布表中查到(见附表 5). 由 t 分布的定义及 t 分布的密度函数图形的对称性可知 $t_{1-\alpha}(n)=-t_\alpha(n)$. 例如,当 $\alpha=0.025$,$n=8$ 时,查附表 5 得 $t_{0.025}(8)=2.3060$,则 $t_{0.975}(8)=-2.3060$.

6.2.3 F 分布

定义 6.2.5 设随机变量 $X \sim \chi^2(m)$,$Y \sim \chi^2(n)$,且 X 与 Y 相互独立,则称随机变量

$$F=\frac{X/m}{Y/n}$$

服从自由度为 (m,n) 的 F **分布**,记作 $F \sim F(m,n)$,其中 m 称为**第一自由度**,n 称为**第二自由度**.

由 F 分布的定义可得,若 $F \sim F(m,n)$,则 $\dfrac{1}{F} \sim F(n,m)$.

$F(m,n)$ 分布的密度函数为

$$f(x)=\begin{cases}\dfrac{\Gamma\left(\dfrac{m+n}{2}\right)}{\Gamma\left(\dfrac{m}{2}\right)\Gamma\left(\dfrac{n}{2}\right)}\left(\dfrac{m}{n}\right)^{\frac{m}{2}}x^{\frac{m}{2}-1}\left(1+\dfrac{m}{n}x\right)^{-\frac{m+n}{2}}, & x>0,\\ 0, & x\leqslant 0,\end{cases}$$

其函数图形如图 6.5 所示.

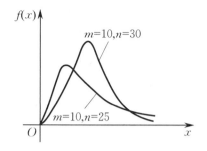

图 6.5

定义 6.2.6 设随机变量 $F \sim F(m,n)$,密度函数为 $f(x)$. 对于给定的实数 $\alpha(0<\alpha<1)$,称满足条件

$$P\{F > F_\alpha(m,n)\} = \int_{F_\alpha(m,n)}^{+\infty} f(x)\mathrm{d}x = \alpha$$

的点 $F_\alpha(m,n)$ 为 $F(m,n)$ 分布的**上 α 分位点**(见图 6.6).

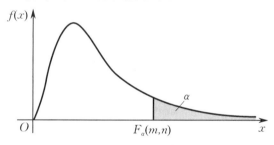

图 6.6

F 分布的上 α 分位点的具体数值可以从 F 分布表中查到(见附表 6). 对于 F 分布表中没有包括的数值,则需要用到 F 分布的上 α 分位点的如下性质.

性质 1 $F_{1-\alpha}(m,n) = \dfrac{1}{F_\alpha(n,m)}$.

证 设随机变量 $F \sim F(m,n)$. 由上 α 分位点的定义,有

$$1-\alpha = P\{F > F_{1-\alpha}(m,n)\} = P\left\{\frac{1}{F} < \frac{1}{F_{1-\alpha}(m,n)}\right\}$$

$$= 1 - P\left\{\frac{1}{F} \geqslant \frac{1}{F_{1-\alpha}(m,n)}\right\},$$

所以 $\alpha = P\left\{\dfrac{1}{F} \geqslant \dfrac{1}{F_{1-\alpha}(m,n)}\right\}$. 又因为 $\dfrac{1}{F} \sim F(n,m)$,再由上 α 分位点的定义可得

$$\frac{1}{F_{1-\alpha}(m,n)} = F_\alpha(n,m), \quad 即 \quad F_{1-\alpha}(m,n) = \frac{1}{F_\alpha(n,m)}.$$

例如,求 $F_{0.95}(12,15)$,在附表 6 中查不到 $\alpha = 0.95$ 对应的上 α 分位点的值,但是我们可以根据性质 1 进行求解,即 $F_{0.95}(12,15) = \dfrac{1}{F_{0.05}(15,12)} = \dfrac{1}{2.62} \approx 0.38$.

性质 2 若随机变量 $X \sim t(n)$,则 $X^2 \sim F(1,n)$.

证 设 $X \sim t(n)$，则 X 可表示为 $X = \dfrac{Y}{\sqrt{Z/n}}$，其中 $Y \sim N(0,1)$，$Z \sim \chi^2(n)$，且 Y 与 Z 相互独立，于是 $X^2 = \dfrac{Y^2}{Z/n}$. 又因为 $Y^2 \sim \chi^2(1)$，由定义 6.2.5 得 $X^2 \sim F(1,n)$.

6.2.4 正态总体的抽样分布定理

定理 6.2.1 设 $X_1, X_2, \cdots, X_n$ 为来自正态总体 $X \sim N(\mu, \sigma^2)$ 的一个样本，$\overline{X}$ 和 S^2 分别是样本均值和样本方差，则

(1) $\overline{X} \sim N\left(\mu, \dfrac{\sigma^2}{n}\right)$；

(2) $\overline{X}$ 与 S^2 相互独立；

(3) $\dfrac{(n-1)S^2}{\sigma^2} \sim \chi^2(n-1)$.

利用正态分布的性质易得结论(1)，结论(2) 和(3) 的证明较为复杂，这里略去.

例 6.2.2 设 $X_1, X_2, \cdots, X_8$ 为来自正态总体 $N(0,4)$ 的一个样本，$\overline{X}$ 为样本方差. 求：

(1) $P\{\overline{X} > 0.5\}$；

(2) $P\{\sum\limits_{i=1}^{8} X_i^2 > 8.72\}$.

解 (1) 依题意可得 $\overline{X} \sim N\left(0, \dfrac{4}{8}\right)$，即 $\overline{X} \sim N(0, 0.5)$，故

$$P\{\overline{X} > 0.5\} = P\left\{\dfrac{\overline{X}}{\sqrt{0.5}} > \dfrac{0.5}{\sqrt{0.5}}\right\} \approx 1 - P\left\{\dfrac{\overline{X}}{0.71} \leqslant 0.71\right\}$$
$$= 1 - \Phi(0.71) = 0.2389.$$

(2) 依题意可得 $\dfrac{X_i}{2} \sim N(0,1)$ $(i=1,2,\cdots,8)$，由定义 6.2.1 得

$$\dfrac{X_1^2}{4} + \dfrac{X_2^2}{4} + \cdots + \dfrac{X_8^2}{4} \sim \chi^2(8).$$

故查附表 4 得

$$P\left\{\sum_{i=1}^{8} X_i^2 > 8.72\right\} = P\left\{\dfrac{1}{4}\sum_{i=1}^{8} X_i^2 > \dfrac{8.72}{4}\right\} = P\left\{\dfrac{1}{4}\sum_{i=1}^{8} X_i^2 > 2.18\right\} = 0.975.$$

推论 6.2.1 设 $X_1, X_2, \cdots, X_n$ 为来自正态总体 $X \sim N(\mu, \sigma^2)$ 的一个样本，$\overline{X}$ 和 S^2 分别是样本均值和样本方差，则

$$T = \dfrac{\overline{X} - \mu}{S/\sqrt{n}} \sim t(n-1).$$

由定理 6.2.1 及定义 6.2.3 可得该推论，留给读者自行证明.

定理 6.2.2 设 $X_1, X_2, \cdots, X_{n_1}$ 为来自正态总体 $X \sim N(\mu_1, \sigma^2)$ 的样本，$\overline{X}$ 和 S_1^2 分别

是该样本的样本均值和样本方差;$Y_1,Y_2,\cdots,Y_{n_2}$ 为来自正态总体 $Y\sim N(\mu_2,\sigma^2)$ 的一个样本,$\overline{Y}$ 和 S_2^2 分别是该样本的样本均值和样本方差,且 X 与 Y 相互独立,则

$$T=\frac{(\overline{X}-\overline{Y})-(\mu_1-\mu_2)}{S_w\sqrt{\dfrac{1}{n_1}+\dfrac{1}{n_2}}}\sim t(n_1+n_2-2),$$

其中 $S_w^2=\dfrac{(n_1-1)S_1^2+(n_2-1)S_2^2}{n_1+n_2-2}$,$S_w=\sqrt{S_w^2}$.

证 由定理 6.2.1 知,$\overline{X}\sim N\left(\mu_1,\dfrac{\sigma^2}{n_1}\right)$,$\overline{Y}\sim N\left(\mu_2,\dfrac{\sigma^2}{n_2}\right)$,因此

$$\overline{X}-\overline{Y}\sim N\left(\mu_1-\mu_2,\dfrac{\sigma^2}{n_1}+\dfrac{\sigma^2}{n_2}\right),$$

故

$$\frac{(\overline{X}-\overline{Y})-(\mu_1-\mu_2)}{\sqrt{\sigma^2\left(\dfrac{1}{n_1}+\dfrac{1}{n_2}\right)}}\sim N(0,1).$$

又由定理 6.2.1 可得

$$\frac{(n_1-1)S_1^2}{\sigma^2}\sim \chi^2(n_1-1),\quad \frac{(n_2-1)S_2^2}{\sigma^2}\sim \chi^2(n_2-1),$$

且它们相互独立,故由 χ^2 分布的可加性知

$$\frac{(n_1-1)S_1^2}{\sigma^2}+\frac{(n_2-1)S_2^2}{\sigma^2}\sim \chi^2(n_1+n_2-2).$$

所以由定义 6.2.3 得

$$\frac{\dfrac{(\overline{X}-\overline{Y})-(\mu_1-\mu_2)}{\sqrt{\sigma^2\left(\dfrac{1}{n_1}+\dfrac{1}{n_2}\right)}}}{\sqrt{\dfrac{\dfrac{(n_1-1)S_1^2}{\sigma^2}+\dfrac{(n_2-1)S_2^2}{\sigma^2}}{n_1+n_2-2}}}=\frac{(\overline{X}-\overline{Y})-(\mu_1-\mu_2)}{S_w\sqrt{\dfrac{1}{n_1}+\dfrac{1}{n_2}}}\sim t(n_1+n_2-2).$$

定理 6.2.3 设 $X_1,X_2,\cdots,X_{n_1}$ 为来自正态总体 $X\sim N(\mu_1,\sigma_1^2)$ 的一个样本,S_1^2 是该样本的样本方差;$Y_1,Y_2,\cdots,Y_{n_2}$ 为来自正态总体 $Y\sim N(\mu_2,\sigma_2^2)$ 的一个样本,S_2^2 是该样本的样本方差,且 X 与 Y 相互独立,则

$$F=\frac{S_1^2/\sigma_1^2}{S_2^2/\sigma_2^2}\sim F(n_1-1,n_2-1).$$

由定理 6.2.1 及 F 分布的定义可得该定理,留给读者自行证明.

注 定理 6.2.2 中要求两个正态总体的方差必须相等,而定理 6.2.3 中两个正态总体的方差可以不相等.

6.3 实践案例

1. 确定样本容量

我们在研究随机现象的规律时,往往是依据事先给出的可靠度,确定抽取的样本容量 n 的个数.

例 6.3.1 某工厂生产的充电宝 24 h 后的自然耗电量(即待机耗电量)服从正态分布 $N(\mu,\sigma^2)$. 为了检验充电宝的自然耗电量的稳定性,现在抽取容量相同的两个样本,为使两个样本均值的误差大于均方差 σ 的概率不超过 1‰,样本容量 n 为多少时才能满足要求?

解 设 X 表示该工厂生产的充电宝 24 h 后的自然耗电量,则 $X \sim N(\mu,\sigma^2)$. 记第一个样本的样本均值为 $\overline{X}_1$,第二个样本的样本均值为 $\overline{X}_2$,则由定理 6.2.1 得

$$E(\overline{X}_1)=E(\overline{X}_2)=\mu, \quad D(\overline{X}_1)=D(\overline{X}_2)=\frac{\sigma^2}{n},$$

$$E(\overline{X}_1-\overline{X}_2)=E(\overline{X}_1)-E(\overline{X}_2)=0, \quad D(\overline{X}_1-\overline{X}_2)=D(\overline{X}_1)+D(\overline{X}_2)=\frac{2\sigma^2}{n}.$$

利用正态分布的性质可得 $\overline{X}_1-\overline{X}_2 \sim N\left(0,\frac{2\sigma^2}{n}\right)$,要使得

$$P\{|\overline{X}_1-\overline{X}_2|>\sigma\}=P\left\{\left|\frac{\overline{X}_1-\overline{X}_2}{\sigma\sqrt{\frac{2}{n}}}\right|>\sqrt{\frac{n}{2}}\right\}=2\left[1-\Phi\left(\sqrt{\frac{n}{2}}\right)\right]\leqslant 0.01,$$

即

$$\Phi\left(\sqrt{\frac{n}{2}}\right)\geqslant 0.995,$$

查附表 2 得 $\Phi(2.575)=0.995$,故要求 $\sqrt{\frac{n}{2}}\geqslant 2.575$,即 $n\geqslant 13.3$,样本容量 n 至少为 14 时才能满足要求.

2. 极端成绩分析

例 6.3.2 将某班学生"概率论与数理统计"课程的期末考试成绩分为不及格、及格、中等、良好、优秀 5 个等级,其中不及格的概率为 0.06,及格的概率为 0.20,中等的概率为 0.35,良好的概率为 0.27,优秀的概率为 0.12. 现从该班随机抽取 4 位学生,求:

(1) 这 4 位学生中的最低成绩 $X_{(1)}$ 及最高成绩 $X_{(4)}$ 的分布律;

(2) 这 4 位学生中的最低成绩 $X_{(1)}$ 是及格及以上的概率,以及最高成绩 $X_{(4)}$ 是良好及以上的概率.

解 (1) 设 X 表示该班学生"概率论与数理统计"课程的成绩等级,X 取 1 表示考试成绩不及格,X 取 2 表示考试成绩及格,以此类推,则可得 X 取各值的概率为

$$P\{X=1\}=0.06, \quad P\{X=2\}=0.20, \quad P\{X=3\}=0.35,$$
$$P\{X=4\}=0.27, \quad P\{X=5\}=0.12.$$

故 X 的分布函数为
$$F_X(x)=\begin{cases} 0, & x<1, \\ 0.06, & 1\leqslant x<2, \\ 0.26, & 2\leqslant x<3, \\ 0.61, & 3\leqslant x<4, \\ 0.88, & 4\leqslant x<5, \\ 1, & x\geqslant 5. \end{cases}$$

随机抽取的 4 位学生的成绩分别为 X_1,X_2,X_3,X_4,显然这 4 个随机变量是相互独立的,且与 X 有相同的分布. 由顺序统计量的定义可得
$$X_{(1)}=\min\{X_1,X_2,X_3,X_4\}, \quad X_{(4)}=\max\{X_1,X_2,X_3,X_4\},$$

故 $X_{(1)}$ 的分布函数为
$$F_{X_{(1)}}(x)=P\{X_{(1)}\leqslant x\}=1-P\{X_{(1)}>x\}$$
$$=1-P\{X_1>x,X_2>x,X_3>x,X_4>x\}$$
$$=1-P\{X_1>x\}P\{X_2>x\}P\{X_3>x\}P\{X_4>x\}$$
$$=1-[1-F_X(x)]^4,$$

即
$$F_{X_{(1)}}(x)=\begin{cases} 0, & x<1, \\ 0.2193, & 1\leqslant x<2, \\ 0.7001, & 2\leqslant x<3, \\ 0.9769, & 3\leqslant x<4, \\ 0.9998, & 4\leqslant x<5, \\ 1, & x\geqslant 5, \end{cases}$$

所以 $X_{(1)}$ 的分布律如表 6.1 所示.

表 6.1

$X_{(1)}$	1	2	3	4	5
P	0.2193	0.4808	0.2768	0.0229	0.0002

而 $X_{(4)}$ 的分布函数为
$$F_{X_{(4)}}(x)=P\{X_{(4)}\leqslant x\}=P\{X_1\leqslant x,X_2\leqslant x,X_3\leqslant x,X_4\leqslant x\}$$
$$=P\{X_1\leqslant x\}P\{X_2\leqslant x\}P\{X_3\leqslant x\}P\{X_4\leqslant x\}=[F_X(x)]^4,$$

即
$$F_{X_{(4)}}(x)=\begin{cases} 0, & x<1, \\ 0, & 1\leqslant x<2, \\ 0.0046, & 2\leqslant x<3, \\ 0.1385, & 3\leqslant x<4, \\ 0.5997, & 4\leqslant x<5, \\ 1, & x\geqslant 5 \end{cases}=\begin{cases} 0, & x<2, \\ 0.0046, & 2\leqslant x<3, \\ 0.1385, & 3\leqslant x<4, \\ 0.5997, & 4\leqslant x<5, \\ 1, & x\geqslant 5, \end{cases}$$

所以 $X_{(4)}$ 的分布律如表 6.2 所示.

表 6.2

$X_{(4)}$	2	3	4	5
P	0.004 6	0.133 9	0.461 2	0.400 3

(2) 4 位学生中的最低成绩是及格及以上的概率为
$$1-P\{X_{(1)}=1\}=1-0.219\,3=0.780\,7,$$
最高成绩是良好及以上的概率为
$$P\{X_{(4)}=4\}+P\{X_{(4)}=5\}=0.461\,2+0.400\,3=0.861\,5.$$

本 章 总 结

统计量及其分布
- 基本概念：总体、样本、抽样
- 经验分布函数：$F_n(x)=\begin{cases}0, & x<x_{(1)}, \\ \dfrac{k}{n}, & x_{(k)}\leqslant x<x_{(k+1)}, \\ 1, & x\geqslant x_{(n)}\end{cases}$ $(k=1,2,\cdots,n-1,x\in\mathbf{R})$
- 统计量
  - 样本均值：$\overline{X}=\dfrac{1}{n}\sum\limits_{i=1}^{n}X_i$
  - 样本方差：$S^2=\dfrac{1}{n-1}\sum\limits_{i=1}^{n}(X_i-\overline{X})^2=\dfrac{1}{n-1}\left(\sum\limits_{i=1}^{n}X_i^2-n\overline{X}^2\right)$
  - 样本 k 阶原点矩：$A_k=\dfrac{1}{n}\sum\limits_{i=1}^{n}X_i^k\,(k=1,2,\cdots)$
  - 样本 k 阶中心矩：$B_k=\dfrac{1}{n}\sum\limits_{i=1}^{n}(X_i-\overline{X})^k\,(k=1,2,\cdots)$
  - 顺序统计量：最大顺序统计量与最小顺序统计量
- 与正态分布相关的抽样分布：χ^2 分布、t 分布、F 分布
- 正态总体下关于样本均值、样本方差等统计量的分布（抽样分布定理）

习 题 六

1. 设 $X_1,X_2,\cdots,X_n$ 为来自总体 X 的样本，X 的密度函数为
$$f(x)=\begin{cases}2\mathrm{e}^{-2x}, & x>0, \\ 0, & x\leqslant 0,\end{cases}$$
试求 $(X_1,X_2,\cdots,X_n)$ 的密度函数.

2. 设 $X_1, X_2, \cdots, X_n$ 为来自总体 X 的样本,证明:

(1) $\sum_{i=1}^{n}(X_i - \overline{X}) = 0$; (2) $(n-1)S^2 = \sum_{i=1}^{n} X_i^2 - n\overline{X}^2$.

3. 设总体 X 的密度函数为 $f(x) = \begin{cases} |x|, & |x| < 1, \\ 0, & |x| \geq 1, \end{cases}$ $X_1, X_2, \cdots, X_{50}$ 为来自总体 X 的样本,试求:

(1) 样本均值的数学期望和方差;

(2) 样本方差的数学期望;

(3) 样本均值的绝对值大于 0.02 的概率.

4. 设总体 $X \sim N(48, 36)$,$X_1, X_2, \cdots, X_9$ 为来自总体 X 的样本,求
$$P\{46 < \overline{X} < 51.8\}.$$

5. 从一个正态总体 $X \sim N(\mu, \sigma^2)$ 中抽取一个容量为 10 的样本,且 $P\{|\overline{X} - \mu| > 4\} = 0.02$,求 σ 的值.

6. 设 $X_1, X_2, \cdots, X_{16}$ 是来自总体 $X \sim N(0, 0.04)$ 的样本,求 $P\{\sum_{i=1}^{16} X_i^2 > 1.28\}$.

7. 求来自总体 $X \sim N(4, 9)$ 的容量分别为 10,15 的两个相互独立的样本的样本均值差的绝对值大于 1.4 的概率.

8. 设总体 $X \sim N(0, 4)$,$X_1, X_2, \cdots, X_{15}$ 为来自总体 X 的样本,求随机变量 $Y = \dfrac{X_1^2 + X_2^2 + \cdots + X_{10}^2}{2(X_{11}^2 + X_{12}^2 + X_{13}^2 + X_{14}^2 + X_{15}^2)}$ 所服从的分布.

9. 假设某辆汽车每天在车库停车的时间(单位:h)服从正态分布 $X \sim N(4, 0.64)$,求:

(1) 一个月(30 天)中该辆汽车每天平均停车的时间在 $1 \sim 5$ h 之间的概率;

(2) 一个月(30 天)中该辆汽车总的停车时间不超过 115 h 的概率.

10. 设总体 $X \sim N(62, 100)$,$X_1, X_2, \cdots, X_n$ 为来自总体 X 的样本,为使样本均值大于 60 的概率不小于 0.95,问:样本容量 n 至少应取多大?

11. 设总体 $X \sim N(\mu, \sigma^2)$,$X_1, X_2, \cdots, X_{16}$ 为来自总体 X 的样本,S^2 为样本方差,求 $P\left\{\dfrac{S^2}{\sigma^2} \leq 2.04\right\}$.

12. 设 X_1, X_2, X_3, X_4 为来自总体 $X \sim N(1, \sigma^2)$ 的样本,求统计量 $\dfrac{X_1 - X_2}{|X_3 + X_4 - 2|}$ 的分布.

13. 设 X_1, X_2, X_3 为来自总体 $X \sim N(0, \sigma^2)$ 的样本,求统计量 $\dfrac{X_1 - X_2}{\sqrt{2}|X_3|}$ 的分布.

14. 设总体 $X \sim B(m, \theta)$,$X_1, X_2, \cdots, X_n$ 为来自总体 X 的样本,$\overline{X}$ 为样本均值,求 $E\left[\sum_{i=1}^{n}(X_i - \overline{X})^2\right]$.

15. 设 X_1, X_2 为来自总体 $X \sim N(0, \sigma^2)$ 的样本.

(1) 证明：$(X_1 + X_2)^2$ 与 $(X_1 - X_2)^2$ 相互独立.

(2) 求统计量 $(X_1 + X_2)^2 / (X_1 - X_2)^2$ 的分布.

16. 设 $X_1, X_2, \cdots, X_n, X_{n+1}$ 为来自总体 $X \sim N(\mu, \sigma^2)$ 的样本，$\overline{X} = \dfrac{1}{n} \sum\limits_{i=1}^{n} X_i$，$S^2 = \dfrac{1}{n-1} \sum\limits_{i=1}^{n} (X_i - \overline{X})^2$，证明：$T = \sqrt{\dfrac{n}{n+1}} \dfrac{X_{n+1} - \overline{X}}{S}$ 服从 t 分布，并指出分布的自由度.

第七章 参数估计

数理统计的核心内容是统计推断,即通过样本对总体的分布或总体分布中的某些未知参数进行推断.统计推断可以分为两大类:参数估计和假设检验.本章重点讨论参数估计中的点估计和区间估计.

7.1 点估计

7.1.1 点估计的概念

在实际中,总体 X 的分布往往大致已知,但它的一个或者多个参数未知,人们希望通过样本构造适当的函数来估计出总体的未知参数.例如,一工厂某周每天生产的次品数依次为 3,4,1,5,4,3,1,假设次品数 X 服从泊松分布 $P(\lambda)$,其中 λ 未知($\lambda > 0$),可以用统计量 $\overline{X} = \dfrac{1}{n}\sum\limits_{i=1}^{n} X_i$ 的观测值 $\overline{x} = 3$ 估计 λ 的值.

设总体 X 的分布函数 $F(x;\theta)$ 的形式已知,其中 θ(θ 是一维或多维的)是未知的待估参数,$\theta \in \Theta$,Θ 是 θ 的取值范围,$X_1, X_2, \cdots, X_n$ 为来自总体 X 的样本,$x_1, x_2, \cdots, x_n$ 是相应的观测值.点估计问题就是要构造一个适当的统计量 $\hat{\theta}(X_1, X_2, \cdots, X_n)$,用它的观测值 $\hat{\theta}(x_1, x_2, \cdots, x_n)$ 作为未知参数 θ 的近似值.称 $\hat{\theta}(X_1, X_2, \cdots, X_n)$ 是 θ 的**估计量**,$\hat{\theta}(x_1, x_2, \cdots, x_n)$ 是 θ 的**估计值**.在不致混淆的情况下,估计量和估计值统称为**点估计**,简记为 $\hat{\theta}$.事实上,用 θ 的估计值作为 θ 的真值的近似值就相当于用一个点来估计 θ,因此得名为点估计,又称为定值估计.

若待估参数为未知参数 θ 的实值函数 $g(\theta)$,则 $g(\theta)$ 的点估计为 $g(\hat{\theta})$.例如,前面提到的工厂每天生产的次品数 $X \sim P(\lambda)$,则某天生产的产品全部合格的概率 $P\{X=0\} = \mathrm{e}^{-\lambda}$ 是未知参数 λ 的函数,自动被估计为 e^{-3}.

构造估计量 $\hat{\theta}(X_1, X_2, \cdots, X_n)$ 的方法很多,下面仅介绍矩估计法和最大似然估计法.

7.1.2 矩估计法

矩估计法是由英国统计学家皮尔逊于十九世纪末提出来的,其基本思想就是用样本矩替换总体矩,从而求出未知参数的估计量.用矩估计法确定的估计量称为**矩估计量**,相应的估计值称为**矩估计值**.矩估计量与矩估计值统称为**矩估计**.

矩估计的一般做法如下:设总体 X 的分布函数为 $F(x;\theta_1,\theta_2,\cdots,\theta_l)$,其中参数 $\theta_1,\theta_2,\cdots,\theta_l$ 均未知,$X_1,X_2,\cdots,X_n$ 为来自总体 X 的样本.

(1) 如果总体 X 的 $k(1\leqslant k\leqslant l)$ 阶原点矩 $\mu_k=E(X^k)$ 均存在,求出
$$\mu_k=\mu_k(\theta_1,\theta_2,\cdots,\theta_l) \quad (1\leqslant k\leqslant l).$$

(2) 用样本同阶原点矩 $A_k=\dfrac{1}{n}\sum_{i=1}^{n}X_i^k$ 来代替 μ_k,得到方程组
$$\begin{cases}\mu_1(\theta_1,\theta_2,\cdots,\theta_l)=A_1,\\ \mu_2(\theta_1,\theta_2,\cdots,\theta_l)=A_2,\\ \cdots\cdots\\ \mu_l(\theta_1,\theta_2,\cdots,\theta_l)=A_l.\end{cases}$$

(3) 求出上述方程组的解,得矩估计量 $\hat{\theta}_k=\theta(A_1,A_2,\cdots,A_l)(1\leqslant k\leqslant l)$.

也可以用样本中心矩来替换总体中心矩,如用样本二阶中心矩 $S_n^2=\dfrac{1}{n}\sum_{i=1}^{n}(X_i-\overline{X})^2$ 估计总体方差 $D(X)$.

例 7.1.1 设总体 X 的密度函数为
$$f(x)=\begin{cases}(\alpha+1)x^\alpha, & 0<x<1,\\ 0, & 其他,\end{cases}$$
其中 $\alpha>-1$ 为未知参数,求 α 的矩估计量.

解 总体 X 的数学期望
$$E(X)=\int_0^1 x\cdot(\alpha+1)x^\alpha\mathrm{d}x=\dfrac{\alpha+1}{\alpha+2},$$
令 $\overline{X}=\dfrac{\alpha+1}{\alpha+2}$,得 α 的矩估计量为
$$\hat{\alpha}=\dfrac{2\overline{X}-1}{1-\overline{X}}.$$

例 7.1.2 设总体 X 的均值 μ 和方差 σ^2 都存在,且 $\sigma^2>0$,但均未知,$X_1,X_2,\cdots,X_n$ 为来自总体 X 的样本,求 μ 和 σ^2 的矩估计量.

解 依题意得
$$E(X)=\mu,\quad E(X^2)=[E(X)]^2+D(X)=\mu^2+\sigma^2.$$
记 $A_1=\overline{X},A_2=\dfrac{1}{n}\sum_{i=1}^{n}X_i^2$,得方程组
$$\begin{cases}\mu_1=E(X)=\mu=A_1,\\ \mu_2=E(X^2)=\mu^2+\sigma^2=A_2,\end{cases}$$
从而解得 μ 和 σ^2 的矩估计量分别为
$$\hat{\mu}=A_1=\overline{X},\quad \hat{\sigma}^2=A_2-\overline{X}^2=\dfrac{1}{n}\sum_{i=1}^{n}(X_i-\overline{X})^2=S_n^2.$$

由例 7.1.2 可知,总体均值 μ 和方差 σ^2 的矩估计量的表达式不因总体的分布不同而改变,

对于正态总体 $X \sim N(\mu, \sigma^2)$,未知参数 μ 与 σ^2 的矩估计量也为 $\hat{\mu} = \overline{X}, \hat{\sigma}^2 = S_n^2$. 因此,矩估计法没有充分利用总体分布函数 $F(x;\theta)$ 对参数 θ 所提供的信息.

例 7.1.3 在某班期末语文考试成绩中随机抽取 10 人的成绩,结果如表 7.1 所示,试求该班期末语文考试成绩的平均分、标准差的矩估计值.

表 7.1

序号	1	2	3	4	5	6	7	8	9	10
分数	95	90	86	80	78	75	70	68	65	60

解 设 X 表示该班期末语文考试成绩,由例 7.1.2 的结论有 $\hat{\mu} = \overline{X}, \hat{\sigma} = S_n$. 把观测值代入得

$$\overline{x} = \frac{1}{10} \sum_{i=1}^{10} x_i = \frac{1}{10}(95 + 90 + \cdots + 60) = 76.7,$$

$$s_n = \sqrt{\frac{1}{10} \sum_{i=1}^{10} (x_i - \overline{x})^2} \approx 10.72.$$

所以该班期末语文考试成绩的平均分的矩估计值为 $\hat{\mu} = \overline{x} = 76.7$,标准差的矩估计值为 $\hat{\sigma} = s_n \approx 10.72$.

例 7.1.4 设总体 $X \sim E(\lambda)$,其密度函数为

$$f(x) = \begin{cases} \lambda e^{-\lambda x}, & x \geq 0, \\ 0, & x < 0, \end{cases}$$

其中 $\lambda > 0$ 为未知参数,$X_1, X_2, \cdots, X_n$ 为来自总体 X 的样本,求 λ 的矩估计量.

解 解法一 由于 $E(X) = \frac{1}{\lambda}$,令 $\overline{X} = \frac{1}{\lambda}$,得 λ 的矩估计量为 $\hat{\lambda} = \frac{1}{\overline{X}}$.

解法二 由于 $D(X) = \frac{1}{\lambda^2}$,令 $S_n^2 = \frac{1}{\lambda^2}$,得 λ 的矩估计量为 $\hat{\lambda} = \frac{1}{S_n}$.

例 7.1.4 说明矩估计不是唯一的.

7.1.3 最大似然估计法

最大似然估计法是求点估计最常用的方法,其基本思想是在抽样结果已知的情况下,寻找使得该结果出现的可能性最大的那个 θ 作为真值 θ 的估计值.

下面就离散型总体和连续型总体做具体分析.

设 X 为离散型总体,$P\{X = x\} = p(x;\theta)$,其中 $\theta \in \Theta$ 未知,则样本 $X_1, X_2, \cdots, X_n$ 的联合分布律为

$$P\{X_1 = x_1, X_2 = x_2, \cdots, X_n = x_n; \theta\} = \prod_{i=1}^{n} p(x_i;\theta).$$

当 θ 固定时,上式表示 $(X_1, X_2, \cdots, X_n)$ 取 $(x_1, x_2, \cdots, x_n)$ 的概率;反之,当观测值给定时,上式可以看作 θ 的函数,记作 $L(\theta) = \prod_{i=1}^{n} p(x_i;\theta)$,称为**似然函数**. 似然函数 $L(\theta)$ 的大小反映了该观测值出现的可能性大小. $L(\theta)$ 越大,表明观测值 $x_1, x_2, \cdots, x_n$ 出现的可能性越大. 既然该观测值出现了,那么它出现的可能性是大的,即似然函数的值是大的,因此我们选择

使 $L(\theta)$ 达到最大值的 θ 作为真值 θ 的估计.

设 X 为连续型总体, 密度函数为 $f(x;\theta)$, 其中 $\theta \in \Theta$ 未知, 则样本 $X_1, X_2, \cdots, X_n$ 的联合密度函数为 $\prod_{i=1}^{n} f(x_i;\theta)$. 当 θ 固定时, 上式表示 $(X_1, X_2, \cdots, X_n)$ 在点 $(x_1, x_2, \cdots, x_n)$ 处的密度函数, 它的大小与 $(X_1, X_2, \cdots, X_n)$ 落在点 $(x_1, x_2, \cdots, x_n)$ 附近的概率成正比; 当观测值给定时, 上式可以看作 θ 的函数, 记作 $L(\theta) = \prod_{i=1}^{n} f(x_i;\theta)$, 也称为**似然函数**. 同离散型总体, 也选择使 $L(\theta)$ 达到最大值的那个 θ 作为真值 θ 的估计.

总之, 先有了抽样结果 $x_1, x_2, \cdots, x_n$, 再构造似然函数 $L(\theta)$, 它反映了 θ 的各个不同值导致这个抽样结果出现的可能性大小的不同, 最后选取使得 $L(\theta)$ 达到最大值的那个 θ 作为真值 θ 的估计. 这种求点估计的方法称为**最大似然估计法**, 也称为**极大似然估计法**.

定义 7.1.1 对任意观测值 $x_1, x_2, \cdots, x_n$, 若存在统计量 $\hat{\theta} = \hat{\theta}(X_1, X_2, \cdots, X_n)$ 满足
$$L(\hat{\theta}) = \max_{\theta \in \Theta} L(\theta),$$
则称统计量 $\hat{\theta}(X_1, X_2, \cdots, X_n)$ 为 θ 的**最大似然估计量**, 相应的 $\hat{\theta}(x_1, x_2, \cdots, x_n)$ 为 θ 的**最大似然估计值**, 简记作 MLE.

从定义 7.1.1 可知, 求未知参数 θ 的最大似然估计量, 就是求似然函数 $L(\theta)$ 的最大值点. 当似然函数可微时, 这个问题可以转化为求 $L(\theta)$ 的驻点, 即求解方程
$$\frac{\mathrm{d}L(\theta)}{\mathrm{d}\theta} = 0.$$

因为 $\ln L(\theta)$ 是 $L(\theta)$ 的单调增加函数, 所以 $\ln L(\theta)$ 与 $L(\theta)$ 在 θ 的同一点处取得最大值. 因此, 可以将求 $L(\theta)$ 的驻点转化为求 $\ln L(\theta)$ 的驻点, 即求解方程
$$\frac{\mathrm{d}\ln L(\theta)}{\mathrm{d}\theta} = 0,$$
由此得到参数 θ 的最大似然估计量. 称 $\ln L(\theta)$ 为**对数似然函数**.

本书约定, 当对数似然函数的驻点唯一时, 不必验证驻点是否为最大值点, 可直接把驻点作为未知参数的最大似然估计.

如果总体 X 的分布中含有 k 个未知参数 $\theta_1, \theta_2, \cdots, \theta_k$, 最大似然估计法也适用, 这时需要解方程组
$$\frac{\partial \ln L(\theta_1, \theta_2, \cdots, \theta_k)}{\partial \theta_i} = 0 \quad (i = 1, 2, \cdots, k),$$
得到参数 $\theta_1, \theta_2, \cdots, \theta_k$ 的最大似然估计量.

最大似然估计法充分利用了总体分布函数 $F(x;\theta)$ 对参数 θ 所提供的信息.

例 7.1.5 设一个试验有三种结果, 其发生的概率分别为 $p_1 = \theta^2$, $p_2 = 2\theta(1-\theta)$, $p_3 = (1-\theta)^2$. 现做了 8 次试验, 观测到三种结果分别发生了 3 次、2 次、3 次, 求参数 θ 的最大似然估计值.

解 似然函数为
$$L(\theta) = \prod_{i=1}^{n} p(x_i;\theta) = (\theta^2)^3 [2\theta(1-\theta)]^2 [(1-\theta)^2]^3 = 4\theta^8 (1-\theta)^8,$$
故对数似然函数为

$$\ln L(\theta) = \ln 4 + 8\ln\theta + 8\ln(1-\theta).$$

上式对 θ 求导数并令其等于 0,得

$$\frac{\mathrm{d}\ln L(\theta)}{\mathrm{d}\theta} = \frac{8}{\theta} - \frac{8}{1-\theta} = 0,$$

解得 θ 的最大似然估计值为 $\hat{\theta} = \frac{1}{2}$.

例 7.1.6 设总体 $X \sim P(\lambda)$,其分布律为 $P\{X=k\} = \frac{\lambda^k}{k!}\mathrm{e}^{-\lambda}(k=0,1,2,\cdots)$,其中 λ 未知,$x_1, x_2, \cdots, x_n$ 是来自总体 X 的观测值,求参数 λ 的最大似然估计值.

解 似然函数为

$$L(\lambda) = \prod_{i=1}^{n} p(x_i; \lambda) = \prod_{i=1}^{n} \frac{\lambda^{x_i}}{x_i!}\mathrm{e}^{-\lambda} = \frac{\lambda^{\sum_{i=1}^{n} x_i}}{x_1! x_2! \cdots x_n!}\mathrm{e}^{-n\lambda},$$

故对数似然函数为

$$\ln L(\lambda) = \left(\sum_{i=1}^{n} x_i\right)\ln\lambda - n\lambda - \ln(x_1! x_2! \cdots x_n!).$$

上式对 λ 求导数并令其等于 0,得

$$\frac{\mathrm{d}\ln L(\lambda)}{\mathrm{d}\lambda} = \frac{\sum_{i=1}^{n} x_i}{\lambda} - n = 0,$$

解得 λ 的最大似然估计值为 $\hat{\lambda} = \frac{1}{n}\sum_{i=1}^{n} x_i = \overline{x}$.

例 7.1.7 设一电话总机在某段时间内接到的呼叫次数服从参数为 λ 的泊松分布,现有 42 个数据如表 7.2 所示,求参数 λ 的最大似然估计值.

表 7.2

呼叫次数	0	1	2	3	4	5
出现的频数	7	10	12	8	3	2

解 由例 7.1.6 知 λ 的最大似然估计值为 $\hat{\lambda} = \overline{x}$,将数据代入得

$$\hat{\lambda} = \overline{x} = \frac{1}{42}(0\times 7 + 1\times 10 + 2\times 12 + 3\times 8 + 4\times 3 + 5\times 2) \approx 1.905.$$

例 7.1.8 设总体 $X \sim N(\mu, \sigma^2)$,其中 μ 与 σ^2 未知,$x_1, x_2, \cdots, x_n$ 是来自总体 X 的观测值,求参数 μ 与 σ^2 的最大似然估计量.

解 似然函数为

$$L(\mu, \sigma^2) = \prod_{i=1}^{n} \frac{1}{\sqrt{2\pi}\sigma}\mathrm{e}^{-\frac{(x_i-\mu)^2}{2\sigma^2}} = (2\pi\sigma^2)^{-\frac{n}{2}}\mathrm{e}^{-\frac{1}{2\sigma^2}\sum_{i=1}^{n}(x_i-\mu)^2},$$

故对数似然函数为

$$\ln L(\mu, \sigma^2) = -\frac{n}{2}\ln(2\pi) - \frac{n}{2}\ln\sigma^2 - \frac{1}{2\sigma^2}\sum_{i=1}^{n}(x_i-\mu)^2.$$

上式分别对 μ 与 σ^2 求偏导数并令其等于 0,得方程组

$$\begin{cases} \dfrac{\partial \ln L(\mu,\sigma^2)}{\partial \mu} = \dfrac{1}{\sigma^2}\sum_{i=1}^{n}(x_i-\mu)=0, \\ \dfrac{\partial \ln L(\mu,\sigma^2)}{\partial \sigma^2} = -\dfrac{n}{2\sigma^2}+\dfrac{1}{2(\sigma^2)^2}\sum_{i=1}^{n}(x_i-\mu)^2=0, \end{cases}$$

解方程组得

$$\hat{\mu}=\frac{1}{n}\sum_{i=1}^{n}x_i=\overline{x},\quad \hat{\sigma}^2=\frac{1}{n}\sum_{i=1}^{n}(x_i-\overline{x})^2=s_n^2.$$

所以 $\hat{\mu}=\overline{X},\hat{\sigma}^2=S_n^2$ 分别是参数 μ 与 σ^2 的最大似然估计量.

求似然函数的驻点是求最大似然估计值最常用的方法,但有时似然函数不一定可微或驻点不一定存在,此时只能用最大似然估计的定义来求.

例 7.1.9 设总体 $X\sim U[a,b]$,其中 a,b 未知,$x_1,x_2,\cdots,x_n$ 是来自总体 X 的观测值,求 a,b 的最大似然估计值.

解 似然函数为

$$L(a,b)=\prod_{i=1}^{n}f(x_i;a,b)=\begin{cases}\dfrac{1}{(b-a)^n}, & a\leqslant x_1,x_2,\cdots,x_n\leqslant b, \\ 0, & \text{其他}.\end{cases}$$

显然,函数 $L(a,b)$ 或 $\ln L(a,b)$ 的驻点不存在,此时需要利用最大似然估计的定义来求最大似然估计值.

要使 $L(a,b)$ 达到最大,$b-a$ 应尽可能小,即 b 尽可能小,a 尽可能大. 对所有的 x_i,有 $a\leqslant x_i\leqslant b(i=1,2,\cdots,n)$,所以 a 不能大于 x_i 中的最小值,即 $a\leqslant \min\{x_1,x_2,\cdots,x_n\}$,$b$ 不能小于 x_i 中的最大值,即 $b\geqslant \max\{x_1,x_2,\cdots,x_n\}$. 记 $x_{(1)}=\min\{x_1,x_2,\cdots,x_n\}$,$x_{(n)}=\max\{x_1,x_2,\cdots,x_n\}$,由此可得 a,b 的最大似然估计值分别为

$$\hat{a}=x_{(1)},\quad \hat{b}=x_{(n)}.$$

综上可知,求未知参数的最大似然估计的一般步骤为:(1) 写出似然函数.(2) 求出对数似然函数.(3) 若对数似然函数可微,求出对数似然函数的驻点,且驻点唯一,则唯一的驻点就是未知参数的最大似然估计;若似然函数不可微或驻点不存在,则需要用最大似然估计的定义来求.

最大似然函数具有以下性质:如果 θ 的最大似然估计为 $\hat{\theta}$,θ 的函数 $g(\theta)$ 具有单值反函数,则 $g(\theta)$ 的最大似然估计为 $g(\hat{\theta})$. 例如,例 7.1.8 中正态总体的标准差 $\sigma(\sigma>0)$ 的最大似然估计值为 $\hat{\sigma}=\sqrt{\hat{\sigma}^2}=s_n$.

例 7.1.10 设总体 $X\sim N(\mu,\sigma^2)$,其中 μ 与 σ^2 未知,$\sigma>0$,$X_1,X_2,\cdots,X_n$ 为来自总体 X 的样本,求 $P\{X\leqslant 1\}$ 的最大似然估计量.

解 由例 7.1.8 知,μ 与 σ^2 的最大似然估计量分别为

$$\hat{\mu}=\overline{X},\quad \hat{\sigma}^2=\frac{1}{n}\sum_{i=1}^{n}(X_i-\overline{X})^2=S_n^2.$$

因为 $P\{X\leqslant 1\}=P\left\{\dfrac{X-\mu}{\sigma}\leqslant \dfrac{1-\mu}{\sigma}\right\}=\Phi\left(\dfrac{1-\mu}{\sigma}\right)$ 是 μ 与 σ^2 的单值函数,且具有反函数,所以 $P\{X\leqslant 1\}$ 的最大似然估计量为

$$\hat{P}\{X \leqslant 1\} = \Phi\left(\frac{1-\hat{\mu}}{\hat{\sigma}}\right) = \Phi\left(\frac{1-\overline{X}}{S_n}\right).$$

7.2 点估计的评价标准

上一节我们介绍了两种求总体分布中未知参数的点估计的方法,同一个参数用不同的估计法可能得到的点估计不同,那么究竟哪一个才是"好"的点估计呢？这就需要一个标准,统计学家给出了评价点估计的许多标准,主要有无偏性、有效性和相合性.

7.2.1 无偏性

设 $X_1, X_2, \cdots, X_n$ 为来自总体 X 的样本,θ 是未知参数,$\theta \in \Theta$.

定义 7.2.1 设 $\hat{\theta} = \hat{\theta}(X_1, X_2, \cdots, X_n)$ 是 θ 的一个估计量. 如果对任意的 $\theta \in \Theta$,有
$$E(\hat{\theta}) = \theta,$$
则称 $\hat{\theta}$ 是 θ 的**无偏估计量**；否则,称为**有偏估计量**.

在科学技术中,$E(\hat{\theta}) - \theta$ 称为以 $\hat{\theta}$ 作为 θ 的估计的系统误差,无偏估计量的实际意义就是没有系统误差.

例 7.2.1 设总体 X 的数学期望为 $E(X) = \mu$,方差为 $D(X) = \sigma^2$,$X_1, X_2, \cdots, X_n$ 为来自总体 X 的样本. 证明:样本均值 $\overline{X}$ 与样本方差 S^2 分别是 μ 与 σ^2 的无偏估计量.

证 由于
$$E(\overline{X}) = E\left(\frac{1}{n}\sum_{i=1}^n X_i\right) = \frac{1}{n}\sum_{i=1}^n E(X_i) = \mu,$$
又
$$S^2 = \frac{1}{n-1}\sum_{i=1}^n (X_i - \overline{X})^2 = \frac{1}{n-1}\left(\sum_{i=1}^n X_i^2 - n\overline{X}^2\right),$$
$$E(X_i^2) = [E(X_i)]^2 + D(X_i) = \mu^2 + \sigma^2,$$
$$E(\overline{X}^2) = [E(\overline{X})]^2 + D(\overline{X}) = \mu^2 + \frac{\sigma^2}{n},$$
因此
$$E(S^2) = E\left[\frac{1}{n-1}\left(\sum_{i=1}^n X_i^2 - n\overline{X}^2\right)\right] = \frac{1}{n-1}\left[\sum_{i=1}^n E(X_i^2) - nE(\overline{X}^2)\right]$$
$$= \frac{1}{n-1}\left[n(\mu^2 + \sigma^2) - n\left(\mu^2 + \frac{\sigma^2}{n}\right)\right] = \sigma^2.$$

所以,样本均值 $\overline{X}$ 与样本方差 S^2 分别是 μ 与 σ^2 的无偏估计量.

由例 7.2.1 可知,未修正的样本方差 $S_n^2 = \frac{1}{n}\sum_{i=1}^n (X_i - \overline{X})^2$ 不是 σ^2 的无偏估计量. 但当 μ 已知时,类似地可以证明 $\frac{1}{n}\sum_{i=1}^n (X_i - \mu)^2$ 也是 σ^2 的无偏估计量. 因此,同一参数的无偏估计量

不是唯一的.

注 当 $E(\hat{\theta})=\theta$ 时,不一定有 $E[g(\hat{\theta})]=g(\theta)$. 也就是说,若 $\hat{\theta}$ 是 θ 的无偏估计量,不能断言 $g(\hat{\theta})$ 也是 $g(\theta)$ 的无偏估计量.

7.2.2 有效性

因为未知参数的无偏估计量可能不唯一,那么如何判断哪一个无偏估计量更好呢?直观的想法是希望该估计量围绕真值的波动越小越好,而波动大小通常用方差来衡量,因此方差小的估计量更有效.

定义 7.2.2 设 $\hat{\theta}_1, \hat{\theta}_2$ 是 θ 的两个无偏估计量. 如果对于任意的 $\theta \in \Theta$,有

$$D(\hat{\theta}_1) < D(\hat{\theta}_2),$$

则称 $\hat{\theta}_1$ 较 $\hat{\theta}_2$ **有效**.

例如,$\overline{X}$ 与 $X_i(i=1,2,\cdots,n)$ 都是总体均值 μ 的无偏估计量,且当 $n \geqslant 2$ 时,有

$$D(\overline{X}) = \frac{\sigma^2}{n} < \sigma^2 = D(X_i),$$

所以样本均值 $\overline{X}$ 较个别样本 X_i 有效.

7.2.3 相合性

显然,估计量 $\hat{\theta}(X_1, X_2, \cdots, X_n)$ 与样本容量 n 有关,不妨记作 $\hat{\theta}_n = \hat{\theta}(X_1, X_2, \cdots, X_n)$. 我们当然希望当 n 充分大时,$\hat{\theta}_n$ 的值稳定在 θ 的真值附近,这样对估计量又有了相合性的要求.

定义 7.2.3 设对每个正整数 n,$\hat{\theta}_n = \hat{\theta}(X_1, X_2, \cdots, X_n)$ 是 θ 的一个估计量. 若 $\hat{\theta}_n$ 依概率收敛于 θ,即对于任意的 $\varepsilon > 0$,有

$$\lim_{n \to \infty} P\{|\hat{\theta}_n - \theta| < \varepsilon\} = 1,$$

则称 $\hat{\theta}_n$ 是 θ 的**相合估计量**或**一致估计量**.

由辛钦大数定律可以证明:样本均值 $\overline{X}$ 是总体均值 μ 的相合估计量,样本方差 S^2 是总体方差 σ^2 的相合估计量.

7.3 区间估计

参数 θ 的点估计是用一个统计量对未知参数进行估计,对样本的一个具体观测值就得到了未知参数的一个近似值. 然而,在实际问题中,我们并不满足于得到未知参数的近似值,还要求知道近似值的精确程度,即所求参数真值所在的范围,并希望知道这个范围包含参数真值的可信程度. 这样的范围通常以区间的形式给出,这就是本节要介绍的区间估计. 在区间估计的理论中,置信区间是应用最广泛的一种概念,它是由奈曼于 1934 年提出的.

7.3.1 置信区间

定义 7.3.1 设总体 X 的分布中含有未知参数 $\theta, \theta \in \Theta$. 如果对于给定的概率 $1-\alpha$ ($0 < \alpha < 1$),存在两个统计量 $\hat{\theta}_1 = \hat{\theta}_1(X_1, X_2, \cdots, X_n)$ 与 $\hat{\theta}_2 = \hat{\theta}_2(X_1, X_2, \cdots, X_n)$,使得

$$P\{\hat{\theta}_1 < \theta < \hat{\theta}_2\} = 1-\alpha \quad (\theta \in \Theta), \tag{7.3.1}$$

则称随机区间 $(\hat{\theta}_1, \hat{\theta}_2)$ 为参数 θ 的置信水平为 $1-\alpha$ 的**置信区间**,$\hat{\theta}_1$ 和 $\hat{\theta}_2$ 分别称为 θ 的双侧置信区间的**置信下限**和**置信上限**,$1-\alpha$ 称为**置信水平**或**置信度**.

置信区间的意义解释如下:

(1) $(\hat{\theta}_1, \hat{\theta}_2)$ 是随机区间,式(7.3.1)的含义是随机区间 $(\hat{\theta}_1, \hat{\theta}_2)$ 包含 θ 的概率为 $1-\alpha$. 例如,当取 $\alpha = 0.05$ 时,如果取 100 个容量为 n 的观测值,可以得到 100 个置信区间,那么其中大约有 95 个置信区间是包含 θ 的. 因此,如果只抽取一个容量为 n 的观测值,得到一个具体的置信区间 $(\hat{\theta}_1, \hat{\theta}_2)$,就认为它包含 θ,这样的判断可能是错误的,但是只要 α 很小,判断错了的可能性就很小.

(2) 置信水平与估计精度是一对矛盾. 置信水平 $1-\alpha$ 越大,置信区间 $(\hat{\theta}_1, \hat{\theta}_2)$ 包含 θ 的真值的概率就越高,而区间 $(\hat{\theta}_1, \hat{\theta}_2)$ 的长度也就越长,对未知参数 θ 的估计精度就越低;反之,对未知参数 θ 的估计精度越高,置信区间 $(\hat{\theta}_1, \hat{\theta}_2)$ 的长度就越短,$(\hat{\theta}_1, \hat{\theta}_2)$ 包含 θ 的真值的概率就越低,置信水平 $1-\alpha$ 越小. 一般的准则是:在保证置信水平的条件下尽可能提高估计的精度.

例 7.3.1 设总体 $X \sim N(\mu, \sigma^2)$,其中 σ^2 已知,μ 未知,$X_1, X_2, \cdots, X_n$ 为来自总体 X 的样本,求 μ 的置信水平为 $1-\alpha$ 的置信区间.

解 由定理 6.2.1 有

$$Z = \frac{\overline{X} - \mu}{\sigma/\sqrt{n}} \sim N(0,1),$$

Z 服从标准正态分布且不依赖任何未知参数. 对于已给定的置信水平 $1-\alpha$,取对称于原点的区间 $(-z_{\frac{\alpha}{2}}, z_{\frac{\alpha}{2}})$(见图 7.1),使得

$$P\left\{\left|\frac{\overline{X} - \mu}{\sigma/\sqrt{n}}\right| < z_{\frac{\alpha}{2}}\right\} = 1-\alpha, \tag{7.3.2}$$

即

$$P\left\{\overline{X} - \frac{\sigma}{\sqrt{n}} z_{\frac{\alpha}{2}} < \mu < \overline{X} + \frac{\sigma}{\sqrt{n}} z_{\frac{\alpha}{2}}\right\} = 1-\alpha. \tag{7.3.3}$$

所以,μ 的置信水平为 $1-\alpha$ 的置信区间为

$$\left(\overline{X} - \frac{\sigma}{\sqrt{n}} z_{\frac{\alpha}{2}}, \overline{X} + \frac{\sigma}{\sqrt{n}} z_{\frac{\alpha}{2}}\right). \tag{7.3.4}$$

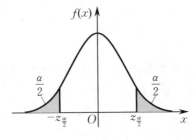

图 7.1

如果取 $\alpha = 0.05$,则 $z_{\frac{\alpha}{2}} = z_{0.025} = 1.96$,$\mu$ 的置信水平为 0.95 的置信区间为

$$\left(\overline{X} - 1.96 \frac{\sigma}{\sqrt{n}}, \overline{X} + 1.96 \frac{\sigma}{\sqrt{n}}\right). \tag{7.3.5}$$

用该区间估计 μ 的值,不仅直接可知估计成功的概率为 95%,并且能够以 95% 的把握断言:用 $\overline{X}$ 代替 μ 的绝对误差小于 $1.96 \frac{\sigma}{\sqrt{n}}$.

置信水平为 $1-\alpha$ 的置信区间并不是唯一的. 例如,在例 7.3.1 中,如果取 $\alpha = 0.05$,则又有

$$P\left\{-z_{0.04} < \frac{\overline{X} - \mu}{\sigma/\sqrt{n}} < z_{0.01}\right\} = 0.95,$$

即

$$P\left\{\overline{X} - \frac{\sigma}{\sqrt{n}} z_{0.01} < \mu < \overline{X} + \frac{\sigma}{\sqrt{n}} z_{0.04}\right\} = 0.95.$$

故

$$\left(\overline{X} - \frac{\sigma}{\sqrt{n}} z_{0.01}, \overline{X} + \frac{\sigma}{\sqrt{n}} z_{0.04}\right) \tag{7.3.6}$$

也是 μ 的置信水平为 0.95 的置信区间.

比较式 (7.3.5) 和式 (7.3.6),式 (7.3.5) 中的区间长度为 $2 \frac{\sigma}{\sqrt{n}} z_{0.025} = 3.92 \frac{\sigma}{\sqrt{n}}$,式 (7.3.6) 中的区间长度为 $(z_{0.04} + z_{0.01}) \frac{\sigma}{\sqrt{n}} = 4.08 \frac{\sigma}{\sqrt{n}}$. 置信区间越短表明估计精度越高,所以这两个区间估计相比较,显然前者更优.

易知像 $N(0,1)$ 这样的分布,其密度函数的图形是单峰且对称的,当样本容量 n 固定时,形如式 (7.3.5) 那样的区间,其长度是最短的,我们自然选用它.

通过例 7.3.1 可以看到,构造未知参数 θ 的置信区间的具体做法如下:

(1) 寻找一个样本 $X_1, X_2, \cdots, X_n$ 和 θ 的函数 $W = W(X_1, X_2, \cdots, X_n; \theta)$,它包含未知参数 θ,但不包含其他未知参数,W 的分布已知且不依赖任何未知参数,称 W 为**枢轴量**;

(2) 对于给定的置信水平 $1-\alpha$,定出两个常数 a, b,使得

$$P\{a < W < b\} = 1 - \alpha,$$

一般取使得 $P\{W \leq a\} = P\{W \geq b\} = \frac{\alpha}{2}$ 的 a, b;

(3) 从不等式 $a < W < b$ 中解得等价的不等式 $\hat{\theta}_1 < \theta < \hat{\theta}_2$,则 $(\hat{\theta}_1, \hat{\theta}_2)$ 就是 θ 的置信水

平为 $1-\alpha$ 的置信区间.

关于区间估计问题,如果能找出枢轴量,则问题不难解决. 前面我们已经讨论了正态总体的某些统计量的分布,因此可以先来讨论正态总体中的未知参数的区间估计问题.

7.3.2 单个正态总体均值与方差的区间估计

设总体 $X \sim N(\mu,\sigma^2)$,$X_1,X_2,\cdots,X_n$ 为来自总体 X 的样本.

1. 均值 μ 的置信区间

(1) 方差 σ^2 已知.

在例 7.3.1 中采用枢轴量 $Z=\dfrac{\overline{X}-\mu}{\sigma/\sqrt{n}} \sim N(0,1)$,已经得到了 μ 的置信水平为 $1-\alpha$ 的置信区间为

$$\left(\overline{X}-\dfrac{\sigma}{\sqrt{n}}z_{\frac{\alpha}{2}},\overline{X}+\dfrac{\sigma}{\sqrt{n}}z_{\frac{\alpha}{2}}\right). \tag{7.3.7}$$

(2) 方差 σ^2 未知.

此时不能用式(7.3.7)给出的区间,因为其中含有未知参数 σ. 考虑到 S^2 是 σ^2 的无偏估计量,所以用 S 代替 σ,由推论 6.2.1 知

$$T=\dfrac{\overline{X}-\mu}{S/\sqrt{n}} \sim t(n-1), \tag{7.3.8}$$

T 的分布已知且不依赖任何未知参数. 对于已给定的置信水平 $1-\alpha$,取对称于原点的区间 $(-t_{\frac{\alpha}{2}}(n-1),t_{\frac{\alpha}{2}}(n-1))$(见图 7.2),使得

$$P\left\{-t_{\frac{\alpha}{2}}(n-1)<\dfrac{\overline{X}-\mu}{S/\sqrt{n}}<t_{\frac{\alpha}{2}}(n-1)\right\}=1-\alpha,$$

即

$$P\left\{\overline{X}-\dfrac{S}{\sqrt{n}}t_{\frac{\alpha}{2}}(n-1)<\mu<\overline{X}+\dfrac{S}{\sqrt{n}}t_{\frac{\alpha}{2}}(n-1)\right\}=1-\alpha.$$

因此,μ 的置信水平为 $1-\alpha$ 的置信区间为

$$\left(\overline{X}-\dfrac{S}{\sqrt{n}}t_{\frac{\alpha}{2}}(n-1),\overline{X}+\dfrac{S}{\sqrt{n}}t_{\frac{\alpha}{2}}(n-1)\right). \tag{7.3.9}$$

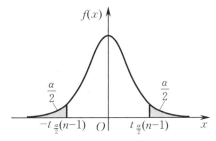

图 7.2

例 7.3.2 某工厂生产的零件的质量(单位:g)服从正态分布 $N(\mu,\sigma^2)$,现从该工厂生

产的零件中随机抽取 10 个,测得其质量分别为

$$45.3, \quad 45.4, \quad 45.1, \quad 45.5, \quad 45.3, \quad 45.7, \quad 45.4, \quad 45.6, \quad 45.3, \quad 45.4.$$

(1) 若已知 $\sigma=0.18$,求总体均值 μ 的置信水平为 $1-\alpha$ 的置信区间(α 分别取 $0.05,0.01$).

(2) 若 σ^2 未知,求总体均值 μ 的置信水平为 0.95 的置信区间.

解 由题意可得,样本均值 $\bar{x}=45.4$,样本方差 $s^2\approx 0.028\ 9$,样本容量 $n=10$.

(1) σ 已知,由式(7.3.7)知,总体均值 μ 的置信水平为 $1-\alpha$ 的置信区间为

$$\left(\bar{X}-\frac{\sigma}{\sqrt{n}}z_{\frac{\alpha}{2}}, \bar{X}+\frac{\sigma}{\sqrt{n}}z_{\frac{\alpha}{2}}\right).$$

当 $\alpha=0.05$ 时,查附表 2 可得 $z_{0.025}=1.96$,代入数据可得置信区间为

$$\left(45.4-\frac{0.18}{\sqrt{10}}\times 1.96, 45.4+\frac{0.18}{\sqrt{10}}\times 1.96\right)=(45.29, 45.51).$$

当 $\alpha=0.01$ 时,查附表 2 可得 $z_{0.005}=2.575$,代入数据可得置信区间为

$$\left(45.4-\frac{0.18}{\sqrt{10}}\times 2.575, 45.4+\frac{0.18}{\sqrt{10}}\times 2.575\right)=(45.25, 45.55).$$

因此,μ 的置信水平为 0.95 的置信区间为 $(45.29, 45.51)$,μ 的置信水平为 0.99 的置信区间为 $(45.25, 45.55)$. 显然,置信水平越大,置信区间的长度越长,估计精度越低,即置信水平与估计精度是一对矛盾.

(2) σ^2 未知,由式(7.3.9)知,总体均值 μ 的置信水平为 $1-\alpha$ 的置信区间为

$$\left(\bar{X}-\frac{S}{\sqrt{n}}t_{\frac{\alpha}{2}}(n-1), \bar{X}+\frac{S}{\sqrt{n}}t_{\frac{\alpha}{2}}(n-1)\right).$$

当 $\alpha=0.05$ 时,查附表 5 可得 $t_{0.025}(9)=2.262\ 2$,代入数据可得置信区间为

$$\left(45.4-\frac{\sqrt{0.028\ 9}}{\sqrt{10}}\times 2.262\ 2, 45.4+\frac{\sqrt{0.028\ 9}}{\sqrt{10}}\times 2.262\ 2\right)=(45.28, 45.52).$$

例 7.3.3 假设某种轮胎的寿命(单位:10^4 km)服从正态分布 $N(\mu,\sigma^2)$,现为了估计该种轮胎的平均寿命,随机抽取 10 个轮胎进行试验,测得它们的寿命如下:

$$4.68, \quad 4.85, \quad 4.61, \quad 4.85, \quad 5.20, \quad 4.60, \quad 4.72, \quad 4.58, \quad 4.38, \quad 4.70.$$

试求平均寿命 μ 的置信水平为 0.95 的置信区间.

解 由题意可得,样本均值 $\bar{x}=4.717$,样本方差 $s^2\approx 0.047\ 5$,样本容量 $n=10$. 由于 σ^2 未知,$\alpha=0.05$,查附表 5 可得 $t_{0.025}(9)=2.262\ 2$,由式(7.3.9)知总体均值 μ 的置信水平为 0.95 的置信区间为

$$\left(\bar{X}-\frac{S}{\sqrt{n}}t_{0.025}(9), \bar{X}+\frac{S}{\sqrt{n}}t_{0.025}(9)\right),$$

代入数据可得置信区间为

$$\left(4.717-\frac{\sqrt{0.047\ 5}}{\sqrt{10}}\times 2.262\ 2, 4.717+\frac{\sqrt{0.047\ 5}}{\sqrt{10}}\times 2.262\ 2\right)=(4.561\ 1, 4.872\ 9).$$

2. 方差 σ^2 的置信区间

关于方差 σ^2 的置信区间,虽然也可以分均值 μ 是否已知两种情况讨论,但在实际问题中,σ^2 未知而 μ 已知的情况比较少见,因此我们只讨论 μ 未知时方差 σ^2 的置信区间.

当均值 μ 未知时,由定理 6.2.1 知
$$\chi^2 = \frac{(n-1)S^2}{\sigma^2} \sim \chi^2(n-1),$$
χ^2 的分布已知且不依赖任何未知参数. 对于已给定的置信水平 $1-\alpha$,取区间 $(\chi^2_{1-\frac{\alpha}{2}}(n-1)$, $\chi^2_{\frac{\alpha}{2}}(n-1))$(见图 7.3),使得
$$P\left\{\chi^2_{1-\frac{\alpha}{2}}(n-1) < \frac{(n-1)S^2}{\sigma^2} < \chi^2_{\frac{\alpha}{2}}(n-1)\right\} = 1-\alpha,$$
即
$$P\left\{\frac{(n-1)S^2}{\chi^2_{\frac{\alpha}{2}}(n-1)} < \sigma^2 < \frac{(n-1)S^2}{\chi^2_{1-\frac{\alpha}{2}}(n-1)}\right\} = 1-\alpha.$$
因此,σ^2 的置信水平为 $1-\alpha$ 的置信区间为
$$\left(\frac{(n-1)S^2}{\chi^2_{\frac{\alpha}{2}}(n-1)}, \frac{(n-1)S^2}{\chi^2_{1-\frac{\alpha}{2}}(n-1)}\right). \tag{7.3.10}$$

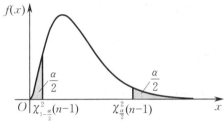

图 7.3

例 7.3.4 求例 7.3.2 中总体方差 σ^2 的置信水平为 0.95 的置信区间.

解 已算得样本方差 $s^2 \approx 0.0289$,样本容量 $n=10$,故
$$(n-1)s^2 = 9 \times 0.0289 = 0.2601.$$
取 $\alpha = 0.05$,查附表 4 可得 $\chi^2_{0.975}(9) = 2.700$, $\chi^2_{0.025}(9) = 19.023$,由式(7.3.10) 可得 σ^2 的置信水平为 0.95 的置信区间为
$$\left(\frac{(n-1)S^2}{\chi^2_{0.025}(9)}, \frac{(n-1)S^2}{\chi^2_{0.975}(9)}\right),$$
代入数据可得置信区间为
$$\left(\frac{0.2601}{19.023}, \frac{0.2601}{2.700}\right) = (0.0137, 0.0963).$$

7.3.3 单侧置信区间

在前面的讨论中,我们所求的未知参数 θ 的置信区间 $(\hat{\theta}_1, \hat{\theta}_2)$ 都是双侧的. 但是在某些实际问题中,只须讨论某些参数的置信上限或置信下限即可. 例如,对于电子产品的平均寿命,我们希望越长越好,因而我们关心的是它的置信下限,此下限标志了该电子产品的质量;对于某些化学药品中杂质的含量,我们希望越小越好,因而我们关心的是它的置信上限. 这样就引出如下单侧置信区间的概念.

定义 7.3.2 设总体 X 的分布中含有未知参数 $\theta, \theta \in \Theta$. 如果对于给定的概率

$1-\alpha(0<\alpha<1)$,存在统计量 $\hat{\theta}_1 = \hat{\theta}_1(X_1, X_2, \cdots, X_n)$,使得

$$P\{\theta > \hat{\theta}_1\} = 1-\alpha \quad (\theta \in \Theta), \tag{7.3.11}$$

则称随机区间 $(\hat{\theta}_1, +\infty)$ 为 θ 的置信水平为 $1-\alpha$ 的**单侧置信区间**,$\hat{\theta}_1$ 称为 θ 的**单侧置信下限**.

如果存在统计量 $\hat{\theta}_2 = \hat{\theta}_2(X_1, X_2, \cdots, X_n)$,使得

$$P\{\theta < \hat{\theta}_2\} = 1-\alpha \quad (\theta \in \Theta), \tag{7.3.12}$$

则称随机区间 $(-\infty, \hat{\theta}_2)$ 为 θ 的置信水平为 $1-\alpha$ 的**单侧置信区间**,$\hat{\theta}_2$ 称为 θ 的**单侧置信上限**.

例 7.3.5 在例 7.3.3 中,轮胎的平均寿命越长越好,试求平均寿命 μ 的置信水平为 0.95 的单侧置信下限.

解 由于

$$P\left\{\frac{\overline{X}-\mu}{S/\sqrt{n}} < t_\alpha(n-1)\right\} = P\left\{\mu > \overline{X} - \frac{S}{\sqrt{n}}t_\alpha(n-1)\right\} = 1-\alpha,$$

因此 μ 的置信水平为 0.95 的单侧置信下限为 $\overline{X} - \frac{S}{\sqrt{n}}t_{0.05}(n-1)$. 已算得样本均值 $\overline{x} = 4.717$,样本方差 $s^2 \approx 0.0475$,样本容量 $n=10$. 查附表 5 得 $t_{0.05}(9) = 1.8331$,代入以上数据计算可得,μ 的置信水平为 0.95 的单侧置信下限为 4.5907×10^4 km.

7.3.4 两个正态总体均值差或方差比的区间估计

给定置信水平 $1-\alpha$,设 $X_1, X_2, \cdots, X_{n_1}$ 为来自总体 $X \sim N(\mu_1, \sigma_1^2)$ 的样本,$Y_1, Y_2, \cdots, Y_{n_2}$ 为来自总体 $Y \sim N(\mu_2, \sigma_2^2)$ 的样本,这两个样本相互独立. $\overline{X}, \overline{Y}$ 分别表示这两个样本的样本均值,S_1^2, S_2^2 分别表示这两个样本的样本方差.

1. 两个正态总体均值差 $\mu_1 - \mu_2$ 的置信区间

(1) σ_1^2, σ_2^2 均为已知.

因为 $\overline{X}, \overline{Y}$ 分别是 μ_1, μ_2 的无偏估计量,所以 $\overline{X} - \overline{Y}$ 是 $\mu_1 - \mu_2$ 的无偏估计量. 由 $\overline{X}, \overline{Y}$ 的独立性及 $\overline{X} \sim N\left(\mu_1, \frac{\sigma_1^2}{n_1}\right), \overline{Y} \sim N\left(\mu_2, \frac{\sigma_2^2}{n_2}\right)$,得

$$\overline{X} - \overline{Y} \sim N\left(\mu_1 - \mu_2, \frac{\sigma_1^2}{n_1} + \frac{\sigma_2^2}{n_2}\right)$$

或

$$\frac{(\overline{X}-\overline{Y}) - (\mu_1 - \mu_2)}{\sqrt{\frac{\sigma_1^2}{n_1} + \frac{\sigma_2^2}{n_2}}} \sim N(0,1),$$

从而可得 $\mu_1 - \mu_2$ 的置信水平为 $1-\alpha$ 的置信区间为

$$\left(\overline{X} - \overline{Y} - z_{\frac{\alpha}{2}}\sqrt{\frac{\sigma_1^2}{n_1} + \frac{\sigma_2^2}{n_2}}, \overline{X} - \overline{Y} + z_{\frac{\alpha}{2}}\sqrt{\frac{\sigma_1^2}{n_1} + \frac{\sigma_2^2}{n_2}}\right). \tag{7.3.13}$$

(2) $\sigma_1^2 = \sigma_2^2 = \sigma^2$,但 σ^2 未知.

此时,由定理 6.2.2 知

$$T=\frac{(\overline{X}-\overline{Y})-(\mu_1-\mu_2)}{S_w\sqrt{\dfrac{1}{n_1}+\dfrac{1}{n_2}}}\sim t(n_1+n_2-2),$$

其中 $S_w^2=\dfrac{(n_1-1)S_1^2+(n_2-1)S_2^2}{n_1+n_2-2}$, $S_w=\sqrt{S_w^2}$, 从而可得 $\mu_1-\mu_2$ 的置信水平为 $1-\alpha$ 的置信区间为

$$\left(\overline{X}-\overline{Y}-t_{\frac{\alpha}{2}}(n_1+n_2-2)S_w\sqrt{\frac{1}{n_1}+\frac{1}{n_2}},\ \overline{X}-\overline{Y}+t_{\frac{\alpha}{2}}(n_1+n_2-2)S_w\sqrt{\frac{1}{n_1}+\frac{1}{n_2}}\right).$$
(7.3.14)

如果按式(7.3.13)或式(7.3.14)求得的置信区间的下限大于 0, 则在实际应用中我们有 $1-\alpha$ 的把握可以认为 $\mu_1>\mu_2$; 相反, 如果置信区间的上限小于 0, 则在实际应用中我们有 $1-\alpha$ 的把握可以认为 $\mu_1<\mu_2$.

例 7.3.6 为了比较甲、乙两种品牌灯泡的寿命(单位:h), 随机抽取了甲灯泡 10 个和乙灯泡 8 个, 测得其平均寿命分别为 $\overline{x}=1\,400, \overline{y}=1\,250$, 样本标准差分别为 $s_1=52, s_2=64$. 设两种灯泡的寿命分别服从正态分布 $N(\mu_1,\sigma^2), N(\mu_2,\sigma^2)$, 其中 μ_1,μ_2,σ^2 均未知, 求这两种灯泡平均寿命之差 $\mu_1-\mu_2$ 的置信水平为 0.95 的置信区间.

解 由题意可得 $n_1=10, n_2=8, s_1=52, s_2=64$, 故

$$s_w^2=\frac{(n_1-1)s_1^2+(n_2-1)s_2^2}{n_1+n_2-2}=3\,313,\quad s_w=\sqrt{s_w^2}\approx 57.558\,7.$$

取 $\alpha=0.05$, 查附表 5 可得 $t_{0.025}(16)=2.119\,9$. 由式(7.3.14)知 $\mu_1-\mu_2$ 的置信水平为 0.95 的置信区间为

$$\left(1\,400-1\,250-2.119\,9\times 57.558\,7\times\sqrt{\frac{1}{10}+\frac{1}{8}},\right.$$
$$\left.1\,400-1\,250+2.119\,9\times 57.558\,7\times\sqrt{\frac{1}{10}+\frac{1}{8}}\right)$$
$$=(92.12, 207.88).$$

2. 两个正态总体方差比 $\dfrac{\sigma_1^2}{\sigma_2^2}$ 的置信区间

这里只讨论总体均值 μ_1,μ_2 均未知的情况. 由定理 6.2.3 知

$$F=\frac{S_1^2/\sigma_1^2}{S_2^2/\sigma_2^2}\sim F(n_1-1,n_2-1),$$

F 的分布已知且不依赖任何未知参数. 对于已给定的置信水平 $1-\alpha$, 取区间 $(F_{1-\frac{\alpha}{2}}(n_1-1,n_2-1), F_{\frac{\alpha}{2}}(n_1-1,n_2-1))$(见图 7.4), 使得

$$P\left\{F_{1-\frac{\alpha}{2}}(n_1-1,n_2-1)<\frac{S_1^2/\sigma_1^2}{S_2^2/\sigma_2^2}<F_{\frac{\alpha}{2}}(n_1-1,n_2-1)\right\}=1-\alpha,$$

即

$$P\left\{\frac{S_1^2}{S_2^2}\cdot\frac{1}{F_{\frac{\alpha}{2}}(n_1-1,n_2-1)}<\frac{\sigma_1^2}{\sigma_2^2}<\frac{S_1^2}{S_2^2}\cdot\frac{1}{F_{1-\frac{\alpha}{2}}(n_1-1,n_2-1)}\right\}=1-\alpha.$$

因此,$\dfrac{\sigma_1^2}{\sigma_2^2}$ 的置信水平为 $1-\alpha$ 的置信区间为

$$\left(\dfrac{S_1^2}{S_2^2}\cdot\dfrac{1}{F_{\frac{\alpha}{2}}(n_1-1,n_2-1)},\dfrac{S_1^2}{S_2^2}\cdot\dfrac{1}{F_{1-\frac{\alpha}{2}}(n_1-1,n_2-1)}\right). \tag{7.3.15}$$

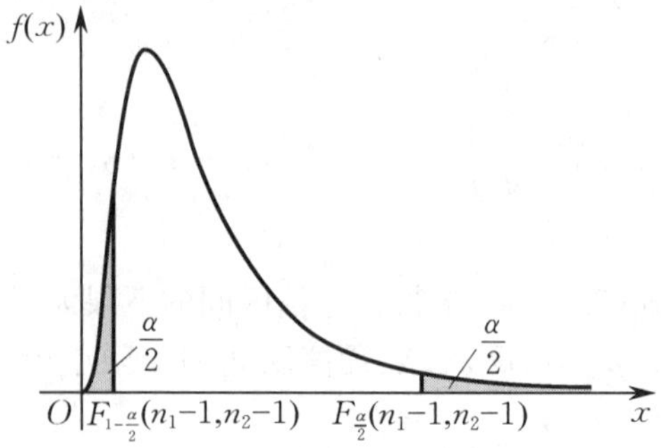

图 7.4

如果按式(7.3.15)求得的置信区间的下限大于 1,则在实际应用中我们有 $1-\alpha$ 的把握可以认为 $\sigma_1^2>\sigma_2^2$;相反,如果置信区间的上限小于 1,则在实际应用中我们有 $1-\alpha$ 的把握可以认为 $\sigma_1^2<\sigma_2^2$.

例 7.3.7 在例 7.3.6 中,若这两种灯泡的寿命分别服从 $N(\mu_1,\sigma_1^2),N(\mu_2,\sigma_2^2)$,其中 $\mu_1,\mu_2,\sigma_1^2,\sigma_2^2$ 均未知,其他条件不变,试求方差比 $\dfrac{\sigma_1^2}{\sigma_2^2}$ 的置信水平为 0.95 的置信区间.

解 取 $\alpha=0.05$,查附表 6 可得 $F_{0.025}(9,7)=4.82$,$\dfrac{1}{F_{0.975}(9,7)}=F_{0.025}(7,9)=4.20$,代入式(7.3.15)可得,$\dfrac{\sigma_1^2}{\sigma_2^2}$ 的置信水平为 0.95 的置信区间为

$$\left(\dfrac{52^2}{64^2}\times\dfrac{1}{4.82},\dfrac{52^2}{64^2}\times 4.20\right)=(0.137,2.773).$$

将关于正态总体未知参数的区间估计的讨论列成表格,如表 7.3 和表 7.4 所示.

表 7.3

待估参数	条件	枢轴量及其分布	置信区间
μ	σ^2 已知	$Z=\dfrac{\overline{X}-\mu}{\sigma/\sqrt{n}}\sim N(0,1)$	$\left(\overline{X}-\dfrac{\sigma}{\sqrt{n}}z_{\frac{\alpha}{2}},\overline{X}+\dfrac{\sigma}{\sqrt{n}}z_{\frac{\alpha}{2}}\right)$
	σ^2 未知	$T=\dfrac{\overline{X}-\mu}{S/\sqrt{n}}\sim t(n-1)$	$\left(\overline{X}-\dfrac{S}{\sqrt{n}}t_{\frac{\alpha}{2}}(n-1),\overline{X}+\dfrac{S}{\sqrt{n}}t_{\frac{\alpha}{2}}(n-1)\right)$
σ^2	μ 未知	$\chi^2=\dfrac{(n-1)S^2}{\sigma^2}\sim\chi^2(n-1)$	$\left(\dfrac{(n-1)S^2}{\chi^2_{\frac{\alpha}{2}}(n-1)},\dfrac{(n-1)S^2}{\chi^2_{1-\frac{\alpha}{2}}(n-1)}\right)$

表 7.4

待估参数	条件	枢轴量及其分布	置信区间
$\mu_1 - \mu_2$	σ_1^2, σ_2^2 均已知	$Z = \dfrac{(\overline{X} - \overline{Y}) - (\mu_1 - \mu_2)}{\sqrt{\dfrac{\sigma_1^2}{n_1} + \dfrac{\sigma_2^2}{n_2}}} \sim N(0, 1)$	$\left(\overline{X} - \overline{Y} - z_{\frac{\alpha}{2}} \sqrt{\dfrac{\sigma_1^2}{n_1} + \dfrac{\sigma_2^2}{n_2}}, \right.$ $\left. \overline{X} - \overline{Y} + z_{\frac{\alpha}{2}} \sqrt{\dfrac{\sigma_1^2}{n_1} + \dfrac{\sigma_2^2}{n_2}} \right)$
	$\sigma_1^2 = \sigma_2^2 = \sigma^2$,但 σ^2 未知	$T = \dfrac{(\overline{X} - \overline{Y}) - (\mu_1 - \mu_2)}{S_w \sqrt{\dfrac{1}{n_1} + \dfrac{1}{n_2}}}$ $\sim t(n_1 + n_2 - 2),$ 其中 $S_w^2 = \dfrac{(n_1 - 1) S_1^2 + (n_2 - 1) S_2^2}{n_1 + n_2 - 2}$	$\left(\overline{X} - \overline{Y} - t_{\frac{\alpha}{2}}(n_1 + n_2 - 2) S_w \sqrt{\dfrac{1}{n_1} + \dfrac{1}{n_2}}, \right.$ $\left. \overline{X} - \overline{Y} + t_{\frac{\alpha}{2}}(n_1 + n_2 - 2) S_w \sqrt{\dfrac{1}{n_1} + \dfrac{1}{n_2}} \right)$
$\dfrac{\sigma_1^2}{\sigma_2^2}$	μ_1, μ_2 均未知	$F = \dfrac{S_1^2 / \sigma_1^2}{S_2^2 / \sigma_2^2} \sim F(n_1 - 1, n_2 - 1)$	$\left(\dfrac{S_1^2}{S_2^2} \cdot \dfrac{1}{F_{\frac{\alpha}{2}}(n_1 - 1, n_2 - 1)}, \right.$ $\left. \dfrac{S_1^2}{S_2^2} \cdot \dfrac{1}{F_{1 - \frac{\alpha}{2}}(n_1 - 1, n_2 - 1)} \right)$

7.4 实践案例

1. 旅游消费市场调查

例 7.4.1 某大学统计学专业的学生进行暑期社会实践调查. 他随机选取了 100 个旅游景点,每个景点随机抽取 10 名游客,并调查这 10 名游客中在景区内消费 100 元以上的人数,他调查所得的数据如表 7.5 所示. 求在景区内消费 100 元以上游客人数的比例 p 的最大似然估计值.

表 7.5

消费 100 元以上的人数	0	1	2	3	4	5	6	7	8	9	10
景点个数	0	1	6	7	23	26	21	12	3	1	0

解 设 X 表示抽取的 10 名游客中消费 100 元以上的人数,显然 $X \sim B(10, p)$,则其分布律为

$$P\{X = k\} = C_{10}^k p^k (1-p)^{10-k} \quad (k = 0, 1, 2, \cdots, 10).$$

似然函数为

$$L(p) = \prod_{i=1}^{100} P\{X = x_i\} = \prod_{i=1}^{100} C_{10}^{x_i} p^{x_i} (1-p)^{10-x_i} = \left(\prod_{i=1}^{100} C_{10}^{x_i} \right) p^{\sum_{i=1}^{100} x_i} (1-p)^{1\,000 - \sum_{i=1}^{100} x_i},$$

故对数似然函数为

$$\ln L(p) = \sum_{i=1}^{100} \ln C_{10}^{x_i} + \left(\sum_{i=1}^{100} x_i\right) \ln p + \left(1\,000 - \sum_{i=1}^{100} x_i\right) \ln(1-p).$$

上式对 p 求导数并令其等于 0,得

$$\frac{d\ln L(P)}{dp} = \frac{1}{p} \sum_{i=1}^{100} x_i - \frac{1}{1-p}\left(1\,000 - \sum_{i=1}^{100} x_i\right) = 0,$$

解得 p 的最大似然估计值为 $\hat{p} = \frac{1}{1\,000} \sum_{i=1}^{100} x_i$,将数据代入得 $\sum_{i=1}^{100} x_i = 499$,所以 p 的最大似然估计值为 0.499.

2. 正常人血液中铅含量的均值和方差估计

例 7.4.2 已知某市正常人的血液中铅含量 X(单位:$\mu g/L$)服从对数正态分布 $LN(\mu, \sigma^2)$,其密度函数为 $f(x) = \frac{1}{\sqrt{2\pi}\sigma x} e^{-\frac{(\ln x - \mu)^2}{2\sigma^2}}$ ($x > 0$). 现随机抽取 40 人的血液,测得其中铅含量的数据如下:

9.86, 16.86, 20.86, 22.86, 5.86, 7.86, 13.86, 18.86, 9.86, 31.86,
22.86, 5.86, 11.86, 30.86, 9.86, 17.86, 10.86, 18.86, 23.86, 21.86,
8.86, 22.86, 17.86, 24.86, 25.86, 5.86, 5.86, 22.86, 6.86, 12.86,
6.86, 16.86, 8.86, 30.86, 30.86, 14.86, 8.86, 19.86, 26.86, 30.86,

试求:(1) 参数 μ 和 σ^2 的最大似然估计值;(2) 参数 μ 和 σ^2 的置信水平为 0.95 的置信区间.

解 (1) 似然函数为

$$L(\mu, \sigma^2) = \prod_{i=1}^{40} \frac{1}{\sqrt{2\pi}\sigma x_i} e^{-\frac{(\ln x_i - \mu)^2}{2\sigma^2}} = (2\pi)^{-20} \cdot (\sigma^2)^{-20} \cdot \left(\prod_{i=1}^{40} \frac{1}{x_i}\right) \cdot e^{-\frac{\sum_{i=1}^{40}(\ln x_i - \mu)^2}{2\sigma^2}},$$

故对数似然函数为

$$\ln L(\mu, \sigma^2) = -20\ln(2\pi) - 20\ln(\sigma^2) - \sum_{i=1}^{40} \ln x_i - \frac{\sum_{i=1}^{40}(\ln x_i - \mu)^2}{2\sigma^2}.$$

上式分别对 μ 和 σ^2 求偏导数并令偏导数等于 0,得方程组

$$\begin{cases} \dfrac{\partial \ln L(\mu, \sigma^2)}{\partial \mu} = \dfrac{1}{\sigma^2} \sum_{i=1}^{40}(\ln x_i - \mu) = 0, \\ \dfrac{\partial \ln L(\mu, \sigma^2)}{\partial \sigma^2} = -\dfrac{20}{\sigma^2} + \dfrac{1}{2(\sigma^2)^2} \sum_{i=1}^{40}(\ln x_i - \mu)^2 = 0. \end{cases}$$

解方程组得 μ 和 σ^2 的最大似然估计值分别为

$$\hat{\mu} = \frac{1}{40} \sum_{i=1}^{40} \ln x_i, \quad \hat{\sigma}^2 = \frac{1}{40} \sum_{i=1}^{40} (\ln x_i - \hat{\mu})^2 = \frac{1}{40} \sum_{i=1}^{40} \left(\ln x_i - \frac{1}{40} \sum_{i=1}^{40} \ln x_i\right)^2,$$

将数据代入得 μ 和 σ^2 的最大似然估计值分别为

$$\hat{\mu} = \frac{1}{40} \sum_{i=1}^{40} \ln x_i \approx 2.704, \quad \hat{\sigma}^2 = \frac{1}{40} \sum_{i=1}^{40} (\ln x_i - \hat{\mu})^2 \approx 0.292\,8.$$

(2) 设 $Y = \ln X$,则 $Y \sim N(\mu, \sigma^2)$,$Y_i = \ln X_i$ ($i = 1, 2, \cdots, 40$) 是来自总体 Y 的样本. 样本

均值为
$$\overline{Y} = \frac{1}{40}\sum_{i=1}^{40} Y_i = \frac{1}{40}\sum_{i=1}^{40} \ln X_i,$$

样本方差为
$$S_Y^2 = \frac{1}{39}\sum_{i=1}^{40}(Y_i - \overline{Y})^2 = \frac{1}{39}\sum_{i=1}^{40}\left(\ln X_i - \frac{1}{40}\sum_{i=1}^{40}\ln X_i\right)^2.$$

因为
$$\frac{\overline{Y} - \mu}{S_Y/\sqrt{n}} = \frac{\frac{1}{n}\sum_{i=1}^{n}\ln X_i - \mu}{S_Y/\sqrt{n}} \sim t(n-1),$$

$$\frac{(n-1)S_Y^2}{\sigma^2} \sim \chi^2(n-1),$$

所以 μ 的置信水平为 0.95 的置信区间为
$$\left(\overline{Y} - \frac{S_Y}{\sqrt{40}}t_{0.025}(39), \overline{Y} + \frac{S_Y}{\sqrt{40}}t_{0.025}(39)\right),$$

σ^2 的置信水平为 0.95 的置信区间为
$$\left(\frac{39S_Y^2}{\chi^2_{0.025}(39)}, \frac{39S_Y^2}{\chi^2_{0.975}(39)}\right).$$

计算得 $\overline{y} \approx 2.704, s_Y^2 \approx 0.3003, S_Y \approx 0.5480, n = 40$,查附表 5 可得 $t_{0.025}(39) = 2.0227$,查附表 4 可得 $\chi^2_{0.975}(39) = 23.654, \chi^2_{0.025}(39) = 58.120$. 代入数据可得 μ 的置信水平为 0.95 的置信区间为 $(2.5287, 2.8793)$,σ^2 的置信水平为 0.95 的置信区间为 $(0.2015, 0.4951)$.

本章总结

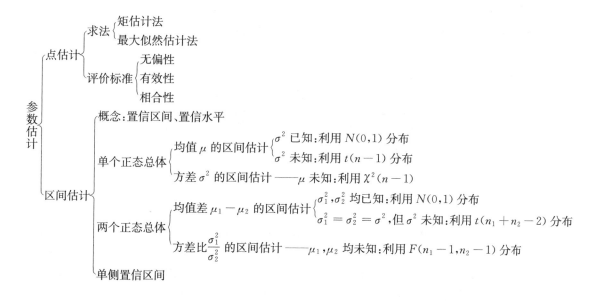

习 题 七

1. 设总体 X 服从二项分布 $B(m,p)$，其中 m 已知，p 未知，$X_1, X_2, \cdots, X_n$ 为来自总体 X 的样本，求 p 的矩估计量和最大似然估计量.

2. 一灯泡厂从某天生产的灯泡中随机抽取 12 只进行寿命试验，得到灯泡寿命（单位：h）的数据如下：

$$1\,080,\ 1\,100,\ 1\,080,\ 1\,150,\ 1\,120,\ 1\,200,$$
$$1\,250,\ 1\,070,\ 1\,120,\ 1\,130,\ 1\,300,\ 1\,200.$$

求这天生产的整批灯泡的平均寿命及寿命方差的矩估计值.

3. 设总体 X 的分布律如表 7.6 所示，其中 $\theta\left(0<\theta<\dfrac{1}{2}\right)$ 为未知参数，$X_1, X_2, \cdots, X_8$ 为来自总体 X 的样本，一组观测值如下：

$$x_1=3,\ x_2=1,\ x_3=3,\ x_4=0,\ x_5=3,\ x_6=1,\ x_7=2,\ x_8=3.$$

表 7.6

X	0	1	2	3
P	θ^2	$2\theta(1-\theta)$	θ^2	$1-2\theta$

试求：(1) θ 的矩估计值；(2) θ 的最大似然估计值.

4. 设总体 X 的密度函数为 $f(x;\theta)=\begin{cases}\dfrac{6x(\theta-x)}{\theta^3}, & 0<x<\theta,\\ 0, & \text{其他},\end{cases}$ 其中 θ 未知，$X_1, X_2, \cdots, X_n$ 为来自总体 X 的样本，求 θ 的矩估计量及方差 $D(\hat{\theta})$.

5. 设总体 X 的密度函数为 $f(x;\theta)=\begin{cases}\dfrac{\theta^2}{x^3}\mathrm{e}^{-\frac{\theta}{x}}, & x>0,\\ 0, & \text{其他},\end{cases}$ 其中 $\theta>0$ 未知，$X_1, X_2, \cdots, X_n$ 为来自总体 X 的样本，求：(1) θ 的矩估计量；(2) θ 的最大似然估计量.

6. 设总体 X 的分布函数为 $F(x;\theta)=\begin{cases}1-\dfrac{1}{x^\theta}, & x>1,\\ 0, & x\leqslant 1,\end{cases}$ 其中 $\theta>1$ 未知，$X_1, X_2, \cdots, X_n$ 为来自总体 X 的样本，求：(1) θ 的矩估计量；(2) θ 的最大似然估计量.

7. 设某种元件寿命 X 的密度函数为 $f(x;\theta)=\begin{cases}2\mathrm{e}^{-2(x-\theta)}, & x>\theta,\\ 0, & x\leqslant\theta,\end{cases}$ 其中 $\theta>0$ 未知，$x_1, x_2, \cdots, x_n$ 是一组观测值，求 θ 的最大似然估计值.

8. 设总体 X 的均值 $E(X)=\mu$ 已知，方差 $D(X)=\sigma^2$ 未知，$X_1, X_2, \cdots, X_n$ 为来自总体 X 的样本，证明：$\hat{\sigma}^2=\dfrac{1}{n}\sum_{i=1}^{n}(X_i-\mu)^2$ 是 σ^2 的无偏估计量.

9. 设 $\hat{\theta}$ 是 θ 的无偏估计量，且有 $D(\hat{\theta})>0$，证明：$\hat{\theta}^2$ 不是 θ^2 的无偏估计量.

10. 设总体 $X \sim N(\mu,1)$, X_1, X_2, X_3 为来自总体 X 的样本,试证明下述三个估计量都是 μ 的无偏估计量,并判断哪个估计量最有效:

(1) $\hat{\mu}_1 = \dfrac{1}{5}X_1 + \dfrac{2}{5}X_2 + \dfrac{2}{5}X_3$;

(2) $\hat{\mu}_2 = \dfrac{1}{3}X_1 + \dfrac{1}{4}X_2 + \dfrac{5}{12}X_3$;

(3) $\hat{\mu}_3 = \dfrac{1}{6}X_1 + \dfrac{1}{2}X_2 + \dfrac{1}{3}X_3$.

11. 设 $\hat{\theta}_1, \hat{\theta}_2$ 都是 θ 的无偏估计量,且 $D(\hat{\theta}_1) = \sigma_1^2$, $D(\hat{\theta}_2) = \sigma_2^2$,取 $\hat{\theta} = c\hat{\theta}_1 + (1-c)\hat{\theta}_2$,

(1) 证明 $\hat{\theta}$ 是 θ 的无偏估计量.

(2) 若 $\hat{\theta}_1, \hat{\theta}_2$ 相互独立,试确定 c 的值,使 $D(\hat{\theta})$ 达到最小.

12. 设某电子元件的寿命(单位:h)服从正态分布 $N(\mu, \sigma^2)$,现抽样检查 10 个元件,得到样本均值 $\bar{x} = 1\,500$,样本标准差 $s = 14$,求总体均值 μ 的置信水平为 0.99 的置信区间.

13. 从一批零件中抽取 9 件,测得其直径(单位:mm) 分别为
  19.7, 20.1, 19.8, 19.9, 20.2, 20.0, 19.9, 20.2, 20.3.
设这批零件的直径服从正态分布 $N(\mu, \sigma^2)$,求:

(1) $\sigma = 0.21$ 时总体均值 μ 的置信水平为 0.95 的置信区间;

(2) σ 未知时总体均值 μ 的置信水平为 0.95 的置信区间;

(3) 总体方差 σ^2 的置信水平为 0.95 的置信区间.

14. 设总体服从正态分布 $N(\mu, 1)$,为使 μ 的置信水平为 0.95 的置信区间的长度不超过 1.2,问:样本容量 n 应取多大?

15. 从某电视机厂生产的一大批产品中随机抽取 20 件,测得其尺寸(单位:cm) 的平均值为 $\bar{x} = 32.58$,样本方差为 $s^2 = 0.096\,6$.假定该产品的尺寸服从正态分布 $N(\mu, \sigma^2)$,其中 μ, σ^2 均未知,试求平均尺寸 μ 和方差 σ^2 的置信水平为 0.95 的置信区间.

16. 某厂生产了一批金属材料,其抗弯强度(单位:N)服从正态分布 $N(\mu, \sigma^2)$.今从这批金属材料中抽取 11 个测试件,测得它们的抗弯强度分别为
  42.5, 42.7, 43.0, 42.3, 43.4, 44.5, 44.0, 43.8, 44.1, 43.9, 43.7.
求:

(1) 平均抗弯强度 μ 的置信水平为 0.95 的置信区间;

(2) 抗弯强度标准差 σ 的置信水平为 0.90 的置信区间.

17. 设从两个正态总体 $N(\mu_1, \sigma^2), N(\mu_2, \sigma^2)$ 中分别抽取容量为 10 和 12 的样本,两样本相互独立,计算得两样本的样本均值分别为 $\bar{x} = 20, \bar{y} = 24$,样本标准差分别为 $s_1 = 5, s_2 = 6$,求 $\mu_1 - \mu_2$ 的置信水平为 0.95 的置信区间.

18. 两台车床生产同一种型号的滚珠,已知两车床生产的滚珠的直径(单位:mm) X, Y 分别服从 $N(\mu_1, \sigma_1^2), N(\mu_2, \sigma_2^2)$,其中 $\mu_1, \sigma_1, \mu_2, \sigma_2$ 均未知.现从两车床生产的滚珠中分别抽取 25 个和 15 个,测得样本方差分别为 $s_1^2 = 6.38, s_2^2 = 5.15$,求两总体方差比 $\dfrac{\sigma_1^2}{\sigma_2^2}$ 的置信水平为 0.90 的置信区间.

19. 从一汽车轮胎厂生产的某种轮胎中抽取 10 个样品进行磨损试验,直至轮胎行驶到磨坏为止,测得它们的行驶路程(单位:km)如下:

$$41\,250,\quad 41\,010,\quad 42\,650,\quad 38\,970,\quad 40\,200,$$
$$42\,550,\quad 43\,500,\quad 40\,400,\quad 41\,870,\quad 39\,800.$$

设该厂生产的汽车轮胎的行驶路程服从正态分布 $N(\mu,\sigma^2)$,求:

(1) μ 的置信水平为 0.95 的单侧置信下限;

(2) σ^2 的置信水平为 0.95 的单侧置信上限.

20. 设总体 X 的密度函数为 $f(x;\sigma)=\begin{cases}\dfrac{A}{\sigma}e^{-\frac{(x-\mu)^2}{2\sigma^2}}, & x\geqslant\mu,\\ 0, & x<\mu,\end{cases}$ 其中 μ 是已知参数,$\sigma>0$ 是未知参数,A 是常数,$X_1,X_2,\cdots,X_n$ 为来自总体 X 的样本,求:

(1) 常数 A 的值;

(2) σ^2 的最大似然估计量.

21. 设总体 X 的密度函数为 $f(x;\sigma)=\dfrac{1}{2\sigma}e^{-\frac{|x|}{\sigma}}\ (-\infty<x<+\infty)$,其中 $\sigma>0$ 是未知参数,$X_1,X_2,\cdots,X_n$ 为来自总体 X 的样本,求:

(1) σ 的最大似然估计量 $\hat{\sigma}$;

(2) $E(\hat{\sigma}),D(\hat{\sigma})$.

22. 设 $X_1,X_2,\cdots,X_n$ 为来自总体 $X\sim E(\theta)$ 的样本,$Y_1,Y_2,\cdots,Y_m$ 为来自总体 $Y\sim E(2\theta)$ 的样本,且两样本相互独立,其中 $\theta>0$ 是未知参数,求 θ 的最大似然估计量 $\hat{\theta}$ 及 $D(\hat{\theta})$.

第八章

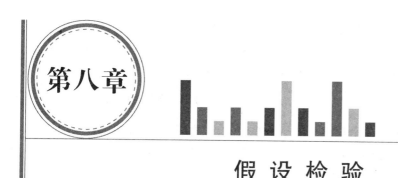

假设检验

统计推断的另一类重要问题是假设检验,即在总体分布完全未知或只知其分布类型而不知其参数的情况下,为推断总体的某些未知特性而提出关于总体的假设,然后根据样本所提供的信息,运用统计分析方法对假设进行检验,最后对所提假设做出拒绝或接受的判断.本章将介绍两类假设检验:参数假设检验和分布拟合检验.

8.1 假设检验的基本概念

1. 引例

例 8.1.1 某糖厂用一台自动包装机包装白砂糖.已知袋装白砂糖的净重(单位:kg)是一个随机变量,且服从正态分布.当机器正常工作时,其均值为 0.5,标准差为 0.015.某天开工后,一产检员从生产线上随机抽取了 9 袋白砂糖,测得其净重分别为

0.493, 0.512, 0.521, 0.519, 0.501, 0.510, 0.517, 0.517, 0.513.

问:这天自动包装机是否正常工作?

显然,这天随机抽取的 9 袋白砂糖的净重都不是 0.5 kg,而在现实生活中,实际生产重量和标准重量不完全一致是经常出现的,造成这种差异一般有两种原因:一是受偶然因素的影响,如电网电压的波动、测量仪器的误差等引起的差异,我们称之为随机误差;二是受条件因素的影响,如生产设备的缺陷、机械部件的过度损耗等引起的差异,我们称之为条件误差.如果此次产检中只存在随机误差,则没有足够的理由判定这天自动包装机包装的袋装白砂糖净重的均值不是 0.5 kg;但如果有充分的理由断定其均值不是 0.5 kg,那么造成这种差异的主要原因应该归结于条件误差,即自动包装机工作不正常.因此,我们要判断均值是否为 0.5 kg.

设 X 表示这天自动包装机包装的袋装白砂糖的净重(单位:kg),根据经验可知标准差比较稳定,于是假设 $X \sim N(\mu, 0.015^2)$.为了检验自动包装机是否正常工作,提出两个相互对立的假设

$$H_0: \mu = \mu_0 = 0.5; \quad H_1: \mu \neq \mu_0 = 0.5.$$

上述假设涉及总体均值 μ,因此我们首先想到借助样本均值 $\overline{X}$ 来进行判断.由于 $\overline{X}$ 是 μ 的无偏

估计量,因此当自动包装机正常工作(H_0 为真)时,$|\bar{x}-\mu|=|\bar{x}-0.5|$ 应该很小,从而当 $|\bar{x}-0.5|$ 很大时,我们有充分的理由怀疑 H_0 的正确性而拒绝 H_0. 基于上述思想,做出拒绝或接受 H_0 的决策的关键之处是给出一个合适的常数 k,使得当 $|\bar{x}-0.5| \geq k$ 时,拒绝 H_0;当 $|\bar{x}-0.5| < k$ 时,接受 H_0. 下面讨论常数 k 的求法.

通过实践得出的实际推断原理

由定理 6.2.1 可知,$\dfrac{\bar{X}-\mu}{\sigma/\sqrt{n}} \sim N(0,1)$,当 H_0 为真时,则有 $\dfrac{\bar{X}-0.5}{\sigma/\sqrt{n}} \sim N(0,1)$. 我们事先给定一个较小的概率 $\alpha(0<\alpha<1)$,如 α 取 $0.05, 0.01$ 等,由标准正态分布的上 α 分位点的定义有

$$P\left\{\left|\dfrac{\bar{X}-0.5}{\sigma/\sqrt{n}}\right| \geq z_{\frac{\alpha}{2}}\right\}=\alpha.$$

显然,事件 $\left\{\left|\dfrac{\bar{X}-0.5}{\sigma/\sqrt{n}}\right| \geq z_{\frac{\alpha}{2}}\right\}$ 是一个小概率事件,它在一次试验中几乎不发生,而如果它在实际中发生了,即有 $\left|\dfrac{\bar{x}-0.5}{\sigma/\sqrt{n}}\right| \geq z_{\frac{\alpha}{2}}$,根据实际推断原理,我们有足够的理由否定原来的假设,即拒绝 H_0. 由此可知,k 可取 $\dfrac{z_{\frac{\alpha}{2}}\sigma}{\sqrt{n}}$,且当 $\left|\dfrac{\bar{x}-0.5}{\sigma/\sqrt{n}}\right| \geq z_{\frac{\alpha}{2}}$ 时,拒绝 H_0;当 $\left|\dfrac{\bar{x}-0.5}{\sigma/\sqrt{n}}\right| < z_{\frac{\alpha}{2}}$ 时,接受 H_0.

本例中若取 $\alpha=0.05$,由题意可得 $\bar{x} \approx 0.511, \sigma=0.015, n=9, z_{\frac{\alpha}{2}}=z_{0.025}=1.96$,从而有

$$\left|\dfrac{\bar{x}-0.5}{\sigma/\sqrt{n}}\right|=2.2>1.96,$$

说明小概率事件发生了,我们有理由拒绝 H_0,即认为自动包装机工作不正常.

2. 统计假设

在实际问题中,我们对总体 X 的分布函数或其中一些参数做出的某种假设 H_0 称为**原假设**或**零假设**,它是待检验的假设,与之对立的假设 H_1 称为**备择假设**,它是原假设被拒绝后用以替换的假设. 假设检验就是根据样本提供的信息,按照一定的检验方法做出接受 H_0 还是拒绝 H_0(即接受 H_1)的决策.

对原假设进行检验时,对样本数据进行加工并用来判断是否接受原假设的统计量称为**检验统计量**. 例如,在例 8.1.1 中,我们选取 $Z=\dfrac{\bar{X}-0.5}{\sigma/\sqrt{n}}$ 作为统计量进行检验,称为 Z 统计量. 根据不同条件,后面还会出现 T 统计量、χ^2 统计量和 F 统计量等. 统计量的选取需要根据研究的参数及其估计量的分布、总体方差是否已知等因素来确定.

在假设检验中,概率 α 称为**显著性水平**,任何假设检验都是在显著性水平 α 之下做出的. 例如,在例 8.1.1 中,当取 $\alpha=0.05$ 时,通过计算得 $\left|\dfrac{\bar{x}-0.5}{\sigma/\sqrt{n}}\right|=2.2>z_{0.025}=1.96$,由此判断 $\bar{x}$ 与 μ_0 的差异显著,从而拒绝 H_0;但是,当取 $\alpha=0.01$ 时,通过计算得

$$\left|\dfrac{\bar{x}-0.5}{\sigma/\sqrt{n}}\right|=2.2<z_{0.005}=2.575,$$

此时 $\bar{x}$ 与 μ_0 的差异不显著,从而接受 H_0.

当检验统计量取某个区域 W 中的值时,我们拒绝原假设 H_0,这个区域称为**拒绝域**. 例如,在例 8.1.1 中,拒绝域为 $|z| \geqslant z_{\frac{\alpha}{2}}$,或写为 $W = (-\infty, -z_{\frac{\alpha}{2}}] \cup [z_{\frac{\alpha}{2}}, +\infty)$.

由例 8.1.1 的解题过程可得,假设检验的一般步骤如下:

(1) 根据实际问题提出原假设 H_0 及备择假设 H_1;

(2) 选取适当的检验统计量,并在原假设 H_0 成立的条件下确定该检验统计量的分布;

(3) 对于给定的显著性水平 α,得到原假设 H_0 的拒绝域;

(4) 根据观测值计算检验统计量的值,并判别其是否位于拒绝域,从而做出拒绝 H_0 或接受 H_0 的决策.

3. 两类错误

假设检验是依据实际推断原理来进行判断的,然而无论小概率事件的概率多么小,都有可能发生,因此有可能会判断错误. 这类错误一般有两种:一种是在原假设为真的情况下,有些检验统计量的值会落入拒绝域内而拒绝 H_0,称为**第一类错误**;另一种是在原假设不真的情况下,有些检验统计量的值没有落入拒绝域内而接受 H_0,称为**第二类错误**. 第一类错误又称为**拒真错误**或**弃真错误**,若记犯这种错误的概率为 α,则也称之为 α **错误**;第二类错误又称为**取伪错误**或**受伪错误**,若记犯这种错误的概率为 β,则也称之为 β **错误**. 在样本容量一定的情况下,犯第一类错误的概率 α 越小,拒绝域越小,从而拒绝 H_0 的可能性也越小,犯第二类错误的概率 β 便越大. 事实上,在样本容量一定的情况下,α 和 β 不能同时变小,即 α 变小时 β 就变大,β 变小时 α 就变大. 一般只有增大样本容量,才能使两者同时变小. 在实际应用中,通常控制犯第一类错误的概率,即给定 α,使犯第二类错误的概率尽可能小.

4. 单侧假设检验

在例 8.1.1 中,假设检验的问题可写为 $H_0: \mu = \mu_0; H_1: \mu \neq \mu_0$,这种假设检验称为**双侧假设检验**. 在实际问题中,有时还需要用到下列形式的假设:

$$H_0: \mu \leqslant \mu_0; \quad H_1: \mu > \mu_0, \tag{8.1.1}$$

$$H_0: \mu \geqslant \mu_0; \quad H_1: \mu < \mu_0. \tag{8.1.2}$$

形如式(8.1.1)的假设检验称为**右侧假设检验**,形如式(8.1.2)的假设检验称为**左侧假设检验**. 右侧假设检验与左侧假设检验统称为**单侧假设检验**.

设总体 $X \sim N(\mu, \sigma^2)$,其中 μ 未知,σ 已知,$X_1, X_2, \cdots, X_n$ 为来自总体 X 的样本. 给定显著性水平 α,建立假设 $H_0: \mu \geqslant \mu_0; H_1: \mu < \mu_0$,下面求其拒绝域. 若 H_0 为真而要拒绝 H_0,则样本均值 $\bar{x}$ 应该偏小,即拒绝域应该形如 $\bar{x} \leqslant k$. 由

$$P\{\text{拒绝 } H_0 \mid H_0 \text{ 为真}\} = P\{\bar{X} \leqslant k \mid \mu \geqslant \mu_0\}$$

$$= P\left\{\frac{\bar{X} - \mu_0}{\sigma/\sqrt{n}} \leqslant \frac{k - \mu_0}{\sigma/\sqrt{n}} \,\bigg|\, \mu \geqslant \mu_0\right\}$$

$$\leqslant P\left\{\frac{\bar{X} - \mu}{\sigma/\sqrt{n}} \leqslant \frac{k - \mu_0}{\sigma/\sqrt{n}} \,\bigg|\, \mu \geqslant \mu_0\right\}$$

$$= \alpha,$$

且 $\dfrac{\bar{X} - \mu}{\sigma/\sqrt{n}} \sim N(0,1)$,从而 $\dfrac{k - \mu_0}{\sigma/\sqrt{n}} = -z_\alpha$,即拒绝域为

$$W = (-\infty, -z_\alpha] \quad \text{或} \quad z = \frac{\overline{x} - \mu_0}{\sigma/\sqrt{n}} \leqslant -z_\alpha.$$

同理可得,右侧假设检验 $H_0: \mu \leqslant \mu_0; H_1: \mu > \mu_0$ 的拒绝域为

$$W = [z_\alpha, +\infty) \quad \text{或} \quad z = \frac{\overline{x} - \mu_0}{\sigma/\sqrt{n}} \geqslant z_\alpha.$$

8.2 单个正态总体的假设检验

8.2.1 总体均值的假设检验

1. 方差 σ^2 已知的情形

在上一节中,我们已经讨论过正态总体 $N(\mu, \sigma^2)$ 当 σ^2 已知时,关于总体均值 μ 的假设检验问题,利用检验统计量 $Z = \dfrac{\overline{X} - \mu_0}{\sigma/\sqrt{n}}$ 来确定拒绝域,这种检验法通常称为 **Z 检验法**.

例 8.2.1 一个生产飞行器的工厂需要购置一种耐高温的零件,要求该零件抗热的平均温度不得低于 1 250 ℃. 在过去,供货者提供的产品都符合要求,并从大量的数据获知零件抗热的标准差是 150 ℃. 该工厂在最近的一批进货中随机测试了 100 个零件,测得其平均抗热为 1 200 ℃,问:该工厂能否接受这批产品(取显著性水平 $\alpha = 0.05$)?

解 首先提出假设

$$H_0: \mu \geqslant 1\,250; \quad H_1: \mu < 1\,250.$$

然后根据题设条件选取检验统计量

$$Z = \frac{\overline{X} - 1\,250}{\sigma/\sqrt{n}}.$$

由 $\alpha = 0.05$ 及建立的原假设,得拒绝域为

$$W = (-\infty, -1.645].$$

最后计算检验统计量的值

$$z = \frac{\overline{x} - 1250}{150/\sqrt{100}} \approx -3.333 < -1.645,$$

从而拒绝 H_0,即认为这一批零件抗热的平均温度低于 1 250 ℃,不能接受这批产品.

2. 方差 σ^2 未知的情形

设总体 $X \sim N(\mu, \sigma^2)$,其中 μ 和 σ 均未知,$X_1, X_2, \cdots, X_n$ 为来自总体 X 的样本,$\overline{X}$ 与 S^2 分别为样本均值与样本方差,给定显著性水平 α,求假设检验问题

$$H_0: \mu = \mu_0; \quad H_1: \mu \neq \mu_0$$

的拒绝域.

因为 σ^2 未知,所以用 σ^2 的无偏估计量 S^2 代替 σ^2. 当 H_0 为真时,有

$$T = \frac{\overline{X} - \mu_0}{S/\sqrt{n}} \sim t(n-1),$$

故选取 T 作为检验统计量,相应的检验法称为 **T 检验法**. 对于给定的显著性水平 α,有

$$P\{|T| \geqslant t_{\frac{\alpha}{2}}(n-1)\} = \alpha,$$

由此可得拒绝域为

$$|t| = \left|\frac{\overline{x} - \mu_0}{s/\sqrt{n}}\right| \geqslant t_{\frac{\alpha}{2}}(n-1),$$

即 $W = (-\infty, -t_{\frac{\alpha}{2}}(n-1)] \cup [t_{\frac{\alpha}{2}}(n-1), +\infty)$.

类似于上一节的讨论,我们可得到在 σ^2 未知的情形下,

左侧假设检验 $H_0: \mu \geqslant \mu_0; H_1: \mu < \mu_0$ 的拒绝域为 $W = (-\infty, -t_\alpha(n-1)]$;

右侧假设检验 $H_0: \mu \leqslant \mu_0; H_1: \mu > \mu_0$ 的拒绝域为 $W = [t_\alpha(n-1), +\infty)$.

例 8.2.2 在例 8.1.1 中,当机器正常工作时,如果假设标准差未知,其他条件不变,给定显著性水平 $\alpha = 0.05$,问:这天自动包装机是否正常工作?

解 依题意,须检验假设

$$H_0: \mu = 0.5; \quad H_1: \mu \neq 0.5.$$

选取检验统计量

$$T = \frac{\overline{X} - 0.5}{S/\sqrt{n}}.$$

由题设,$n = 9, \overline{x} \approx 0.511, s \approx 0.0091, t_{\frac{\alpha}{2}}(n-1) = t_{0.025}(8) = 2.3060$,该双侧假设检验的拒绝域为

$$W = (-\infty, -2.3060] \cup [2.3060, +\infty).$$

计算检验统计量的值

$$t = \frac{0.511 - 0.5}{0.0091/\sqrt{9}} \approx 3.6264 > 2.3060,$$

从而在显著性水平 $\alpha = 0.05$ 下拒绝 H_0,即认为这天自动包装机工作不正常.

例 8.2.3 某袋装食品虽然被密封,但保存时间仍不能太长. 下面是 8 袋该食品在超市货架上的滞留时间(单位:天):

106, 108, 124, 138, 163, 124, 134, 159.

设该食品在超市货架的滞留时间 $X \sim N(\mu, \sigma^2)$,且 μ 和 σ 均未知,问:能否认为该食品在超市货架上的平均滞留时间不超过 125 天(取显著性水平 $\alpha = 0.05$)?

解 依题意,须检验假设

$$H_0: \mu \leqslant 125; \quad H_1: \mu > 125.$$

选取检验统计量

$$T = \frac{\overline{X} - 125}{S/\sqrt{n}}.$$

由题设,$n = 8, \overline{x} = 132, s \approx 21.08, t_\alpha(n-1) = t_{0.05}(7) = 1.8946$,该右侧假设检验的拒绝域为

$$W = [1.8946, +\infty).$$

计算检验统计量的值

$$t = \frac{132-125}{21.08/\sqrt{8}} \approx 0.9392 < 1.8946,$$

从而在显著性水平 $\alpha = 0.05$ 下接受 H_0,即认为该食品在超市货架上的平均滞留时间不超过 125 天.

8.2.2 总体方差的假设检验

设总体 $X \sim N(\mu, \sigma^2)$,其中 μ 和 σ 均未知,$X_1, X_2, \cdots, X_n$ 为来自总体 X 的样本,S^2 为样本方差,给定显著性水平 α,求假设检验问题

$$H_0: \sigma^2 = \sigma_0^2; \quad H_1: \sigma^2 \neq \sigma_0^2$$

的拒绝域,其中 σ_0^2 为已知常数.

当 H_0 为真时,有

$$\chi^2 = \frac{(n-1)S^2}{\sigma_0^2} \sim \chi^2(n-1),$$

故选取 χ^2 作为检验统计量,相应的检验法称为 χ^2 **检验法**. 对于给定的显著性水平 α,有

$$P\{\chi^2 \leqslant \chi^2_{1-\frac{\alpha}{2}}(n-1)\} = \frac{\alpha}{2}, \quad P\{\chi^2 \geqslant \chi^2_{\frac{\alpha}{2}}(n-1)\} = \frac{\alpha}{2},$$

由此可得拒绝域为

$$W = (0, \chi^2_{1-\frac{\alpha}{2}}(n-1)] \cup [\chi^2_{\frac{\alpha}{2}}(n-1), +\infty).$$

同理可得,左侧假设检验 $H_0: \sigma^2 \geqslant \sigma_0^2; H_1: \sigma^2 < \sigma_0^2$ 的拒绝域为 $W = (0, \chi^2_{1-\alpha}(n-1)]$;右侧假设检验 $H_0: \sigma^2 \leqslant \sigma_0^2; H_1: \sigma^2 > \sigma_0^2$ 的拒绝域为 $W = [\chi^2_\alpha(n-1), +\infty)$.

例 8.2.4 某企业生产的产品的不合格率长期服从方差为 $\sigma^2 = 0.0036$ 的正态分布. 某天质检员感觉不合格率波动较以往变大,便随机抽取了一个容量为 $n = 23$ 的样本,计算得样本方差 $s^2 = 0.0059$. 试在显著性水平 $\alpha = 0.10$ 下,检验该天产品不合格率的波动较以往是否显著变大.

解 依题意,须检验假设

$$H_0: \sigma^2 \leqslant 0.0036; \quad H_1: \sigma^2 > 0.0036.$$

选取检验统计量

$$\chi^2 = \frac{(n-1)S^2}{0.0036}.$$

由题设,$n = 23, s^2 = 0.0059, \chi^2_\alpha(n-1) = \chi^2_{0.10}(22) = 30.813$,该右侧假设检验的拒绝域为

$$W = [30.813, +\infty).$$

计算检验统计量的值

$$\chi^2 = \frac{22 \times 0.0059}{0.0036} \approx 36.056 > 30.813,$$

从而在显著性水平 $\alpha = 0.10$ 下拒绝 H_0,即认为该天产品不合格率的波动较以往显著变大.

综上所述,关于单个正态总体假设检验的各种情况如表 8.1 所示.

表 8.1

检验假设	检验统计量	拒绝域
$\mu=\mu_0;\mu\neq\mu_0$ $\mu\leqslant\mu_0;\mu>\mu_0$ $\mu\geqslant\mu_0;\mu<\mu_0$	$Z=\dfrac{\overline{X}-\mu_0}{\sigma/\sqrt{n}}(\sigma^2\text{ 已知})$	$(-\infty,-z_{\frac{\alpha}{2}}]\cup[z_{\frac{\alpha}{2}},+\infty)$ $[z_\alpha,+\infty)$ $(-\infty,-z_\alpha]$
$\mu=\mu_0;\mu\neq\mu_0$ $\mu\leqslant\mu_0;\mu>\mu_0$ $\mu\geqslant\mu_0;\mu<\mu_0$	$T=\dfrac{\overline{X}-\mu_0}{S/\sqrt{n}},(\sigma^2\text{ 未知})$	$(-\infty,-t_{\frac{\alpha}{2}}(n-1)]\cup[t_{\frac{\alpha}{2}}(n-1),+\infty)$ $[t_\alpha(n-1),+\infty)$ $(-\infty,-t_\alpha(n-1)]$
$\sigma^2=\sigma_0^2;\sigma^2\neq\sigma_0^2$ $\sigma^2\leqslant\sigma_0^2;\sigma^2>\sigma_0^2$ $\sigma^2\geqslant\sigma_0^2;\sigma^2<\sigma_0^2$	$\chi^2=\dfrac{(n-1)S^2}{\sigma_0^2}(\mu\text{ 未知})$	$(0,\chi^2_{1-\frac{\alpha}{2}}(n-1)]\cup[\chi^2_{\frac{\alpha}{2}}(n-1),+\infty)$ $[\chi^2_\alpha(n-1),+\infty)$ $(0,\chi^2_{1-\alpha}(n-1)]$

8.3 两个正态总体的假设检验

本节讨论两个正态总体中参数的假设检验问题.

设两个相互独立的总体 $X\sim N(\mu_1,\sigma_1^2)$, $Y\sim N(\mu_2,\sigma_2^2)$, $X_1,X_2,\cdots,X_{n_1}$ 为来自总体 X 的样本, $Y_1,Y_2,\cdots,Y_{n_2}$ 为来自总体 Y 的样本, $\overline{X},S_1^2,\overline{Y},S_2^2$ 分别是两个总体的样本均值和样本方差.

8.3.1 两个正态总体均值差的假设检验

1. 方差 σ_1^2,σ_2^2 均已知的情形

给定显著性水平 α, 求假设检验问题

$$H_0:\mu_1-\mu_2=a;\quad H_1:\mu_1-\mu_2\neq a$$

的拒绝域.

由于

$$\frac{(\overline{X}-\overline{Y})-(\mu_1-\mu_2)}{\sqrt{\dfrac{\sigma_1^2}{n_1}+\dfrac{\sigma_2^2}{n_2}}}\sim N(0,1),$$

因此当 H_0 为真时,有

$$Z=\frac{(\overline{X}-\overline{Y})-a}{\sqrt{\dfrac{\sigma_1^2}{n_1}+\dfrac{\sigma_2^2}{n_2}}}\sim N(0,1),$$

故选取 Z 作为检验统计量,相应的检验法称为 Z **检验法**. 对于给定的显著性水平 α,有

$$P\{|Z|\geqslant z_{\frac{\alpha}{2}}\}=\alpha,$$

由此可得拒绝域为

$$|z| = \left| \frac{(\overline{x}-\overline{y})-a}{\sqrt{\frac{\sigma_1^2}{n_1}+\frac{\sigma_2^2}{n_2}}} \right| \geqslant z_{\frac{\alpha}{2}},$$

即 $W = (-\infty, -z_{\frac{\alpha}{2}}] \cup [z_{\frac{\alpha}{2}}, +\infty)$.

同理可得,左侧假设检验 $H_0: \mu_1 - \mu_2 \geqslant a$; $H_1: \mu_1 - \mu_2 < a$ 的拒绝域为 $W = (-\infty, -z_\alpha]$;

右侧假设检验 $H_0: \mu_1 - \mu_2 \leqslant a$; $H_1: \mu_1 - \mu_2 > a$ 的拒绝域为 $W = [z_\alpha, +\infty)$.

例 8.3.1 新建一个超市在选择位置时须考虑许多因素,其中之一便是周围居民的收入水平. 现有 A,B 两地可供选择,A 地的建筑费用较 B 地低,如果两地居民的年平均收入相同,就在 A 地建超市,但若 B 地居民的年平均收入显著高于 A 地,则在 B 地建超市. 现从两地的居民中各抽取了 100 户,调查并计算其收入水平,得 A 地居民的年平均收入为 28 650 元,从其他方面获知总体标准差为 4 740 元;B 地居民的年平均收入为 29 980 元,总体标准差为 5 365 元. 试在 $\alpha = 0.05$ 的显著性水平下推断 B 地的年收入水平是否显著高于 A 地,然后决策在何地建超市.

解 依题意,须检验假设

$$H_0: \mu_B - \mu_A \leqslant 0; \quad H_1: \mu_B - \mu_A > 0.$$

选取检验统计量

$$Z = \frac{\overline{X}_B - \overline{X}_A}{\sqrt{\frac{\sigma_B^2}{n_B}+\frac{\sigma_A^2}{n_A}}}.$$

由题设,$n_A = n_B = 100$, $\overline{x}_A = 28\,650$, $\overline{x}_B = 29\,980$, $\sigma_A = 4\,740$, $\sigma_B = 5\,365$, $z_{0.05} = 1.645$,该右侧假设检验的拒绝域为

$$W = [1.645, +\infty).$$

计算检验统计量的值

$$z = \frac{\overline{x}_B - \overline{x}_A}{\sqrt{\frac{\sigma_B^2}{n_B}+\frac{\sigma_A^2}{n_A}}} = \frac{29\,980 - 28\,650}{\sqrt{\frac{5\,365^2}{100}+\frac{4\,740^2}{100}}} \approx 1.86 > 1.645,$$

从而在显著性水平 $\alpha = 0.05$ 下拒绝 H_0,即认为 B 地的年收入水平显著高于 A 地,应该选择在 B 地建超市.

例 8.3.2 某大学欲比较大学毕业后留在学校工作与分配到其他工作岗位的人的工资水平(单位:元)的差别. 由于工资还与工龄等其他因素有关,因此随机抽选大学毕业后满 10 年在校工作的教师 50 人,另外抽选大学毕业后满 10 年在机关、企业工作的人员 50 人进行比较,得到如表 8.2 所示的数据.

表 8.2

大学教师	机关、企业员工
$n_1 = 50$	$n_2 = 50$
$\overline{x} = 23\,700$	$\overline{y} = 21\,500$
$\sigma_1 = 2\,435$	$\sigma_2 = 6\,804$

试比较大学毕业后留校当教师与分配到机关、企业工作的人员的工资水平是否有显著差

异(取显著性水平 $\alpha=0.05$).

解 依题意,须检验假设
$$H_0:\mu_1=\mu_2; \quad H_1:\mu_1\neq\mu_2.$$
选取检验统计量
$$Z=\frac{\overline{X}-\overline{Y}}{\sqrt{\dfrac{\sigma_1^2}{n_1}+\dfrac{\sigma_2^2}{n_2}}}.$$
由题设,$n_1=n_2=50$,$\overline{x}=23\,700$,$\overline{y}=21\,500$,$\sigma_1=2\,435$,$\sigma_2=6\,804$,$z_{0.025}=1.96$,该双侧假设检验的拒绝域为
$$W=(-\infty,-1.96]\cup[1.96,+\infty).$$
计算检验统计量的值
$$z=\frac{\overline{x}-\overline{y}}{\sqrt{\dfrac{\sigma_1^2}{n_1}+\dfrac{\sigma_2^2}{n_2}}}=\frac{23\,700-21\,500}{\sqrt{\dfrac{2\,435^2}{50}+\dfrac{6\,804^2}{50}}}\approx 2.15>1.96,$$
从而在显著性水平 $\alpha=0.05$ 下拒绝 H_0,即认为大学毕业后留校当教师与分配到机关、企业工作的人员的工资水平有显著差异.

2. 方差 σ_1^2,σ_2^2 均未知,但 $\sigma_1^2=\sigma_2^2=\sigma^2$ 的情形

给定显著性水平 α,求假设检验问题
$$H_0:\mu_1-\mu_2=a; \quad H_1:\mu_1-\mu_2\neq a$$
的拒绝域.

由于
$$\frac{(\overline{X}-\overline{Y})-(\mu_1-\mu_2)}{S_w\sqrt{\dfrac{1}{n_1}+\dfrac{1}{n_2}}}\sim t(n_1+n_2-2),$$
其中 $S_w^2=\dfrac{(n_1-1)S_1^2+(n_2-1)S_2^2}{n_1+n_2-2}$,因此当 H_0 为真时,有
$$T=\frac{(\overline{X}-\overline{Y})-a}{S_w\sqrt{\dfrac{1}{n_1}+\dfrac{1}{n_2}}}\sim t(n_1+n_2-2),$$
故选取 T 作为检验统计量,相应的检验法称为 T **检验法**. 对于给定的显著性水平 α,有
$$P\{|T|\geqslant t_{\frac{\alpha}{2}}(n_1+n_2-2)\}=\alpha,$$
由此可得拒绝域为
$$|t|=\left|\frac{(\overline{x}-\overline{y})-a}{s_w\sqrt{\dfrac{1}{n_1}+\dfrac{1}{n_2}}}\right|\geqslant t_{\frac{\alpha}{2}}(n_1+n_2-2),$$
即 $W=(-\infty,-t_{\frac{\alpha}{2}}(n_1+n_2-2)]\cup[t_{\frac{\alpha}{2}}(n_1+n_2-2),+\infty)$.

同理可得,左侧假设检验 $H_0:\mu_1-\mu_2\geqslant a$;$H_1:\mu_1-\mu_2<a$ 的拒绝域为 $W=(-\infty,-t_\alpha(n_1+n_2-2)]$;

右侧假设检验 $H_0:\mu_1-\mu_2\leqslant a;H_1:\mu_1-\mu_2>a$ 的拒绝域为 $W=[t_\alpha(n_1+n_2-2),+\infty)$.

例 8.3.3 甲、乙两厂生产同一种产品,其质量指标分别服从正态分布 $N(\mu_1,\sigma^2)$, $N(\mu_2,\sigma^2)$,其中 σ 未知. 现从这两厂分别抽取若干件产品,测得其质量指标分别为

甲厂:2.74, 2.75, 2.72, 2.69;

乙厂:2.75, 2.78, 2.74, 2.76, 2.72.

试通过上述数据检验两厂产品质量差别是否显著(取显著性水平 $\alpha=0.05$).

解 依题意,须检验假设

$$H_0:\mu_1=\mu_2;\quad H_1:\mu_1\neq\mu_2.$$

选取检验统计量

$$T=\frac{\overline{X}-\overline{Y}}{S_w\sqrt{\frac{1}{n_1}+\frac{1}{n_2}}}.$$

由题设,$n_1=4,n_2=5,t_{0.025}(7)=2.3646$,计算得 $\overline{x}=2.725,\overline{y}=2.75,s_w\approx 0.0242$. 该双侧假设检验的拒绝域为

$$W=(-\infty,-2.3646]\cup[2.3646,+\infty).$$

计算检验统计量的值

$$|t|=\left|\frac{\overline{x}-\overline{y}}{s_w\sqrt{\frac{1}{n_1}+\frac{1}{n_2}}}\right|=\left|\frac{2.725-2.75}{0.0242\times\sqrt{\frac{1}{4}+\frac{1}{5}}}\right|\approx 1.54<2.3646,$$

从而在显著性水平 $\alpha=0.05$ 下接受 H_0,即认为两厂产品质量没有显著差异.

3. 基于成对数据的检验(T 检验)

有时为了比较两种产品或两种方法等的差异,我们常在相同条件下做对比试验,得到一批成对的观测值,然后分析观察数据,做出推断,这种方法称为**逐对比较法**.

例 8.3.4 有两台仪器 A,B 用来测量某矿石的含铁量(单位:%),为鉴定它们的测量结果有无显著差异,现挑选了 8 个试块(它们的成分、含铁量、均匀性等均各不相同),并分别用这两台仪器对每一个试块测量一次,得到 8 对观测值如表 8.3 所示.

表 8.3

x	49	52.2	55	60.2	63.4	76.6	86.5	48.7
y	49.3	49	51.4	57	61.1	68.8	79.3	50.1

假定 A,B 两台仪器的测量结果 X,Y 均服从同方差的正态分布,在显著性水平 $\alpha=0.05$ 下,能否认为这两台仪器的测量结果有显著差异?

分析 本题中的数据是对同一个试块测出的一对数据,这对数据中的两个数据是有关联的,因此不能看作两个相互独立的样本,不能用两个正态总体检验的方法. 而同一对数据中两个数据的差异,可看成仅仅由两仪器性能差异所引起的. 因此,这两台仪器的测量结果是否有显著差异,只须研究各对数据中两个数据的差 $d_i=x_i-y_i(i=1,2,\cdots,8)$. 依题意,可以假设 $D\sim N(\mu_D,\sigma^2)$,其中 μ_D,σ^2 均未知,若两台仪器的性能一样,则应有 $\mu_D=0$,于是判断这两台仪器的测量结果是否有显著差异,即是检验假设

$$H_0: \mu_D = 0; \quad H_1: \mu_D \neq 0.$$

解 依题意,须检验假设

$$H_0: \mu_D = 0; \quad H_1: \mu_D \neq 0.$$

选取检验统计量

$$T = \frac{\overline{D}}{S_D/\sqrt{n}}.$$

由题设, $n = 8$, $t_{0.025}(7) = 2.3646$, 计算得 $\overline{d} = 3.2$, $s_D \approx 3.197$. 该检验的拒绝域为

$$W = (-\infty, -2.3646] \cup [2.3646, +\infty).$$

计算检验统计量的值

$$|t| = \left|\frac{\overline{d}}{s_D/\sqrt{n}}\right| = \left|\frac{3.2}{3.197/\sqrt{8}}\right| \approx 2.83 > 2.3646,$$

从而在显著性水平 $\alpha = 0.05$ 下拒绝 H_0, 即认为这两台仪器的测量结果有显著差异.

8.3.2 两个正态总体方差的假设检验

总体均值 μ_1, μ_2 未知,给定显著性水平 α,求假设检验问题

$$H_0: \sigma_1^2 = \sigma_2^2; \quad H_1: \sigma_1^2 \neq \sigma_2^2$$

的拒绝域.

由于

$$\frac{S_1^2/\sigma_1^2}{S_2^2/\sigma_2^2} \sim F(n_1-1, n_2-1),$$

因此当 H_0 为真时,有

$$F = \frac{S_1^2}{S_2^2} \sim F(n_1-1, n_2-1),$$

故选取 F 作为检验统计量,相应的检验法称为 **F 检验法**. 对于给定的显著性水平 α, 有

$$P\{F \leqslant F_{1-\frac{\alpha}{2}}(n_1-1, n_2-1)\} = \frac{\alpha}{2}, \quad P\{F \geqslant F_{\frac{\alpha}{2}}(n_1-1, n_2-1)\} = \frac{\alpha}{2},$$

由此可得拒绝域

$$W = (0, F_{1-\frac{\alpha}{2}}(n_1-1, n_2-1)] \cup [F_{\frac{\alpha}{2}}(n_1-1, n_2-1), +\infty).$$

同理可得,左侧假设检验 $H_0: \sigma_1^2 \geqslant \sigma_2^2; H_1: \sigma_1^2 < \sigma_2^2$ 的拒绝域为 $W = (0, F_{1-\alpha}(n_1-1, n_2-1)]$;

右侧假设检验 $H_0: \sigma_1^2 \leqslant \sigma_2^2; H_1: \sigma_1^2 > \sigma_2^2$ 的拒绝域为 $W = [F_\alpha(n_1-1, n_2-1), +\infty)$.

例 8.3.5 在例 8.3.3 中,检验其事先认定的两厂产品质量指标的方差相等的假定是否合理(取显著性水平 $\alpha = 0.05$).

解 设甲、乙两厂产品质量指标的方差分别为 σ_1^2, σ_2^2. 依题意,须检验假设

$$H_0: \sigma_1^2 = \sigma_2^2; \quad H_1: \sigma_1^2 \neq \sigma_2^2.$$

选取检验统计量

$$F = \frac{S_1^2}{S_2^2}.$$

由题设,$n_1 = 4, n_2 = 5, s_1^2 \approx 0.0007, s_2^2 \approx 0.0005, F_{0.025}(3,4) = 9.98, F_{0.975}(3,4) = \frac{1}{F_{0.025}(4,3)} = \frac{1}{15.10} \approx 0.0662$. 该双侧假设检验的拒绝域为

$$W = (0, 0.0662] \cup [9.98, +\infty).$$

计算检验统计量的值

$$f = \frac{0.0007}{0.0005} = 1.4 \notin W,$$

从而在显著性水平 $\alpha = 0.05$ 下接受原假设 H_0,即认为两厂产品质量指标的方差相等的假定是合理的.

综上所述,关于两个正态总体假设检验的各种情况如表 8.4 所示.

表 8.4

检验假设	检验统计量	拒绝域
$\mu_1 - \mu_2 = a; \mu_1 - \mu_2 \neq a$ $\mu_1 - \mu_2 \leqslant a; \mu_1 - \mu_2 > a$ $\mu_1 - \mu_2 \geqslant a; \mu_1 - \mu_2 < a$	$Z = \dfrac{(\overline{X} - \overline{Y}) - a}{\sqrt{\dfrac{\sigma_1^2}{n_1} + \dfrac{\sigma_2^2}{n_2}}}$ (σ_1^2, σ_2^2 已知)	$(-\infty, -z_{\frac{\alpha}{2}}] \cup [z_{\frac{\alpha}{2}}, +\infty)$ $[z_\alpha, +\infty)$ $(-\infty, -z_\alpha]$
$\mu_1 - \mu_2 = a; \mu_1 - \mu_2 \neq a$ $\mu_1 - \mu_2 \leqslant a; \mu_1 - \mu_2 > a$ $\mu_1 - \mu_2 \geqslant a; \mu_1 - \mu_2 < a$	$T = \dfrac{(\overline{X} - \overline{Y}) - a}{S_w \sqrt{\dfrac{1}{n_1} + \dfrac{1}{n_2}}}$ ($\sigma_1^2 = \sigma_2^2 = \sigma^2$ 未知)	$(-\infty, -t_{\frac{\alpha}{2}}(n_1 + n_2 - 2)] \cup$ $[t_{\frac{\alpha}{2}}(n_1 + n_2 - 2), +\infty)$ $[t_\alpha(n_1 + n_2 - 2), +\infty)$ $(-\infty, -t_\alpha(n_1 + n_2 - 2)]$
$\sigma_1^2 = \sigma_2^2; \sigma_1^2 \neq \sigma_2^2$ $\sigma_1^2 \leqslant \sigma_2^2; \sigma_1^2 > \sigma_2^2$ $\sigma_1^2 \geqslant \sigma_2^2; \sigma_1^2 < \sigma_2^2$	$F = \dfrac{S_1^2}{S_2^2}$ (μ_1, μ_2 未知)	$(0, F_{1-\frac{\alpha}{2}}(n_1 - 1, n_2 - 1)] \cup$ $[F_{\frac{\alpha}{2}}(n_1 - 1, n_2 - 1), +\infty)$ $[F_\alpha(n_1 - 1, n_2 - 1), +\infty)$ $(0, F_{1-\alpha}(n_1 - 1, n_2 - 1)]$
$\mu_D = 0; \mu_D \neq 0$ $\mu_D \leqslant 0; \mu_D > 0$ $\mu_D \geqslant 0; \mu_D < 0$	$T = \dfrac{\overline{D}}{S_D / \sqrt{n}}$ (成对数据)	$(-\infty, -t_{\frac{\alpha}{2}}(n-1)] \cup [t_{\frac{\alpha}{2}}(n-1), +\infty)$ $[t_\alpha(n-1), +\infty)$ $(-\infty, -t_\alpha(n-1)]$

8.4 分布拟合检验

前面讨论的都是已知总体分布形式的参数假设检验问题,然而在实际中,有时候并不知道总体分布的类型,这时需要对总体的分布类型进行假设检验. 关于总体分布的假设检验方法,我们仅介绍其中最重要的 χ^2 拟合检验法.

8.4.1 单个分布的 χ^2 拟合检验

设总体 X 的分布未知,$x_1,x_2,\cdots,x_n$ 是来自总体 X 的观测值. 须检验假设

H_0:总体 X 的分布函数为 $F(x)$;

H_1:总体 X 的分布函数不是 $F(x)$,

其中 $F(x)$ 不含未知参数.

将 X 可能取值的全体 Ω 分成 k 个互不相交的子集 $A_1,A_2,\cdots,A_k$,记 $f_i(i=1,2,\cdots,k)$ 为观测值 $x_1,x_2,\cdots,x_n$ 落在 A_i 中的个数,即事件 A_i 在 n 次独立试验中发生 f_i 次. 于是,在这 n 次试验中,事件 A_i 发生的频率为 $\dfrac{f_i}{n}$. 另一方面,当 H_0 为真时,我们可以根据 H_0 中所假设的 X 的分布函数来计算事件 A_i 的概率,得到 $p_i=P(A_i)(i=1,2,\cdots,k)$. 频率 $\dfrac{f_i}{n}$ 与概率 p_i 会有差异,但一般来说,当 H_0 为真且试验次数较多时,这种差异不会太大,因此 $\left(\dfrac{f_i}{n}-p_i\right)^2$ 不应太大. 我们采用形如 $\chi^2=\sum\limits_{i=1}^{k}C_i\left(\dfrac{f_i}{n}-p_i\right)^2$ 的统计量来度量样本与 H_0 中所假设的总体分布的吻合程度,其中 $C_i>0(i=1,2,\cdots,k)$ 为给定的常数. 皮尔逊证明,如果选取 $C_i=\dfrac{n}{p_i}(i=1,2,\cdots,k)$,上述统计量具有下述定理中所述的简单性质,从而采用

皮尔逊

$$\chi^2=\sum_{i=1}^{k}\dfrac{n}{p_i}\left(\dfrac{f_i}{n}-p_i\right)^2=\sum_{i=1}^{k}\dfrac{f_i^2}{np_i}-n$$

作为检验统计量.

定理 8.4.1 (皮尔逊定理)当 $n\to\infty$ 时,χ^2 的极限分布是自由度为 $k-1$ 的 χ^2 分布,即 $\chi^2\sim\chi^2(k-1)$.

根据以上讨论,当 H_0 为真时,$\chi^2=\sum\limits_{i=1}^{k}\dfrac{f_i^2}{np_i}-n$ 不应太大,如果 χ^2 过分大就拒绝 H_0,从而拒绝域的形式为 $\chi^2\geqslant G(G$ 为正常数$)$.

对于给定的显著性水平 α,由 χ^2 分布的上 α 分位点的定义有

$$P\{\chi^2\geqslant\chi_\alpha^2(k-1)\}=\alpha,$$

故可取 $G=\chi_\alpha^2(k-1)$. 当观测值使得 $\chi^2=\sum\limits_{i=1}^{k}\dfrac{f_i^2}{np_i}-n\geqslant\chi_\alpha^2(k-1)$ 时,则在显著性水平 α 下拒绝 H_0,否则接受 H_0. 这就是单个分布的 χ^2 **拟合检验法**.

注 (1) 这里的备择假设 H_1 可以不用写出来.

(2) χ^2 拟合检验法是基于定理 8.4.1 得到的,使用时必须满足 $n\geqslant 50$. 此外,np_i 不能太小,应该满足 $np_i\geqslant 5$,否则应适当合并 A_i 以满足此要求.

(3) 上述统计量也可写为 $\chi^2=\sum\limits_{i=1}^{k}\dfrac{(f_i-np_i)^2}{np_i}$.

例 8.4.1 掷一颗骰子 120 次,得到点数的频数分布如表 8.5 所示,试根据试验结果检验这颗骰子的六个面是否匀称(取显著性水平 $\alpha=0.05$).

表 8.5

点数	1	2	3	4	5	6
频数	21	28	19	24	16	12

解 设 X 表示每次掷出的点数. 依题意,须检验假设

$$H_0: P\{X=i\} = \frac{1}{6} \quad (i=1,2,\cdots,6).$$

选取检验统计量

$$\chi^2 = \sum_{i=1}^{6} \frac{(f_i - np_i)^2}{np_i}.$$

由题设,$n=100, k=6$,当 H_0 为真时,有 $p_i = \frac{1}{6}$. 对于给定的显著性水平 $\alpha=0.05$,该假设检验的拒绝域为

$$W = [\chi^2_{0.05}(5), +\infty) = [11.071, +\infty).$$

根据样本计算检验统计量的值

$$\chi^2 = 8.1 \notin W,$$

从而接受 H_0,即认为这颗骰子的六个面是匀称的.

例 8.4.2 在一批灯泡中随机抽取 300 个做寿命试验,测得其结果(单位:h)如表 8.6 所示. 取显著性水平 $\alpha=0.05$,检验这批灯泡的寿命是否服从参数为 0.005 的指数分布.

表 8.6

寿命 t	$0 \leqslant t \leqslant 100$	$100 < t \leqslant 200$	$200 < t \leqslant 300$	$t > 300$
灯泡数	121	78	43	58

解 设 X 表示灯泡寿命,其密度函数为 $f(t)$. 依题意,须检验假设

$$H_0: f(t) = \begin{cases} 0.005 e^{-0.005t}, & t \geqslant 0, \\ 0, & t < 0. \end{cases}$$

当 H_0 为真时,X 的可能取值范围为 $\Omega = [0, +\infty)$,将 Ω 分为互不相交的 4 个子集 A_1, A_2, A_3, A_4(见表 8.7),则 X 的分布函数为

$$F(t) = \begin{cases} 1 - e^{-0.005t}, & t \geqslant 0, \\ 0, & t < 0, \end{cases}$$

从而有

$$p_1 = P(A_1) = F(100) - F(0) = 0.3935,$$
$$p_2 = P(A_2) = F(200) - F(100) = 0.2387,$$
$$p_3 = P(A_3) = F(300) - F(200) = 0.1447,$$
$$p_4 = 1 - \sum_{i=1}^{3} p_i = 0.2231.$$

再计算 np_i 和 $\frac{f_i^2}{np_i}$ $(i=1,2,3,4)$,计算结果如表 8.7 所示.

表 8.7

A_i	f_i	p_i	np_i	$\dfrac{f_i^2}{np_i}$
$A_1: 0 \leqslant t \leqslant 100$	121	0.393 5	118.05	124.024
$A_2: 100 < t \leqslant 200$	78	0.238 7	71.61	84.960
$A_3: 200 < t \leqslant 300$	43	0.144 7	43.41	42.594
$A_4: t > 300$	58	0.223 1	66.93	50.261

对于给定的显著性水平 $\alpha=0.05$,该假设检验的拒绝域为
$$W = [\chi_{0.05}^2(3), +\infty) = [7.815, +\infty).$$
根据表 8.7 中的数据计算检验统计量的值
$$\chi^2 = 301.839 - 300 = 1.839 < 7.815,$$
从而在显著性水平 $\alpha=0.05$ 下接受 H_0,即认为这批灯泡的寿命服从参数为 0.005 的指数分布.

8.4.2 分布族的 χ^2 拟合检验

在 8.4.1 小节中,原假设 H_0 中总体 X 的分布函数是已知的,然而在实际中,我们经常遇到所需检验的原假设为

H_0:总体 X 的分布函数为 $F(x;\theta_1,\theta_2,\cdots,\theta_r)$,

其中 $F(x;\theta_1,\theta_2,\cdots,\theta_r)$ 的形式已知,而 $\theta_1,\theta_2,\cdots,\theta_r$ 是未知参数,它们在某一范围内取值. 在 $F(x;\theta_1,\theta_2,\cdots,\theta_r)$ 中,当参数 $\theta_1,\theta_2,\cdots,\theta_r$ 取不同的值时,就得到不同的分布,因此 $F(x;\theta_1,\theta_2,\cdots,\theta_r)$ 代表一族分布, H_0 表示总体 X 的分布属于分布族 $F(x;\theta_1,\theta_2,\cdots,\theta_r)$. 将总体 X 的可能取值的全体 Ω 分成 $k(k>r+1)$ 个互不相交的子集 $A_1,A_2,\cdots,A_k$,记 $f_i(i=1,2,\cdots,k)$ 为观测值 $x_1,x_2,\cdots,x_n$ 落在 A_i 中的个数,即事件 A_i 发生的频率为 $\dfrac{f_i}{n}$. 另一方面,当 H_0 为真时,可以由 H_0 中所假设的 X 的分布函数来计算 $P(A_i)$,得到 $P(A_i)=p_i(\theta_1,\theta_2,\cdots,\theta_r)=p_i$. 与单个分布的 χ^2 拟合检验有所不同的是,此时须先利用样本求出未知参数 $\theta_i(i=1,2,\cdots,r)$ 的最大似然估计(在 H_0 下),以估计值作为参数值,求出 p_i 的估计值 $\hat{p}_i = \hat{P}(A_i)$. 在 $\chi^2 = \sum_{i=1}^{k} \dfrac{n}{p_i}\left(\dfrac{f_i}{n}-p_i\right)^2 = \sum_{i=1}^{k} \dfrac{f_i^2}{np_i} - n$ 中以 $\hat{p}_i$ 代替 p_i,取

$$\chi^2 = \sum_{i=1}^{k} \dfrac{f_i^2}{n\hat{p}_i} - n$$

作为检验假设 H_0 的统计量. 可以证明,当 n 足够大时,在 H_0 为真时近似地有

$$\chi^2 = \sum_{i=1}^{k} \dfrac{f_i^2}{n\hat{p}_i} - n \sim \chi^2(k-r-1).$$

取显著性水平 α,则原假设检验的拒绝域为

$$\chi^2 \geqslant \chi_\alpha^2(k-r-1).$$

这就是用来检验分布族的 χ^2 **拟合检验法**.

例 8.4.3 某电话交换台在 100 min 内记录了每分钟被呼叫的次数 x,设 f 为出现该 x 值的频数,整理后的结果如表 8.8 所示. 问:总体 X(电话交换台每分钟被呼叫的次数)是否服从泊松分布(取显著性水平 $\alpha=0.05$)?

表 8.8

x	0	1	2	3	4	5	6	7	8	9
f	0	7	12	18	17	20	13	6	3	4

解 假设检验问题为
$$H_0: X \sim P(\lambda).$$
选取检验统计量
$$\chi^2 = \sum_{i=1}^{k} \frac{f_i^2}{n\hat{p}_i} - n.$$

因为 λ 是泊松分布的未知参数,λ 的最大似然估计值为样本均值 $\bar{x}$,所以 $\hat{\lambda}=\bar{x}=4.33$. 当 H_0 为真时,计算理论概率
$$\hat{p}_i = P\{X=i\} = \frac{\hat{\lambda}^i}{i!} e^{-\hat{\lambda}} \quad (i=0,1,2,\cdots),$$

进一步计算出理论频数 $n\hat{p}_i$,如表 8.9 所示.

表 8.9

X	0	1	2	3	4	5	6	7	8	$\geqslant 9$
f_i	0	7	12	18	17	20	13	6	3	4
$\hat{p}_i$	0.013	0.057	0.123	0.178	0.193	0.167	0.121	0.075	0.040	0.033
$n\hat{p}_i$	1.3	5.7	12.3	17.8	19.3	16.7	12.1	7.5	4.0	3.3

由于 $X=0, X=8, X\geqslant 9$ 组中 $n\hat{p}_i$ 皆小于 5,将它们与相邻组合并,合并后组为 $X\leqslant 1$, $X=2,\cdots,X=7,X\geqslant 8$,共 8 组. 对于给定的显著性水平 $\alpha=0.05$,拒绝域为
$$W = [\chi^2_{0.05}(8-1-1), +\infty) = [12.592, +\infty).$$
计算检验统计量的值
$$\chi^2 = 1.315 \notin W,$$
从而接受 H_0,即认为总体 X 服从泊松分布.

例 8.4.4 下面列出了 84 个某人种男子的头颅的最大宽度(单位:mm),试验证这些数据是否来自正态总体(取显著性水平 $\alpha=0.10$)?

141, 148, 132, 138, 154, 142, 150, 146, 155, 158, 150, 140, 147,
148, 144, 150, 149, 145, 149, 158, 143, 141, 144, 144, 126, 140,
144, 142, 141, 140, 145, 135, 147, 146, 141, 136, 140, 146, 142,
137, 148, 154, 137, 139, 143, 140, 131, 143, 141, 149, 148, 135,
148, 152, 143, 144, 141, 143, 147, 146, 150, 132, 142, 142, 143,
153, 149, 146, 149, 138, 142, 149, 142, 137, 134, 144, 146, 147,
140, 142, 140, 137, 152, 145.

解 设 X 表示该人种男子头颅的最大宽度,其密度函数为 $f(x)$. 依题意,须检验假设

$$H_0: f(x) = \frac{1}{\sqrt{2\pi}\sigma} e^{-\frac{(x-\mu)^2}{2\sigma^2}} \quad (-\infty < x < +\infty).$$

选取检验统计量

$$\chi^2 = \sum_{i=1}^{k} \frac{f_i^2}{n\hat{p}_i} - n.$$

因 H_0 中 μ, σ^2 均未知,由最大似然估计的结论并计算得

$$\hat{\mu} = \overline{x} = 143.8, \quad \hat{\sigma}^2 = \frac{1}{n}(x_i - \overline{x})^2 = 6^2.$$

在 H_0 为真时,把 X 的可能取值范围分成 7 个互不相交的子集 $A_1, A_2, \cdots, A_7$(见表 8.10).

表 8.10

A_i	f_i	$\hat{p}_i$	$n\hat{p}_i$	$\dfrac{f_i^2}{n\hat{p}_i}$
$A_1: x \leqslant 129.5$	1	0.008 7	0.73	4.91
$A_2: 129.5 < x \leqslant 134.5$	4	0.051 9	4.36	
$A_3: 134.5 < x \leqslant 139.5$	10	0.175 2	14.72	6.79
$A_4: 139.5 < x \leqslant 144.5$	33	0.312 0	26.21	41.55
$A_5: 144.5 < x \leqslant 149.5$	24	0.281 1	23.61	24.40
$A_6: 149.5 < x \leqslant 154.5$	9	0.133 6	11.22	10.02
$A_7: 154.5 < x$	3	0.037 5	3.15	

X 的密度函数的估计为

$$\hat{f}(x) = \frac{1}{\sqrt{2\pi} \times 6} e^{-\frac{(x-143.8)^2}{2 \times 6^2}} \quad (-\infty < x < +\infty),$$

从而有

$$\hat{p}_2 = \hat{P}(A_2) = \hat{P}\{129.5 < X \leqslant 134.5\} = \Phi\left(\frac{134.5 - 143.8}{6}\right) - \Phi\left(\frac{129.5 - 143.8}{6}\right)$$
$$= \Phi(-1.55) - \Phi(-2.38) = \Phi(2.38) - \Phi(1.55) = 0.991\ 3 - 0.939\ 4 = 0.051\ 9,$$

其他事件的概率类似可得. 再计算 $n\hat{p}_i$ 和 $\dfrac{f_i^2}{n\hat{p}_i}$,计算结果如表 8.10 所示(其中有些 $n\hat{p}_i < 5$ 的组予以适当合并,使得每组的 $n\hat{p}_i \geqslant 5$).

查附表 4 得 $\chi_\alpha^2(k-r-1) = \chi_{0.10}^2(5-2-1) = \chi_{0.10}^2(2) = 4.605$,得拒绝域为

$$W = [4.605, +\infty).$$

由表 8.10 中的数据可算得检验统计量的值

$$\chi^2 = \sum_{i=1}^{k} \frac{f_i^2}{n\hat{p}_i} - n = 87.67 - 84 = 3.67 < 4.605,$$

故在显著性水平 $\alpha = 0.10$ 下接受 H_0,即可认为这些数据来自正态总体.

8.5 实践案例

1. 期中考试对期末成绩影响效果检验

例 8.5.1 为提高"概率论与数理统计"课程期末成绩,某任课老师提出有必要进行期中考试,以此来激发学生学习的动力,降低这门课程的不及格率.根据以往经验,每班学生的不及格率 X 近似服从正态分布 $N(\mu,\sigma^2)$,平均不及格率一般稳定在 $\mu=15\%$.该任课老师对他负责的 9 个班级都进行了期中考试,等到期末时这 9 个班级的不及格率分别为 9%,11%,15%,23%,11%,17%,5%,11%,8%.问:进行期中考试是否能提高学生成绩从而降低学生不及格率(取显著性水平 $\alpha=0.05$)?

解 须检验假设

$$H_0:\mu \geq 15\%; \quad H_1:\mu < 15\%.$$

选取检验统计量

$$T=\frac{\overline{X}-15\%}{S/\sqrt{n}}.$$

由题设,$n=9,\overline{x}\approx 12.22\%,s^2\approx 0.028\,9,t_\alpha(n-1)=t_{0.05}(8)=1.859\,5$,该左侧假设检验的拒绝域为

$$W=(-\infty,-1.859\,5].$$

计算检验统计量的值

$$t=\frac{12.22\%-15\%}{\sqrt{0.028\,9}/\sqrt{9}}\approx -0.49 > -1.859\,5,$$

从而在显著性水平 $\alpha=0.05$ 下接受 H_0,即认为进行期中考试对期末考试成绩影响不大,并不能降低不及格率.

2. 红绿灯问题

"红灯停,绿灯行"这句交通安全标语,我们从幼儿园开始就牢记于心,那为什么是设计红灯停,而不是绿灯停呢?答案可以从下面的检验问题得到.

例 8.5.2 随机选取 8 人做以下试验,以比较人对红光或绿光的反应时间(单位:s):在点亮红光或绿光的同时启动计时器,要求受试者见到红光或绿光点亮时就按下按钮,切断计时器,根据计时器上的显示就能测得人的反应时间.测量结果如表 8.11 所示.

表 8.11

红光(x)	0.51	0.41	0.23	0.53	0.36	0.24	0.38	0.30
绿光(y)	0.61	0.58	0.32	0.46	0.41	0.27	0.38	0.43
$d=x-y$	−0.10	−0.17	−0.09	0.07	−0.05	−0.03	0.00	−0.13

设 $D_i=X_i-Y_i(i=1,2,\cdots,8)$ 是来自正态总体 $N(\mu_D,\sigma_D^2)$ 的样本,其中 μ_D,σ_D^2 均未知.在显著性水平 $\alpha=0.05$ 下,是否能认为人对红光的反应要比绿光快?

解 此问题为成对数据的假设检验,须检验假设
$$H_0: \mu_D \geq 0; \quad H_1: \mu_D < 0.$$
选取检验统计量
$$T = \frac{\overline{D}}{S_D/\sqrt{n}}.$$
由题设,$n=8, \overline{d}=-0.0625, s_D=0.0765, t_\alpha(n-1)=t_{0.05}(7)=1.8946$,该左侧假设检验的拒绝域为
$$W = (-\infty, -1.8946].$$
计算检验统计量的值
$$t = \frac{-0.0625}{0.0765/\sqrt{8}} \approx -2.311 < -1.8946,$$
从而在显著性水平 $\alpha=0.05$ 下拒绝 H_0,认为人对红光的反应时间小于对绿光的反应时间,即人对红光的反应要比绿光快. 因此,人看到红灯能更及时停下来,设计红灯停更合理.

本 章 总 结

假设检验
- 基本概念
  - 原假设 H_0,备择假设 H_1
  - 检验统计量:Z, T, χ^2, F
  - 两类错误:弃真(α)错误,取伪(β)错误
  - 双侧假设检验,右侧假设检验,左侧假设检验
- 单个正态总体的假设检验
  - 方差 σ^2 已知的情形下,均值的假设检验(Z 检验)
  - 方差 σ^2 未知的情形下,均值的假设检验(T 检验)
  - 方差的假设检验(χ^2 检验)
- 两个正态总体的假设检验
  - 两个正态总体方差均已知的情形下,均值差的假设检验(Z 检验)
  - 两个正态总体方差均未知但相等的情形下,均值差的假设检验(T 检验)
  - 成对数据的假设检验(T 检验)
  - 两个正态总体方差的假设检验(F 检验)
- 分布拟合检验(χ^2 拟合检验)
  - 单个分布的 χ^2 拟合检验
  - 分布族的 χ^2 拟合检验

习 题 八

1. 某厂生产的肥皂厚度(单位:cm)服从正态分布,平均厚度为 1.27 cm. 现抽取 10 块作为样本,测得平均厚度为 1.3 cm,标准差为 0.1 cm,试在显著性水平 $\alpha=0.05$ 下检验生产的肥皂厚度是否正常.

2. 某药厂生产减肥药,想了解该减肥药对不同年龄的人是否有差别,于是抽取 40 岁以上的样本 12 人,经试验,平均减肥 4.04 kg,标准差为 1.86 kg;40 岁以下的样本 12 人,平均减肥 5.13 kg,标准差为 1.72 kg. 在显著性水平 $\alpha=0.05$ 下检验该减肥药对不同年龄段的人的减肥效果是否有差别.

3. 有一种元件,要求其平均使用寿命不得低于 1 000 h,现从一批这种元件中随机抽取 25 件,测得其平均寿命为 950 h,样本标准差为 100 h,以往长期的观测表明该元件寿命服从正态分布,问:这批元件是否可以认为合格(取显著性水平 $\alpha=0.05$)?

4. 某厂生产的螺杆直径(单位:mm)服从正态分布 $N(\mu,\sigma^2)$,现从中抽取 5 根,测得直径分别为

$$22.3, \quad 21.5, \quad 22.0, \quad 21.8, \quad 21.4.$$

如果 σ^2 未知,问:直径均值 $\mu=21$ 是否成立(取显著性水平 $\alpha=0.05$)?

5. 设某产品的指标服从正态分布,标准差为 150. 今抽取一个容量为 26 的样本,计算得平均值为 1 637,问:在 0.05 的显著性水平下能否认为这批产品指标的均值为 1 600?

6. 测定某种溶液中的水分,由 10 个测定值计算得样本均值为 0.452%,样本标准差为 0.037%. 设测定值总体服从正态分布,试在显著性水平 $\alpha=0.05$ 下分别检验假设:(1)总体均值 $\mu=0.5\%$;(2)总体标准差 $\sigma=0.04\%$.

7. 在 10 块田地上同时试种甲、乙两种农作物,计算得两种农作物的产量的样本均值和样本标准差分别为 30.97,21.79;26.7,21.1. 假定两种农作物的产量均服从正态分布,且方差相等,试问:这两种农作物的产量有无显著差异(取显著性水平 $\alpha=0.05$)?

8. 随机选取 8 个人,分别测量他们在早晨起床时和晚上就寝时的身高(单位:cm),得到如表 8.12 所示的数据.

表 8.12

序号	1	2	3	4	5	6	7	8
早上 x_i	172	168	180	181	160	163	165	177
晚上 y_i	172	167	177	179	159	161	166	175

设备对数据的差 $D_i=X_i-Y_i(i=1,2,\cdots,8)$ 是来自正态总体 $N(\mu_D,\sigma_D^2)$ 的样本,其中 μ_D,σ_D^2 均未知,问:是否可以认为早晨起床时的身高比晚上就寝时的身高要高(取显著性水平 $\alpha=0.05$)?

9. 甲、乙两厂生产同一种产品,其质量指标分别服从正态分布 $N(\mu_1,\sigma^2)$,$N(\mu_2,\sigma^2)$. 现从这两厂分别抽取若干件产品,测得其该项质量指标为

甲厂(x_i):2.74, 2.75, 2.72, 2.69;

乙厂(y_i):2.75, 2.78, 2.74, 2.76, 2.72.

试通过上述数据检验两厂产品的质量指标差异是否显著(取显著性水平 $\alpha=0.05$)?

10. 已知某厂生产的维尼纶纤度(单位:Tex)在正常情况下服从正态分布,且标准差为 0.048. 现从某天生产的产品中任取 5 根,测得其纤度分别为

$$1.32, \quad 1.55, \quad 1.36, \quad 1.40, \quad 1.44.$$

取显著性水平 $\alpha=0.05$,问:这天的标准差是否正常?

11. 对两批同类电子元件的电阻(单位:Ω)进行测试,各抽取 6 个,并测得如下结果:

第一批:0.140, 0.138, 0.143, 0.141, 0.144, 0.137,
第二批:0.135, 0.140, 0.142, 0.136, 0.138, 0.140.

已知两批元件的电阻都服从正态分布,取显著性水平 $\alpha=0.05$,试检验:

(1) 两批元件电阻的方差是否相等;

(2) 两批元件的平均电阻有无显著差异.

12. 某医院在一年中住院出生的婴儿共计 1521 人,其中男孩 802 人,女孩 719 人,能否认为男女孩的出生率相等(取显著性水平 $\alpha=0.05$)?

13. 欲知某新血清是否能抑制白血球过多症,选择已患该病的老鼠 9 只,并将其中 5 只注入血清,另外 4 只则不注入血清. 从实验开始,其存活年限如下:

注入血清:2.1, 5.3, 1.4, 4.6, 0.9,
未注入血清:1.9, 0.5, 2.8, 3.1.

假定两总体均服从方差相同的正态分布,试在显著性水平 $\alpha=0.05$ 下检验此种血清是否有效.

14. 根据某市公路交通部门某年前 6 个月交通事故的记录,统计得星期一至星期日发生交通事故的次数如表 8.13 所示.

表 8.13

星期	1	2	3	4	5	6	7(日)
次数	36	23	29	31	34	60	25

问:发生交通事故是否与星期几无关(取显著性水平 $\alpha=0.05$)?

15. 为募集社会福利基金,某地方政府发行福利彩票,中彩者用摇大转盘的方法确定最后中奖金额,大转盘均分为 20 份,其中金额为 5 万、10 万、20 万、30 万、50 万、100 万的分别占 2 份、4 份、6 份、4 份、2 份、2 份. 假定大转盘是均匀的,即每一点朝下是等可能的,于是摇出各个奖项的概率应如表 8.14 所示.

表 8.14

奖金	5 万	10 万	20 万	30 万	50 万	100 万
概率	0.1	0.2	0.3	0.2	0.1	0.1

现有 20 人参加摇奖,摇得 5 万、10 万、20 万、30 万、50 万、100 万的人数分别为 2,6,6,3,3,0,由于没有一个人摇到 100 万,于是有人怀疑大转盘是不均匀的,那么该怀疑是否成立(取显著性水平 $\alpha=0.05$)?

16. 有一取值为 0,1,2,… 的离散型随机变量,对其进行了 2 608 次观测,结果如表 8.15 所示.

表 8.15

变量值	0	1	2	3	4	5	6	7	8	9	10	11	12
观测频数	57	203	383	525	532	408	273	139	45	27	10	4	2

问:在显著性水平 $\alpha=0.05$ 下,是否可以认为该变量服从泊松分布?

17. 从维尼纶正常生产的生产记录中随机抽取 100 个纤度数据（单位：Tex）如下：
1.36, 1.49, 1.43, 1.41, 1.37, 1.40, 1.32, 1.42, 1.47, 1.39,
1.41, 1.36, 1.40, 1.34, 1.42, 1.42, 1.45, 1.35, 1.42, 1.39,
1.44, 1.42, 1.39, 1.42, 1.42, 1.30, 1.34, 1.42, 1.37, 1.36,
1.37, 1.34, 1.37, 1.37, 1.44, 1.53, 1.45, 1.40, 1.39, 1.40,
1.45, 1.39, 1.46, 1.39, 1.36, 1.48, 1.41, 1.48, 1.38, 1.40,
1.36, 1.45, 1.50, 1.43, 1.38, 1.43, 1.44, 1.44, 1.39, 1.45,
1.37, 1.37, 1.39, 1.45, 1.31, 1.41, 1.42, 1.43, 1.42, 1.47,
1.35, 1.36, 1.39, 1.40, 1.38, 1.35, 1.37, 1.27, 1.37, 1.38,
1.42, 1.40, 1.41, 1.37, 1.46, 1.36, 1.48, 1.42, 1.42, 1.42,
1.34, 1.43, 1.42, 1.41, 1.41, 1.44, 1.48, 1.56, 1.37, 1.32.
问：能否认为维尼纶的纤度服从正态分布（取显著性水平 $\alpha = 0.10$）？

第九章

方差分析与回归分析

方差分析和回归分析是统计学中的重要工具,常常在科研和实际工作中被用来处理和分析关于数据的一些关键问题. 方差分析是一种用于检验两个或多个总体均值是否有显著性差异的统计方法,它假设数据来自正态总体,并且各总体具有方差齐性. 通过方差分析,我们可以判断在控制组和试验组之间是否存在显著性差异,从而得出试验因素对研究对象的效应. 回归分析则用于描述变量之间的关系. 线性回归分析是最常用的回归分析,它通过拟合自变量与因变量之间的关系,得出回归方程. 这个方程可以用于预测因变量的值,或者进一步分析自变量对因变量的影响. 本章主要介绍单因素方差分析、一元线性回归和多元线性回归.

9.1 单因素方差分析

方差分析用于检验两个或多个样本均值的差异是否具有统计意义,通过将总体差异分解为各个来源的差异来实现. 方差分析常用于科学试验的数据分析,如生物医学研究、心理学、社会科学等.

方差分析的基本思想是将数据的总差异(总平方和)分解为组间差异(组间平方和)和组内差异(组内平方和). 组间差异反映了不同样本组之间的差异,而组内差异则反映了同一样本组内各个体之间的差异. 通过比较这两部分差异的大小,可以判断各样本均值的差异是否具有显著性.

方差分析的前提假设是各样本均服从正态分布,且各样本的方差相同. 如果不能满足这些假设,可能需要使用其他的统计方法. 经过方差分析后,如果拒绝了检验假设,只能说明多个样本总体均值不相等或不全相等,但并不能指出这些差异具体发生在哪些样本之间;为了找到差异,可能需要进一步进行两两比较的检验.

在方差分析中,我们把研究对象的某种特征称为**试验指标**,影响试验指标的条件称为**因素**,因素所处的状态称为**水平**. 在一项试验中,如果所考察的因素只有一个,即只有一个因素发生改变,而其他因素保持不变,则称之为**单因素试验**,多于一个因素发生改变的试验称为**多因素试验**.

9.1.1 单因素试验引例

例 9.1.1 试验研究3种不同肥料对小麦产量的影响. 随机选择了3块土地,并在每块土地上分别使用3种不同的肥料,然后测量每块土地的小麦产量(单位:kg),得数据如表9.1所示. 试分析不同肥料对小麦产量有无显著影响.

表 9.1

土地	肥料 A	肥料 B	肥料 C
1	500	600	550
2	550	650	600
3	600	700	650

这里,试验指标为小麦产量,因素只有一个肥料. 假定除了肥料这个因素外,天气、工作人员等其他条件都相同,我们可以使用单因素方差分析来检验这个数据集. 3种不同肥料对应着3个不同的水平,表9.1中的数据可以看成来自3个不同总体的观测值,各个总体均值分别记为 μ_1, μ_2, μ_3,则3种肥料对小麦产量的影响是否显著的问题相当于检验假设

$$H_0: \mu_1 = \mu_2 = \mu_3; \quad H_1: \mu_1, \mu_2, \mu_3 \text{ 不全相等}.$$

若假设各总体均服从正态分布,且各总体的方差相等,那么此问题相当于检验同方差的多个正态总体均值是否相等的问题. 这是一个简单的单因素方差分析的例子. 在实际应用中,可能需要考虑更多复杂的情况和额外的因素.

9.1.2 单因素方差分析数学模型提出

一般地,我们考虑一个因素 A 有 r 个水平,记为 $A_1, A_2, \cdots, A_r$,这 r 个水平可以看成 r 个总体,记为 $X_1, X_2, \cdots, X_r$. 在任一水平 $A_i (i=1,2,\cdots,r)$ 下重复做 m 次独立试验(为简单起见,先假设各水平下试验的次数相同,次数不同时处理方法与此类似),得到 $n = r \times m$ 个数据,如表9.2所示(表中 $X_{ij}(i=1,2,\cdots,r; j=1,2,\cdots,m)$ 表示在 A_i 水平下的第 j 次试验结果).

表 9.2

试验结果序号	水平				
	A_1	A_2	$\cdots$	A_i	$\cdots$	A_r
1	X_{11}	X_{21}	$\cdots$	X_{i1}	$\cdots$	X_{r1}
2	X_{12}	X_{22}	$\cdots$	X_{i2}	$\cdots$	X_{r2}
$\vdots$	$\vdots$	$\vdots$		$\vdots$		$\vdots$
j	X_{1j}	X_{2j}	$\cdots$	X_{ij}	$\cdots$	X_{rj}
$\vdots$	$\vdots$	$\vdots$		$\vdots$		$\vdots$
m	X_{1m}	X_{2m}	$\cdots$	X_{im}	$\cdots$	X_{rm}
样本均值	$\overline{X}_1$	$\overline{X}_2$	$\cdots$	$\overline{X}_i$	$\cdots$	$\overline{X}_r$
总体均值	μ_1	μ_2	$\cdots$	μ_i	$\cdots$	μ_r

注 方差分析并不要求不同水平试验结果数必须相等. 然而,为了方差分析的有效性,建

议使各水平试验结果数相等,这样可以避免各组样本容量差异过大而对方差分析的结果产生影响.需要注意的是,如果各样本容量不均衡,可能导致检验效能降低,不易发现真实差异.在样本容量较小的情况下,方差分析的稳定性可能受到影响.此外,如果不同水平试验结果数存在较大差异,分析时应说明该分析结果的适用范围和局限性.

我们对以上数据做如下假设.

(1) 正态性　任意水平下的总体都服从正态分布:
$$X_i \sim N(\mu_i, \sigma^2) \quad (i=1,2,\cdots,r).$$

(2) 方差齐性　任意水平下的总体方差 σ^2 相同.

(3) 独立性　每个总体抽取的样本 $X_{ij}(i=1,2,\cdots,r; j=1,2,\cdots,m)$ 相互独立.

9.1.3　单因素方差分析数学模型建立

1. 问题分析

各水平下的均值不一定相等,于是我们检验如下假设:
$$\begin{cases} H_0: \mu_1 = \mu_2 = \cdots = \mu_r; \\ H_1: \mu_1, \mu_2, \cdots, \mu_r \text{ 不全相等.} \end{cases} \tag{9.1.1}$$

如果 H_0 成立,因素 A 的 r 个水平均值相等,则称因素 A 的 r 个水平间没有显著差异,简称因素 A 不显著;反之,若 H_0 不成立,因素 A 的 r 个水平均值不全相等,则称因素 A 的 r 个水平间有显著差异,简称因素 A 显著.

在前面三个基本假定下,有 $X_{ij} \sim N(\mu_i, \sigma^2)(i=1,2,\cdots,r; j=1,2,\cdots,m)$,则 $X_{ij} - \mu_i \sim N(0, \sigma^2)$,可视之为随机误差,记为 $\varepsilon_{ij} = X_{ij} - \mu_i$,即 $\varepsilon_{ij} \sim N(0, \sigma^2)$. 于是有
$$X_{ij} = \mu_i + \varepsilon_{ij} \quad (i=1,2,\cdots,r; j=1,2,\cdots,m). \tag{9.1.2}$$

由此得到单因素方差分析的数学模型
$$\begin{cases} X_{ij} = \mu_i + \varepsilon_{ij} \quad (i=1,2,\cdots,r; j=1,2,\cdots,m), \\ \varepsilon_{ij} \sim N(0, \sigma^2), \end{cases} \tag{9.1.3}$$

其中各 ε_{ij} 相互独立,μ_i 和 σ^2 未知.

记 $\mu = \dfrac{1}{r}(\mu_1 + \mu_2 + \cdots + \mu_r) = \dfrac{1}{r}\sum\limits_{i=1}^{r}\mu_i$,称为总均值;$a_i = \mu_i - \mu (i=1,2,\cdots,r)$,称为因素 A 的第 i 个水平 A_i 的效应,简称 A_i 的效应,则有
$$\sum_{i=1}^{r} a_i = 0, \quad \mu_i = \mu + a_i \quad (i=1,2,\cdots,r).$$

模型(9.1.3)可改写为
$$\begin{cases} X_{ij} = \mu + a_i + \varepsilon_{ij} \quad (i=1,2,\cdots,r; j=1,2,\cdots,m), \\ \sum\limits_{i=1}^{r} a_i = 0, \\ \varepsilon_{ij} \sim N(0, \sigma^2), \end{cases} \tag{9.1.4}$$

其中各 ε_{ij} 相互独立,a_i 和 σ^2 未知.而假设(9.1.1)可改写为
$$H_0: a_1 = a_2 = \cdots = a_r = 0; \quad H_1: a_1, a_2, \cdots, a_r \text{ 不全为 } 0. \tag{9.1.5}$$

2. 偏差平方和及其分解

令
$$T_i = \sum_{j=1}^{m} X_{ij}, \quad \overline{X}_i = \frac{1}{m} T_i,$$

则 T_i 和 $\overline{X}_i$ 分别表示 A_i 水平下的数据和与数据平均值. 再令

$$T = \sum_{i=1}^{r} T_i, \quad \overline{X} = \frac{T}{rm} = \frac{T}{n}.$$

由于一般用平方和来表示误差大小, 令

$$S_T = \sum_{i=1}^{r} \sum_{j=1}^{m} (X_{ij} - \overline{X})^2, \tag{9.1.6}$$

称为**总偏差平方和**, 它表示数据的总的差异. 注意到

$$\begin{aligned}
S_T &= \sum_{i=1}^{r} \sum_{j=1}^{m} (X_{ij} - \overline{X})^2 = \sum_{i=1}^{r} \sum_{j=1}^{m} (X_{ij} - \overline{X}_i + \overline{X}_i - \overline{X})^2 \\
&= \sum_{i=1}^{r} \sum_{j=1}^{m} [(X_{ij} - \overline{X}_i)^2 + (\overline{X}_i - \overline{X})^2 + 2(X_{ij} - \overline{X}_i)(\overline{X}_i - \overline{X})] \\
&= \sum_{i=1}^{r} \sum_{j=1}^{m} (X_{ij} - \overline{X}_i)^2 + \sum_{i=1}^{r} \sum_{j=1}^{m} (\overline{X}_i - \overline{X})^2 \\
&= \sum_{i=1}^{r} \sum_{j=1}^{m} (X_{ij} - \overline{X}_i)^2 + m \sum_{i=1}^{r} (\overline{X}_i - \overline{X})^2 \\
&= S_E + S_A,
\end{aligned} \tag{9.1.7}$$

其中 $S_E = \sum_{i=1}^{r} \sum_{j=1}^{m} (X_{ij} - \overline{X}_i)^2$ 称为**组内偏差平方和**; $S_A = m \sum_{i=1}^{r} (\overline{X}_i - \overline{X})^2$ 称为**组间偏差平方和**, 也称为**因素 A 的偏差平方和**.

由式(9.1.7)可见, 总偏差平方和 S_T 来自两个方面: 组内偏差平方和 S_E 和组间偏差平方和 S_A, 称

$$S_T = S_E + S_A \tag{9.1.8}$$

为**总平方和分解式**.

3. 具体检验方法及例题

偏差平方和的大小与数据个数(或自由度)有关. 一般来说, 数据越多, 偏差平方和就越大. 为了更合理地比较各类偏差平方和, 统计上引入均方(偏差平方和/自由度)来比较, 排除因自由度不同所产生的干扰.

如果 H_0 成立, 则 r 个水平之间无显著差异, 因素 A 的不同水平对试验指标没有显著影响; 如果组间均方比组内均方大得多, 说明因素 A 的不同水平间有显著差异, r 个总体不能认为是同一个正态总体, 应推断 H_0 不成立, 这时比值 $F = \dfrac{S_A/(r-1)}{S_E/(n-r)}$ 有偏大的趋势. 可以证明, 组间均方与组内均方的比值服从自由度为 $(r-1, n-r)$ 的 F 分布, 故选用统计量

$$F = \frac{S_A/(r-1)}{S_E/(n-r)} \sim F(r-1, n-r),$$

于是对于给定的显著性水平 α，可得拒绝域为
$$W = \{F \geqslant F_\alpha(r-1, n-r)\}.$$

查附表 6 可得 $F_\alpha(r-1, n-r)$ 的值，由观测值可以算出 S_E, S_A，然后可以算出统计量 F 的观测值，最后进行决策：

当 $F \geqslant F_\alpha(r-1, n-r)$ 时，拒绝 H_0，即认为因素 A 的不同水平对试验指标有显著影响；

当 $F < F_\alpha(r-1, n-r)$ 时，接受 H_0，即认为因素 A 的不同水平对试验指标没有显著影响.

将上述计算过程和结果列成表格，称为方差分析表(见表 9.3).

表 9.3

方差来源	平方和	自由度	均方	F 比
因素 A(组间)	S_A	$r-1$	$S_A/(r-1)$	$F = \dfrac{S_A/(r-1)}{S_E/(n-r)}$
误差 E(组内)	S_E	$n-r$	$S_E/(n-r)$	
总和 T	S_T	$n-1$		

例 9.1.2 在例 9.1.1 中，若给定显著性水平 $\alpha = 0.05$，检验不同肥料对小麦产量有无显著影响，即检验假设
$$H_0: \mu_1 = \mu_2 = \mu_3; \quad H_1: \mu_1, \mu_2, \mu_3 \text{ 不全相等}.$$

解 依题意，$r = 3, m = 3, n = 3 \times 3 = 9$，计算得
$$S_T = \sum_{i=1}^{r} \sum_{j=1}^{m} (X_{ij} - \overline{X})^2 = 30\,000,$$
$$S_A = m \sum_{i=1}^{r} (\overline{X}_i - \overline{X})^2 = 15\,000,$$
$$S_E = S_T - S_A = 15\,000.$$

将上述计算结果列成方差分析表(见表 9.4).

表 9.4

方差来源	平方和	自由度	均方	F 比
因素 A(组间)	15 000	2	7 500	3
误差 E(组内)	15 000	6	2 500	
总和 T	30 000	8		

查附表 6 得 $F_\alpha(r-1, n-r) = F_{0.05}(2, 6) = 5.14$，故拒绝域为 $W = \{F \geqslant 5.14\}$. 而观测值 $F = 3 < 5.14$，未落入拒绝域，因此接受 H_0，即认为不同肥料对小麦产量无显著影响.

例 9.1.3 假设有三家不同的化妆品公司，分别是 A 公司、B 公司和 C 公司. 这三家公司都生产同一类型的护肤品，想要比较它们的保湿效果是否有显著差异. 随机选择了 10 位女性志愿者，年龄在 20 到 45 岁之间，并且她们的皮肤类型都是干性. 让每位志愿者分别使用 A 公司、B 公司和 C 公司的护肤品，并记录下使用前与使用后的皮肤水分含量的改变量(单位:%)，得数据如表 9.5 所示.

表 9.5

志愿者	A 公司	B 公司	C 公司
1	30	35	40
2	32	36	41
3	29	34	39
4	31	37	42
5	33	38	43
6	34	39	44
7	35	40	45
8	36	41	46
9	37	42	47
10	38	43	48

分析这三家公司生产的护肤品的保湿效果是否有显著差异(取显著性水平 $\alpha=0.05$).

解 设女性在使用这三家公司生产的护肤品前后皮肤含水量的改变量的均值分别为 μ_1,μ_2,μ_3,须检验假设

$$H_0:\mu_1=\mu_2=\mu_3; \quad H_1:\mu_1,\mu_2,\mu_3 \text{ 不全相等}.$$

依题意,$r=3, m=10, n=3\times10=30$,计算得

$$\overline{X}=38.5, \quad \overline{X}_1=33.5, \quad \overline{X}_2=38.5, \quad \overline{X}_3=43.5,$$

$$S_T=\sum_{i=1}^{r}\sum_{j=1}^{m}(X_{ij}-\overline{X})^2=747.5,$$

$$S_A=m\sum_{i=1}^{r}(\overline{X}_i-\overline{X})^2=500,$$

$$S_E=S_T-S_A=247.5.$$

将上述计算结果列成方差分析表(见表 9.6).

表 9.6

方差来源	平方和	自由度	均方	F 比
因素 A(组间)	500	2	250	27.26
误差 E(组内)	247.5	27	9.17	
总和 T	747.5	29		

查附表 6 得 $F_\alpha(r-1,n-r)=F_{0.05}(2,27)=3.35$,故拒绝域为 $W=\{F\geqslant 3.35\}$.而观测值 $F=27.26>3.35$,落入拒绝域,因此拒绝 H_0,即认为这三家公司生产的护肤品的保湿效果有显著差异.从平均值来看,C 公司生产的护肤品的保湿效果更好.

9.2 一元线性回归

线性回归起源于十九世纪,是英国统计学家高尔顿在研究父母和子女身高之间的关系时

提出的.通过研究,高尔顿发现子女的身高往往趋向于父母的身高,当父母的身高偏高(矮)时,子女的身高也偏高(矮).因此,他提出了一个线性回归模型来描述这种关系.线性回归模型表明,子女的身高(y)与父母的身高(x)之间存在线性关系,即 $y=ax+b$,其中 a,b 是常数.通过这个模型,可以预测子女的身高,并进一步探索遗传和环境对身高的影响.

后来,高尔顿将线性回归方法应用于其他领域,如心理学、生物学、医学和社会科学等.随着计算机技术的发展,线性回归在数据处理和分析中的应用越来越广泛.线性回归方法在统计学中得到了广泛应用,成为一种基本的统计分析和建模方法.

9.2.1 一元线性回归模型

一元线性回归是处理随机变量 y 和变量 x 之间线性相关关系的一种方法.若变量 y 大体上随变量 x 变化而变化,则可以认为 y 是因变量,x 是自变量.在实际分析中,通过对一组 x,y 的观测数据进行一元回归分析,可得到这两个变量之间的经验公式.如果这两个变量间的关系是线性的,那么上述回归问题就称为一元线性回归,也就是通常所说的为观测数据配一条直线或直线拟合等.

反应时间和元素浓度的回归分析在化学反应动力学研究中经常用到.通过测量反应过程中不同时间点的元素浓度,可以了解反应过程中元素浓度的变化情况.为此,可以使用回归分析方法来建立反应时间(自变量)和元素浓度(因变量)之间的数学关系.最简单的情况是一元线性回归,即假设元素浓度和反应时间之间存在线性关系.例如,可以建立一元线性回归模型 $y=ax+b$,其中 a 是回归系数,b 是截距,y 是元素浓度,x 是反应时间.通过收集试验数据并使用最小二乘法等回归分析方法,可以估计出模型中的参数 a 和 b.

例 9.2.1 为研究某化学反应中元素浓度(单位:ng/g)和反应时间(单位:s)之间存在的关系,测得一组试验数据如表 9.7 所示.

表 9.7

反应时间(x)	0	1	2	3	4	5	6	7
元素浓度(y)	0	0.099	0.198	0.299	0.401	0.503	0.603	0.705

把上述数据绘成散点图(见图 9.1).可以看出,元素浓度 y 与反应时间 x 之间基本呈线性关系.假设 y 与 x 之间的关系是线性的,而数据点与直线的偏离是由测量过程中的随机因素引起的,则可按一元线性回归问题进行处理.

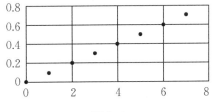

图 9.1

设一元线性回归的数学模型为

$$y = a + bx + \varepsilon, \tag{9.2.1}$$

其中 x, y 为满足一元线性回归模型的变量，a, b 为模型的待定常数和系数，ε 为测量误差.

当 x 分别取值 $x_1, x_2, \cdots, x_n$ 时，有

$$\begin{cases} y_1 = a + bx_1 + \varepsilon_1, \\ y_2 = a + bx_2 + \varepsilon_2, \\ \cdots \cdots \\ y_n = a + bx_n + \varepsilon_n. \end{cases}$$

假设测量误差 $\varepsilon_1, \varepsilon_2, \cdots, \varepsilon_n$ 都服从正态分布 $N(0, \sigma^2)$，且相互独立，其中 σ^2 未知. 由上述 $(x_i, y_i)(i = 1, 2, \cdots, n)$ 及假设，可求得式(9.2.1)中参数 a, b 和 σ^2 的估计. 又设 $\hat{a}, \hat{b}$ 分别为参数 a, b 的估计，那么就可得**经验回归方程**

$$\hat{y} = \hat{a} + \hat{b}x, \tag{9.2.2}$$

其中 $\hat{a}, \hat{b}$ 称为经验回归方程中的**常数**和**回归系数**. 经验回归方程简称**回归方程**，其图形称为**经验回归直线**，也简称回归直线.

由回归方程，当 x 取值 $x_1, x_2, \cdots, x_n$ 时，可以得到相应的回归值

$$\begin{cases} \hat{y}_1 = \hat{a} + \hat{b}x_1, \\ \hat{y}_2 = \hat{a} + \hat{b}x_2, \\ \cdots \cdots \\ \hat{y}_n = \hat{a} + \hat{b}x_n. \end{cases}$$

用 d_i 来表示观测值 y_i 与所得回归值 $\hat{y}_i$ 的差，则有

$$d_i = y_i - \hat{y}_i = y_i - \hat{a} - \hat{b}x_i \quad (i = 1, 2, \cdots, n).$$

用 D 来表示全部观测值与回归值差的平方和，则有

$$D = \sum_{i=1}^{n} d_i^2 = \sum_{i=1}^{n} (y_i - \hat{y}_i)^2 = \sum_{i=1}^{n} [y_i - (\hat{a} + \hat{b}x_i)]^2, \tag{9.2.3}$$

即 D 的大小反映了所有观测值与回归直线之间的偏离程度. 为了让回归直线与所有观测值拟合得最好，即两者偏离程度最小，我们利用**最小二乘法原理**，通过选择合理的 $\hat{a}$ 和 $\hat{b}$ 值，使得 D 达到最小. 由高等数学知识，在式(9.2.3)中分别对 $\hat{a}, \hat{b}$ 求偏导数，并令它们等于 0，则有

$$\frac{\partial D}{\partial \hat{a}} = -2 \sum_{i=1}^{n} [y_i - (\hat{a} + \hat{b}x_i)] = 0, \tag{9.2.4}$$

$$\frac{\partial D}{\partial \hat{b}} = -2 \sum_{i=1}^{n} [y_i - (\hat{a}_0 + \hat{b}x_i)]x_i = 0. \tag{9.2.5}$$

由方程(9.2.4)得

$$\hat{a} = \bar{y} - \hat{b}\bar{x}.$$

把上式代入方程(9.2.5)，经整理得

$$\hat{b} = \frac{\sum_{i=1}^{n} x_i y_i - \bar{y} \sum_{i=1}^{n} x_i}{\sum_{i=1}^{n} x_i^2 - \bar{x} \sum_{i=1}^{n} x_i}. \tag{9.2.6}$$

由于
$$\sum_{i=1}^n x_i y_i - \overline{y}\sum_{i=1}^n x_i = \sum_{i=1}^n x_i y_i - n\overline{x}\,\overline{y} + n\overline{x}\,\overline{y} - \overline{y}\sum_{i=1}^n x_i = \sum_{i=1}^n (x_i - \overline{x})(y_i - \overline{y}), \tag{9.2.7}$$

同理可得
$$\sum_{i=1}^n x_i^2 - \overline{x}\sum_{i=1}^n x_i = \sum_{i=1}^n (x_i - \overline{x})^2, \tag{9.2.8}$$

因此式(9.2.6)可以写成
$$\hat{b} = \frac{\sum_{i=1}^n (x_i - \overline{x})(y_i - \overline{y})}{\sum_{i=1}^n (x_i - \overline{x})^2}. \tag{9.2.9}$$

上式也可以写成
$$\hat{b} = \frac{h_{xy}}{h_{xx}}, \tag{9.2.10}$$

其中
$$h_{xy} = \sum_{i=1}^n (x_i - \overline{x})(y_i - \overline{y}) = \sum_{i=1}^n x_i y_i - \frac{1}{n}\left(\sum_{i=1}^n x_i\right)\left(\sum_{i=1}^n y_i\right), \tag{9.2.11}$$

$$h_{xx} = \sum_{i=1}^n (x_i - \overline{x})^2 = \sum_{i=1}^n x_i^2 - \frac{1}{n}\left(\sum_{i=1}^n x_i\right)^2, \tag{9.2.12}$$

$$h_{yy} = \sum_{i=1}^n (y_i - \overline{y})^2 = \sum_{i=1}^n y_i^2 - \frac{1}{n}\left(\sum_{i=1}^n y_i\right)^2. \tag{9.2.13}$$

h_{yy} 在计算回归方程参数的过程中暂时用不上,但在后面的进一步分析中可以用到.

参数 σ^2 可以用 $\hat{\sigma}^2 = \frac{1}{n-2}\sum_{i=1}^n (y_i - \hat{a} - \hat{b}x_i)^2$ 来估计. 可以证明, $\hat{a}, b_1, \hat{\sigma}^2$ 分别是 a, b, σ^2 的无偏估计量.

对于大多数的回归问题,我们可以手动计算,计算时尽量列表进行,这样简便且便于核对.个别计算量大的回归问题,我们可以借助计算机应用软件(如 SPSS)来进行计算. 一元线性回归分析的步骤如下:

(1) 确定因变量与自变量;
(2) 收集相关数据,例如从统计数据库中获取相关数据;
(3) 画出散点图,观察因变量和自变量之间的大致关系;
(4) 设定理论模型,根据观察到的关系,建立一元线性回归模型.

以上是一元线性回归的大致步骤,具体分析时可以根据实际数据进行调整.

上面得到的回归方程也可以写成另一种形式:把 $\hat{a} = \overline{y} - \hat{b}\overline{x}$ 代入式(9.2.2)中,得到
$$\hat{y} - \overline{y} = \hat{b}(x - \overline{x}),$$

这是直线的点斜式方程,它表明回归直线过定点 $(\overline{x}, \overline{y})$. 知道这一点,便于我们在坐标纸上描绘出回归直线. 在绘图时,只要在数据域中取一点 x_0,然后根据回归方程求出相应的 $\hat{y}_0$,就可以得到回归直线上一点 $(x_0, \hat{y}_0)$,再连接另一点 $(\overline{x}, \overline{y})$,通过这两点的直线就是要求的回归

直线.

例 9.2.2 用例 9.2.1 中的实测数据求出元素浓度 y 与反应时间 x 的回归方程.

解 由表 9.7 中的数据可得 $\overline{x}=3.5, \overline{y}=0.351, h_{xy}=4.236, h_{xx}=42$,则

$$\hat{b}=\frac{h_{xy}}{h_{xx}}=\frac{4.236}{42}=0.100\,857,$$

$$\hat{a}=\overline{y}-\hat{b}\overline{x}=0.351-0.100\,857\times 3.5=-0.002,$$

回归方程为

$$\hat{y}=\hat{a}+\hat{b}x=-0.002+0.100\,857x.$$

9.2.2 回归方程的假设检验

求出一元线性回归方程之后,还须进一步检验所得方程是否有意义.下面介绍常用的一种检验方法:**方差分析法**(F 检验法).

n 个观测值 $y_1, y_2, \cdots, y_n$ 之间是有差异的,这个差异我们称之为**离差**. 离差由两方面的原因造成,一是由因变量 y 与自变量 x 之间的线性依赖关系引起,即当自变量 x 变化时,由因变量 y 所产生的线性变化引起;二是由其他因素引起,即由除 x, y 间的线性依赖关系以外的因素(包括测量误差)引起. 为了对回归方程进行检验,应设法把上述两种原因造成的影响进行合适的分解. n 个观测值 $y_1, y_2, \cdots, y_n$ 之间的差异程度,可以用**总离差平方和** $\sum_{i=1}^{n}(y_i-\overline{y})^2$ 来表示,记为 S,记

$$S=\sum_{i=1}^{n}(y_i-\overline{y})^2. \tag{9.2.14}$$

我们现在分析式(9.2.14):

$$S=\sum_{i=1}^{n}(y_i-\overline{y})^2=\sum_{i=1}^{n}[(y_i-\hat{y}_i)+(\hat{y}_i-\overline{y})]^2$$

$$=\sum_{i=1}^{n}(y_i-\hat{y}_i)^2+\sum_{i=1}^{n}(\hat{y}_i-\overline{y})^2+2\sum_{i=1}^{n}(y_i-\hat{y}_i)(\hat{y}_i-\overline{y}).$$

把 $\hat{y}_i=\hat{a}+\hat{b}x_i$ 和 $\overline{y}=\hat{a}+\hat{b}\overline{x}$ 代入上式,展开后化简,可以证明

$$2\sum_{i=1}^{n}(y_i-\hat{y}_i)(\hat{y}_i-\overline{y})=0.$$

因此,式(9.2.14)可以写成

$$S=U+D, \tag{9.2.15}$$

其中

$$U=\sum_{i=1}^{n}(\hat{y}_i-\overline{y})^2, \quad D=\sum_{i=1}^{n}(y_i-\hat{y}_i)^2.$$

这样,我们就把总离差平方和 $S=\sum_{i=1}^{n}(y_i-\overline{y})^2$ 分解为两部分. $U=\sum_{i=1}^{n}(\hat{y}_i-\overline{y})^2$ 称为**回归平方和**,它反映了回归值 $\hat{y}_i (i=1,2,\cdots,n)$ 对均值 $\overline{y}$ 的偏离程度,它的偏离性是由 y 与 x 之间存在线性依赖关系,y 随 x 变化而产生的线性变化所引起的. $D=\sum_{i=1}^{n}(y_i-\hat{y}_i)^2$ 称为**剩余平方**

和，它反映了 y 的观测值 $y_1, y_2, \cdots, y_n$ 对回归直线 $\hat{y} = \hat{a} + \hat{b}x$ 的偏离程度，它的偏离性是由除 x, y 之间的线性依赖关系之外的其他因素引起的.

由式(9.2.15)可知，当 S 一定时，U 越大，则 D 越小，说明 y 随 x 的线性变化在总离差平方和 S 中所占的比重越大，其他因素引起的 y 的变化在 S 中所占的比重越小，从而 y 与 x 的线性依赖关系就越密切. 因此，回归平方和 U 相对剩余平方和 D 的大小反映了回归效果的好坏. 为了检验回归方程的回归效果，须计算 D 和 U. 为方便计算，我们将 U 写成如下形式：

$$U = \sum_{i=1}^{n}(\hat{y}_i - \overline{y})^2 = \sum_{i=1}^{n}(\hat{a} + \hat{b}x_i - \hat{a} - \hat{b}\overline{x})^2 = \hat{b}^2 \sum_{i=1}^{n}(x_i - \overline{x})^2$$
$$= \hat{b} \sum_{i=1}^{n}(x_i - \overline{x})(y_i - \overline{y}) = \hat{b} h_{xy}. \tag{9.2.16}$$

又由于

$$S = \sum_{i=1}^{n}(y_i - \overline{y})^2 = h_{yy},$$

于是有

$$D = S - U = h_{yy} - \hat{b} h_{xy}. \tag{9.2.17}$$

假设总离差平方和 S、回归平方和 U 及剩余平方和 D 对应的自由度分别为 v_S, v_U 及 v_D，则这三个自由度之间的关系为

$$v_S = v_U + v_D. \tag{9.2.18}$$

计算 S 所用的数据有 n 个，但由 $S = \sum_{i=1}^{n}(y_i - \overline{y})^2$ 可知，它们受平均值 $\overline{y}$ 的约束，相当于有一个测量值不是独立的，即失去一个自由度，故有 $v_S = n - 1$. 回归平方和 U 所对应的自由度反映了自变量的个数，对一元线性回归方程来说，自变量的个数为 1，故有 $v_U = 1$. 由式(9.2.18)可求出剩余平方和 D 所对应的自由度为

$$v_D = v_S - v_U = (n - 1) - 1 = n - 2.$$

记

$$\begin{cases} E_S^2 = \dfrac{S}{v_S}, \\ E_U^2 = \dfrac{U}{v_U}, \\ E_D^2 = \dfrac{D}{v_D}, \end{cases} \tag{9.2.19}$$

则 E_S^2 可以看作各种因素对离差影响所产生的平均效应，E_U^2 可以看作自变量的变化对离差影响所产生的平均效应，E_D^2 可以看作其他因素对离差影响所产生的平均效应. 这样，同时考虑 S, U 和 D 及其自由度 v_S, v_U 和 v_D，就可全面地反映测量数据波动的大小.

现在做回归方程的显著性检验，一般用 F 检验法，即选取如下检验统计量：

$$F = \frac{U/v_U}{D/v_D}. \tag{9.2.20}$$

对于一元线性回归问题,我们可以证明

$$F = \frac{U/1}{D/(n-2)} \sim F(1, n-2). \quad (9.2.21)$$

接下来,我们按如下步骤进行计算和检验.

(1) 提出假设

$$H_0: b = 0; \quad H_1: b \neq 0.$$

(2) 选取检验统计量

$$F = \frac{U/1}{D/(n-2)} \sim F(1, n-2).$$

(3) 在显著性水平 α 下查表确定拒绝域: $F \geqslant F_\alpha(1, n-2)$.

(4) 计算 $S = h_{yy}, U = \hat{b} h_{xy}, D = S - U$,也可列出方差分析表(见表 9.8).

表 9.8

来源	平方和	自由度	均方和	F 比
回归	U	$v_U = 1$	$E_U^2 = U/v_U$	$F = E_U^2 / E_D^2$
剩余	D	$v_D = n-2$	$E_D^2 = D/v_D$	
总计	S	$v_S = n-1$		

(5) 做出判断. 比较计算得到的 F 值与查表所得的 $F_\alpha(1, n-2)$ 值,如果

$$F \geqslant F_\alpha(1, n-2),$$

则认为回归效果是显著的,即变量 y 与 x 的线性关系是密切的;反之,如果

$$F < F_\alpha(1, n-2),$$

则认为回归效果不显著,即变量 y 与 x 的线性关系不密切.

我们一般把显著性水平分为以下几级. 若

$$F \geqslant F_{\alpha=0.01}(1, n-2),$$

可认为此回归效果**高度显著**,称为在 0.01 水平上显著,即可信度在 99% 以上;若

$$F_{\alpha=0.05}(1, n-2) \leqslant F < F_{\alpha=0.01}(1, n-2),$$

可认为此回归效果是**显著**的,称为在 0.05 水平上显著,即可信度在 95% 和 99% 之间;若

$$F < F_{\alpha=0.05}(1, n-2),$$

则一般认为回归效果**不显著**,也就是说 y 与 x 的线性关系不密切.

值得一提的是,对 H_0 的检验除了上述介绍的 F 检验法,还有另外两种本质相同的检验方法: T **检验法**和**相关系数检验法**,在这就不做详细介绍了.

例 9.2.3 试对例 9.2.2 中求出的一元线性回归方程进行显著性检验.

解 (1) 提出假设

$$H_0: b = 0; \quad H_1: b \neq 0.$$

(2) 选取检验统计量

$$F = \frac{U/1}{D/(n-2)} \sim F(1, n-2).$$

(3) 由计算可得
$$S = h_{yy} = 0.427\,242,$$
$$U = \hat{b}h_{xy} = 0.100\,857 \times 4.236 = 0.427\,230,$$
$$D = S - U = 0.000\,012,$$
$$F = \frac{U/1}{D/(n-2)} = \frac{0.427\,230/1}{0.000\,012/6} = 2.14 \times 10^5.$$

(4) 查附表 6 可得
$$F_{\alpha=0.01}(1,6) = 13.75.$$

(5) 做出判断. 由于
$$F = 2.14 \times 10^5 \gg F_{\alpha=0.01}(1,6) = 13.75,$$
因此回归效果高度显著.

9.2.3 预测问题

在求出随机变量 y 与变量 x 的一元线性回归方程,并通过显著性检验后,便能用回归方程进行预测. 对于给定的 $x = x_0$,利用区间估计的方法求出一个 y_0 的置信区间(称为预测区间),使 y_0 落在这个区间内的概率为 $1-\alpha$,这便是所谓的预测问题.

可以证明,$\hat{\sigma}^2 = \frac{1}{n-2}\sum_{i=1}^{n}(y_i - \hat{a} - \hat{b}x_i)^2 \sim t(n-2)$,因此对于 x 的任一值 x_0,给定置信水平 $1-\alpha$,y_0 的预测区间为
$$(\hat{y}_0 - \delta(x_0), \hat{y}_0 + \delta(x_0)),$$
其中
$$\delta(x_0) = t_{\frac{\alpha}{2}}(n-2)\hat{\sigma}\sqrt{1 + \frac{1}{n} + \frac{(x_0 - \overline{x})^2}{\sum_{i=1}^{n}(x_i - \overline{x})^2}}.$$

例 9.2.4 对例 9.2.2,当 $x_0 = 10$ 时,求出 y_0 的预测区间(取 $\alpha = 0.05$).

解 当 $x_0 = 10$ 时,y_0 的预测值为
$$\hat{y}_0 = \hat{a} + \hat{b}x_0 = -0.002 + 0.100\,857 \times 10 = 1.006\,57.$$
计算得 $\delta(x_0) = 0.004\,87$,故 y_0 的置信水平为 0.95 的预测区间为
$$(1.001\,70, 1.011\,44).$$

要使回归方程反映真实情况,必须提高它的精度和稳定性,即满足下列条件:尽量提高观测数据本身的精度,尽量增加观测数据的个数,增大观测数据中自变量的离散程度.

在进行一元线性回归分析时,需要注意以下几点.

(1) 线性关系的假设:自变量与因变量之间应存在线性关系. 可以通过绘制散点图来观察线性关系的存在性.

(2) 数据的完整性:确保没有缺失数据,否则可能会影响回归结果的准确性.

(3) 数据的异常值处理:对于异常值,需要谨慎处理. 如果异常值对回归结果影响较大,可以考虑进行异常值处理,如用箱线图识别异常值等.

(4) 残差的正态性检验:残差应满足正态性假设,即误差项应服从正态分布.

(5) 模型的解释性：选择的自变量应对因变量有较好的解释能力.

在实际应用中，应根据具体情况灵活运用和调整上述注意事项，以便得到更准确的回归结果.

9.3 多元线性回归

多元线性回归是回归分析中涉及两个或两个以上自变量的情形. 它通过组合多个自变量的最优组合来预测或估计因变量，比只用一个自变量进行预测或估计更有效、更符合实际. 多元线性回归在许多学科中都有广泛的应用. 例如，在经济学中，多元线性回归可以用来研究影响经济发展的多个因素，如人均收入、教育水平、政府支出等；在生物统计中，多元线性回归可以用来研究影响人类健康的各种因素，如生活方式、遗传因素、环境因素等；在环境科学中，多元线性回归可以用来研究影响生态环境的多个因素，如温度、湿度、光照、土壤质量等. 需要注意的是，虽然多元线性回归有广泛的应用，但在应用时必须考虑诸如异方差性、多重共线性等问题，以确保模型的准确性和可靠性.

9.3.1 多元线性回归模型

多元线性回归模型的求法同一元线性回归模型的求法基本类似. 不同的是，多元线性回归模型的求法要繁杂得多，在求解过程中必须要借助矩阵. 多元线性回归模型的一般求法如下：先导入数据，对数据进行预处理，包括缺失值、异常值和极值处理等. 然后确定回归模型，并设置自变量和因变量. 对自变量和因变量进行相关性分析，以初步检验自变量对因变量的影响. 利用最小二乘法进行多元线性回归分析，求得模型的参数，建立回归模型. 对回归模型进行假设检验，包括拟合优度检验、总体显著性检验和变量显著性检验等. 根据需要，可以添加交互项，以进一步优化模型.

多元线性回归计算量大，一般需要通过计算机软件才能实现，下面简要说明如何建立多元线性回归模型.

假设在实际问题中，已知因变量 y 与 M 个自变量 $x_1, x_2, \cdots, x_M$ 的关系是线性相关的，而且获得了如下 n 组观测数据：
$$(y_i, x_{i1}, x_{i2}, \cdots, x_{iM}) \quad (i=1,2,\cdots,n).$$
我们把这批观测数据写成如下结构形式：
$$\begin{cases} y_1 = \beta_0 + \beta_1 x_{11} + \beta_2 x_{12} + \cdots + \beta_M x_{1M} + \varepsilon_1, \\ y_2 = \beta_0 + \beta_1 x_{21} + \beta_2 x_{22} + \cdots + \beta_M x_{2M} + \varepsilon_2, \\ \quad \cdots \cdots \\ y_n = \beta_0 + \beta_1 x_{n1} + \beta_2 x_{n2} + \cdots + \beta_M x_{nM} + \varepsilon_n, \end{cases} \quad (9.3.1)$$

其中 $\beta_0, \beta_1, \beta_2, \cdots, \beta_M$ 是 $M+1$ 个待估计的参数，$x_1, x_2, \cdots, x_M$ 是 M 个可以被精确测量的变量，$\varepsilon_1, \varepsilon_2, \cdots, \varepsilon_n$ 是 n 个相互独立且服从相同正态分布 $N(0, \sigma^2)$ 的随机变量. 这就是我们要求的多元线性回归的数学模型.

假设 $b_0, b_1, b_2, \cdots, b_M$ 依次为参数 $\beta_0, \beta_1, \beta_2, \cdots, \beta_M$ 对应的最小二乘估计量，我们可以得到如下**回归方程**：

$$\hat{y} = b_0 + b_1 x_1 + b_2 x_2 + \cdots + b_M x_M, \tag{9.3.2}$$

其中 b_0 和 $b_i(i=1,2,\cdots,M)$ 称为回归方程的**常数**和**回归系数**. 根据最小二乘法原理,估计量 $b_0, b_1, b_2, \cdots, b_M$ 应该使得

$$Q(b_0, b_1, b_2, \cdots, b_M) = \sum_{i=1}^{n} (y_i - \hat{y}_i)^2 = \sum_{i=1}^{n} (y_i - b_0 - b_1 x_{i1} - b_2 x_{i2} - \cdots - b_M x_{iM})^2$$

最小. 于是,我们对 $Q(b_0, b_1, b_2, \cdots, b_M)$ 分别关于 $b_0, b_1, b_2, \cdots, b_M$ 求偏导数,并令它们的偏导数为 0,得

$$\begin{cases} nb_0 + (\sum_{i=1}^{n} x_{i1}) b_1 + (\sum_{i=1}^{n} x_{i2}) b_2 + \cdots + (\sum_{i=1}^{n} x_{iM}) b_M = \sum_{i=1}^{n} y_i, \\ (\sum_{i=1}^{n} x_{i1}) b_0 + (\sum_{i=1}^{n} x_{i1}^2) b_1 + (\sum_{i=1}^{n} x_{i1} x_{i2}) b_2 + \cdots + (\sum_{i=1}^{n} x_{i1} x_{iM}) b_M = \sum_{i=1}^{n} x_{i1} y_i, \\ \cdots\cdots \\ (\sum_{i=1}^{n} x_{iM}) b_0 + (\sum_{i=1}^{n} x_{i1} x_{iM}) b_1 + (\sum_{i=1}^{n} x_{i2} x_{iM}) b_2 + \cdots + (\sum_{i=1}^{n} x_{iM}^2) b_M = \sum_{i=1}^{n} x_{iM} y_i. \end{cases}$$
$$\tag{9.3.3}$$

方程组(9.3.3)称为正规方程组. 为解此方程组,我们引入矩阵

$$\boldsymbol{Y} = \begin{pmatrix} y_1 \\ y_2 \\ \vdots \\ y_n \end{pmatrix}, \quad \boldsymbol{X} = \begin{pmatrix} 1 & x_{11} & x_{12} & \cdots & x_{1M} \\ 1 & x_{21} & x_{22} & \cdots & x_{2M} \\ \vdots & \vdots & \vdots & & \vdots \\ 1 & x_{n1} & x_{n2} & \cdots & x_{nM} \end{pmatrix}, \quad \boldsymbol{\beta} = \begin{pmatrix} \beta_0 \\ \beta_1 \\ \beta_2 \\ \vdots \\ \beta_M \end{pmatrix}, \quad \boldsymbol{\varepsilon} = \begin{pmatrix} \varepsilon_1 \\ \varepsilon_2 \\ \vdots \\ \varepsilon_n \end{pmatrix}, \quad \boldsymbol{b} = \begin{pmatrix} b_0 \\ b_1 \\ b_2 \\ \vdots \\ b_M \end{pmatrix},$$

则回归数学模型(9.3.1)可以改写成

$$\boldsymbol{Y} = \boldsymbol{X}\boldsymbol{\beta} + \boldsymbol{\varepsilon}.$$

方程组(9.3.3)的系数矩阵是对称矩阵,可以写成 $\boldsymbol{X}^T \boldsymbol{X}$ 的形式,其中 X 称为数据的结构矩阵,即有

$$\begin{pmatrix} n & \sum_{i=1}^{n} x_{i1} & \cdots & \sum_{i=1}^{n} x_{iM} \\ \sum_{i=1}^{n} x_{i1} & \sum_{i=1}^{n} x_{i1}^2 & \cdots & \sum_{i=1}^{n} x_{i1} x_{iM} \\ \vdots & \vdots & & \vdots \\ \sum_{i=1}^{n} x_{iM} & \sum_{i=1}^{n} x_{i1} x_{iM} & \cdots & \sum_{i=1}^{n} x_{iM}^2 \end{pmatrix} = \begin{pmatrix} 1 & 1 & \cdots & 1 \\ x_{11} & x_{21} & \cdots & x_{n1} \\ x_{12} & x_{22} & \cdots & x_{n2} \\ \vdots & \vdots & & \vdots \\ x_{1M} & x_{2M} & \cdots & x_{nM} \end{pmatrix} \begin{pmatrix} 1 & x_{11} & x_{12} & \cdots & x_{1M} \\ 1 & x_{21} & x_{22} & \cdots & x_{2M} \\ \vdots & \vdots & \vdots & & \vdots \\ 1 & x_{n1} & x_{n2} & \cdots & x_{nM} \end{pmatrix}$$

$$= \boldsymbol{X}^T \boldsymbol{X}.$$

于是,方程组(9.3.3)可写成矩阵形式

$$(\boldsymbol{X}^T \boldsymbol{X}) \boldsymbol{b} = \boldsymbol{X}^T \boldsymbol{Y}.$$

若系数矩阵 $\boldsymbol{X}^T \boldsymbol{X}$ 满秩,则方程组的解为

$$\boldsymbol{b} = (\boldsymbol{X}^T \boldsymbol{X})^{-1} \boldsymbol{X}^T \boldsymbol{Y}.$$

由此可知,只要在计算机软件中输入矩阵 $\boldsymbol{X}$ 和 $\boldsymbol{Y}$,再通过程序设计,就可以确定多元线性回归方程中的 $b_0, b_1, b_2, \cdots, b_M$ 了.

9.3.2 单个自变量在多元线性回归模型中所起的作用

在求出的多元线性回归模型中,每个自变量都可以提供一些信息,以帮助预测因变量的值.然而,每个自变量的单独贡献一般难以直接衡量,因为它们可能是相互依赖的.常见的分析自变量贡献的方法是研究偏回归系数.偏回归系数是每个自变量的偏效应的度量,它表示当其他自变量保持恒定时,该自变量对因变量的预测贡献.另一种理解自变量贡献的方法是使用特征重要性,即根据每个自变量对预测结果的贡献大小来排序.例如,在某些模型中,可以使用梯度下降法或基尼不纯度等度量来确定特征重要性.也就是说,虽然每个自变量在多元线性回归中的单独贡献可能难以精确衡量,但我们可以利用偏回归系数和特征重要性等方法来理解它们在预测因变量中的相对作用.

为了更好地利用多元线性回归方程对因变量进行预测和控制,人们总是希望从回归方程中剔除那些次要的、可有可无的自变量,以建立更简明有效的回归方程.

1. 自变量 x_i 作用大小的衡量

因为回归平方和 U 是所有自变量对因变量变化的总影响,所以自变量 x_i 在总的回归中所起的作用可根据它在 U 中的影响大小来衡量,即去掉该自变量后,看回归平方和减少得是否明显,减少的数值越大,说明该自变量在回归中所起的作用越大;反之,该自变量的作用就越小.我们把去掉一个自变量 x_i 后回归平方和减少的数值称为 y 对这个自变量 x_i 的偏回归平方和,记作 P_i,即

$$P_i = U - U',$$

其中 U 是 M 个自变量 $x_1, x_2, \cdots, x_M$ 所引起的 y 线性变化的回归平方和, U' 是去掉 x_i 后 $M-1$ 个自变量 $x_1, x_2, \cdots, x_{i-1}, x_{i+1}, \cdots, x_M$ 所引起的 y 线性变化的回归平方和.这样,就可以用偏回归平方和 P_i 来衡量每个自变量 x_i 在回归中所起作用的大小.一般地,偏回归平方和可按下式计算:

$$P_i = \frac{b_i^2}{c_{ii}},$$

其中 c_{ii} 是原 M 个自变量的正规方程组的系数矩阵的逆矩阵 $\boldsymbol{C} = (\boldsymbol{X}^{\mathrm{T}} \boldsymbol{X})^{-1} = (c_{ij})$ 中的元素, b_i 是回归方程的回归系数.

由于各自变量之间可能存在某种程度的相关关系,因此不能只按偏回归平方和的大小来排列所有自变量对 y 的作用的大小,在计算了偏回归平方和 P_i 之后,通常还要做进一步的分析.

2. 剔除单个自变量后回归系数的计算

在 y 对 M 个自变量 $x_1, x_2, \cdots, x_M$ 的多元线性回归中,当去掉一个自变量 x_i 后,剩下的 $M-1$ 个自变量的新的回归系数 b_j' 与原回归系数 b_j 之间有如下关系:

$$\begin{cases} b_j' = b_j - \dfrac{c_{ij}}{c_{ii}} b_i & (j \neq i), \\ b_0' = \overline{y} - \sum_{\substack{j=1 \\ j \neq i}}^{M} b_j' \overline{x}. \end{cases}$$

当采用回归方程(9.3.2)时, $b_0 = \overline{y}$ 不变.

多元线性回归是一种重要的统计方法,但在应用时需要注意以下几点.

(1) 指标的数量化:一般要求因变量为连续型变量,自变量可以为连续型变量或分类变量. 对于分类变量,可以进行哑变量编码或多项式编码.

(2) 样本容量:如果自变量较多且样本容量相对较少,建立的回归方程会不稳定. 建议样本容量至少为自变量个数的 5 ~ 10 倍.

(3) 多重共线性:一些自变量之间可能存在较强的线性关系,导致回归方程不稳定. 建议进行多重共线性检测.

(4) 异方差性:异方差性可能导致回归方程的估计结果不准确. 建议进行异方差性检验,如存在异方差性,则需要进行加权最小二乘法或广义最小二乘法等处理.

(5) 自相关:自相关可能导致回归方程的估计结果不准确. 建议进行自相关检验,如存在自相关,则需要进行广义最小二乘法等处理.

还有其他一些注意事项,如指标的逻辑关系、指标的交互作用、指标的滞后效应等也需要进行考虑和处理. 总之,多元线性回归需要注意的问题较多,须结合具体问题进行具体分析和处理.

9.4 实 践 案 例

1. 不同班级学生成绩差异的检验

例 9.4.1 有一位教师教授了 3 个班级的"概率论与数理统计"课程,并在学期末进行了该课程的测试. 现从每个班级随机抽取了 10 位学生的试卷,记录成绩如表 9.9 所示. 试在显著性水平 $\alpha = 0.10$ 下检验各班级的平均分有无显著差异. 假设各个总体服从正态分布,且方差相等.

表 9.9

班级	学生成绩									
1	73	89	66	82	60	45	93	72	77	36
2	88	56	78	85	74	96	82	76	86	69
3	68	79	51	85	71	57	35	86	32	53

解 设 3 个班级期末测试成绩的均值分别为 μ_1, μ_2, μ_3,须检验假设
$$H_0: \mu_1 = \mu_2 = \mu_3; \quad H_1: \mu_1, \mu_2, \mu_3 \text{ 不全相等}.$$
依题意,$r = 3, m = 10, n = 3 \times 10 = 30$,计算得
$$\overline{X} = 70, \quad \overline{X}_1 = 69.3, \quad \overline{X}_2 = 79, \quad \overline{X}_3 = 61.7,$$
$$S_T = \sum_{i=1}^{r} \sum_{j=1}^{m} (X_{ij} - \overline{X})^2 = 8\,986,$$
$$S_A = m \sum_{i=1}^{r} (\overline{X}_i - \overline{X})^2 = 1\,503.8,$$
$$S_E = S_T - S_A = 7\,482.2.$$

将上述计算结果列成方差分析表(见表 9.10).

表 9.10

方差来源	平方和	自由度	均方	F 比
因素 A(组间)	1 503.8	2	751.9	2.713
误差 E(组内)	7 482.2	27	277.12	
总和 T	8 986	29		

查附表 6 得 $F_\alpha(r-1,n-r)=F_{0.10}(2,27)=2.51$,故拒绝域为 $W=\{F\geqslant 2.51\}$. 而观测值 $F=2.713>2.51$,落入拒绝域,因此拒绝 H_0,即在显著性水平 $\alpha=0.10$ 下认为 3 个班级的平均分有显著差异.

2. 销售额与利润之间的关系分析

例 9.4.2 某公司为考察利润与销售额之间的关系,收集了旗下 7 个子公司的数据(单位:百万元),如表 9.11 所示,试分析利润 y 与销售额 x 之间的关系.

表 9.11

子公司序号	销售额 x	利润 y
1	160	7.2
2	230	11.2
3	300	15
4	380	18
5	420	21
6	450	25
7	550	35

解 (1) 画出销售额 x 与利润 y 之间的散点图,如图 9.2 所示.

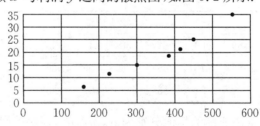

图 9.2

由散点图可以看出,利润 y 与销售额 x 之间基本呈线性关系.

(2) 列表计算 $x_iy_i,x_i^2,y_i^2(i=1,2,\cdots,7)$,如表 9.12 所示.

表 9.12

子公司序号	销售额 x_i	利润 y_i	x_iy_i	x_i^2	y_i^2
1	160	7.2	1 152	25 600	51.84
2	230	11.2	2 576	52 900	125.44

续表

子公司序号	销售额 x_i	利润 y_i	$x_i y_i$	x_i^2	y_i^2
3	300	15	4 500	90 000	225
4	380	18	6 840	144 400	324
5	420	21	8 820	176 400	441
6	450	25	11 250	202 500	625
7	550	35	19 250	302 500	1 225
$\sum$	2 490	132.4	54 388	994 300	3 017.28

由表 9.12 中的数据计算可得

$$\overline{x} \approx 355.714\ 3,\quad \overline{y} \approx 18.914\ 3,$$

$$h_{xy} = \sum_{i=1}^{n} x_i y_i - \frac{1}{n}\left(\sum_{i=1}^{n} x_i\right)\left(\sum_{i=1}^{n} y_i\right) \approx 7\ 291.428\ 6,$$

$$h_{xx} = \sum_{i=1}^{n} x_i^2 - \frac{1}{n}\left(\sum_{i=1}^{n} x_i\right)^2 \approx 108\ 571.428\ 6,$$

$$h_{yy} = \sum_{i=1}^{n} y_i^2 - \frac{1}{n}\left(\sum_{i=1}^{n} y_i\right)^2 \approx 513.028\ 6.$$

(3) 计算 $\hat{a},\hat{b}$:

$$\hat{b} = \frac{h_{xy}}{h_{xx}} = \frac{7\ 291.428\ 6}{108\ 571.428\ 6} \approx 0.067\ 158,$$

$$\hat{a} = \overline{y} - \hat{b}\overline{x} = 18.914\ 3 - 0.067\ 158 \times 355.714\ 3 \approx -4.974\ 8.$$

(4) 得到回归方程

$$\hat{y} = \hat{a} + \hat{b}x = -4.974\ 8 + 0.067\ 158 x.$$

(5) 在显著性水平 $\alpha = 0.01$ 下检验假设

$$H_0: b = 0;\quad H_1: b \neq 0.$$

选取检验统计量

$$F = \frac{U/1}{D/(n-2)} \sim F(1, n-2).$$

查表得拒绝域

$$F \geqslant F_{0.01}(1,5) = 16.26.$$

经计算可得

$$S = h_{yy} = 513.028\ 6,$$

$$U = \hat{b} h_{xy} = 0.067\ 158 \times 7\ 291.428\ 6 \approx 489.677\ 8,$$

$$D = S - U = 513.028\ 6 - 489.677\ 8 = 23.350\ 8.$$

列出方差分析表(见表 9.13).

表 9.13

来源	平方和	自由度	均方和	F 比
回归	489.677 8	1	489.677 8	104.852 5
剩余	23.350 8	5	4.670 16	
总计	513.028 6	6		

由于观测值 $104.8525 \gg 16.26$，因此拒绝原假设，即可以认为在显著性水平 $\alpha=0.01$ 下回归方程是高度显著的，利润与销售额之间呈线性关系，且关系式可表示为

$$\hat{y} = \hat{a} + \hat{b}x = -4.9748 + 0.067158x.$$

本 章 总 结

方差分析与回归分析
- 单因素方差分析
  - 基本假设
    - 独立性
    - 正态性
    - 方差齐性
  - 基本方法：偏差平方和等价变形分解
  - 模型
    - $X_{ij} = \mu_i + \varepsilon_{ij}(i=1,2,\cdots,r;j=1,2,\cdots,m)$
    - $\varepsilon_{ij} \sim N(0,\sigma^2)$
    - 各 ε_{ij} 相互独立，μ_i 和 σ^2 未知
- 一元线性回归
  - 基本方法：最小二乘法
  - 模型：$y = a + bx + \varepsilon$
- 多元线性回归
  - 基本方法：最小二乘法
  - 模型：$\boldsymbol{Y} = \boldsymbol{X\beta} + \boldsymbol{\varepsilon}$

习 题 九

以下各习题假设均符合该题涉及的方差分析或回归分析模型所要求的条件.

1. 为研究不同浓度的某种激素对白鼠体重的影响，随机选取了15只白鼠并分为5组，每组注射不同浓度的激素.试验结束后，记录下每只白鼠的最终体重（单位:g），如表 9.14 所示.分析不同浓度的激素对白鼠体重是否有显著影响.

表 9.14

组别	激素浓度	白鼠体重
1	低浓度	300,310,315
2	中等浓度	325,330,335
3	高浓度	340,345,350

续表

组别	激素浓度	白鼠体重
4	极高浓度	355,360,365
5	无激素(对照)	290,295,300

2. 有三家电池生产商同时生产了一批电池,但电池的质量存在一定的差异.现从每家生产商中随机选取了 30 节电池,测量其寿命(单位:h),数据如表 9.15 所示.通过方差分析判断这三家电池生产商生产的电池平均寿命是否相等.

表 9.15

生产商	平均寿命	标准差
A	140	20
B	130	15
C	150	25

3. 某服装公司研发了 4 种款式的连衣裙.为考察哪种款式最受消费者喜爱,公司对每种款式选择了 3 个繁华程度相似、经营规模相近的商场经销,经销方式基本相同,记录下每个商场的销售量(单位:百件)如表 9.16 所示.

表 9.16

款式类别	商场销售量		
A	13	18	15
B	12	13	14
C	19	25	26
D	25	30	28

假设各种款式的连衣裙销售量服从正态分布,且方差相等,试分析款式对销售量的影响是否显著(取显著性水平 $\alpha=0.05$).

4. 假设某化学元素的浓度 y(单位:%)与反应温度 x(单位:℃)之间存在某种相关关系,现在测得 5 对数据如表 9.17 所示,对 y 与 x 之间存在的相关关系做回归分析.

表 9.17

x	70	80	90	100	110
y	11.25	11.28	11.65	11.75	12.14

5. 为了研究儿子身高 y(单位:cm)与父亲身高 x(单位:cm)之间的关系,随机调查了 10 对父子的身高,得到数据如表 9.18 所示.

表 9.18

x	173	152	165	157	170	178	168	163	188	183
y	171	162	166	166	170	161	170	168	178	178

(1) 建立 y 与 x 之间的关系,并进行显著性检验(取显著性水平 $\alpha=0.05$).

(2) 给出 $x=x_0=175$,求 y_0 的置信水平为 0.95 的预测区间.

6. 简述方差分析的注意事项.

7. 一元线性回归和多元线性回归都是回归分析的方法,请阐述它们之间的区别和联系.

附 表

附表1 几种常用的概率分布

分 布	参 数	分布律或密度函数	数学期望	方 差
(0—1)分布	$0<p<1$	$P\{X=k\}=p^k(1-p)^{1-k}$, $k=0,1$	p	$p(1-p)$
二项分布	$n\geq 1$, $0<p<1$	$P\{X=k\}=C_n^k p^k(1-p)^{n-k}$, $k=0,1,2,\cdots,n$	np	$np(1-p)$
负二项分布	$r\geq 1$, $0<p<1$	$P\{X=k\}=C_{k-1}^{r-1}p^r(1-p)^{k-r}$, $k=r,r+1,\cdots$	$\dfrac{r}{p}$	$\dfrac{r(1-p)}{p^2}$
几何分布	$0<p<1$	$P\{X=k\}=p(1-p)^{k-1}$, $k=1,2,\cdots$	$\dfrac{1}{p}$	$\dfrac{1-p}{p^2}$
超几何分布	N,M,n $(M\leq N, n\leq M)$	$P\{X=k\}=\dfrac{C_M^k C_{N-M}^{n-k}}{C_N^n}$, $k=0,1,2,\cdots,n$	$\dfrac{nM}{N}$	$\dfrac{nM}{N}\left(1-\dfrac{M}{N}\right)\left(\dfrac{N-n}{N-1}\right)$
泊松分布	$\lambda>0$	$P\{X=k\}=\dfrac{\lambda^k e^{-\lambda}}{k!}$, $k=0,1,2,\cdots$	λ	λ
均匀分布	$a<b$	$f(x)=\begin{cases}\dfrac{1}{b-a}, & a<x<b \\ 0, & \text{其他}\end{cases}$	$\dfrac{a+b}{2}$	$\dfrac{(b-a)^2}{12}$
正态分布	μ 为实数, $\sigma>0$	$f(x)=\dfrac{1}{\sqrt{2\pi}\sigma}e^{-\frac{(x-\mu)^2}{2\sigma^2}}$	μ	σ^2
Γ 分布	$\alpha>0$, $\beta>0$	$f(x)=\begin{cases}\dfrac{1}{\beta^\alpha \Gamma(\alpha)}x^{\alpha-1}e^{-\frac{x}{\beta}}, & x>0 \\ 0, & \text{其他}\end{cases}$	$\alpha\beta$	$\alpha\beta^2$

续表

分 布	参 数	分布律或密度函数	数学期望	方 差
指数分布	$\theta > 0$	$f(x) = \begin{cases} \dfrac{1}{\theta} e^{-x/\theta}, & x > 0, \\ 0, & 其他 \end{cases}$	θ	θ^2
χ^2 分布	$n \geq 1$	$f(x) = \begin{cases} \dfrac{1}{2^{n/2} \Gamma(n/2)} x^{n/2-1} e^{-x/2}, & x > 0, \\ 0, & 其他 \end{cases}$	n	$2n$
威布尔分布	$\eta > 0,$ $\beta > 0$	$f(x) = \begin{cases} \dfrac{\beta}{\eta} \left(\dfrac{x}{\eta}\right)^{\beta-1} e^{-\left(\frac{x}{\eta}\right)^{\beta}}, & x > 0, \\ 0, & 其他 \end{cases}$	$\eta \Gamma\left(\dfrac{1}{\beta}+1\right)$	$\eta^2 \left\{ \Gamma\left(\dfrac{2}{\beta}+1\right) - \left[\Gamma\left(\dfrac{1}{\beta}+1\right)\right]^2 \right\}$
瑞利分布	$\sigma > 0$	$f(x) = \begin{cases} \dfrac{1}{\sigma^2} e^{-x^2/(2\sigma^2)}, & x > 0, \\ 0, & 其他 \end{cases}$	$\sqrt{\dfrac{\pi}{2}} \sigma$	$\dfrac{4-\pi}{2} \sigma^2$
β 分布	$\alpha > 0,$ $\beta > 0$	$f(x) = \begin{cases} \dfrac{\Gamma(\alpha+\beta)}{\Gamma(\alpha)\Gamma(\beta)} x^{\alpha-1}(1-x)^{\beta-1}, & 0 < x < 1, \\ 0, & 其他 \end{cases}$	$\dfrac{\alpha}{\alpha+\beta}$	$\dfrac{\alpha\beta}{(\alpha+\beta)^2(\alpha+\beta+1)}$
对数正态分布	μ 为实数, $\sigma > 0$	$f(x) = \begin{cases} \dfrac{1}{\sqrt{2\pi}\sigma x} e^{-\frac{(\ln x - \mu)^2}{2\sigma^2}}, & x > 0, \\ 0, & 其他 \end{cases}$	$e^{\mu + \frac{\sigma^2}{2}}$	$e^{2\mu+\sigma^2}(e^{\sigma^2}-1)$
柯西分布	a 为实数, $\lambda > 0$	$f(x) = \dfrac{1}{\pi} \dfrac{\lambda}{\lambda^2 + (x-a)^2}$	不存在	不存在
t 分布	$n \geq 1$	$f(x) = \dfrac{\Gamma\left(\dfrac{n+1}{2}\right)}{\sqrt{n\pi}\,\Gamma(n/2)} \left(1+\dfrac{x^2}{n}\right)^{-(n+1)/2}$	0	$\dfrac{n}{n-2}, n > 2$
F 分布	n_1, n_2	$f(x) = \begin{cases} \dfrac{\Gamma[(n_1+n_2)/2]}{\Gamma(n_1/2)\Gamma(n_2/2)} \left(\dfrac{n_1}{n_2}\right) \left(\dfrac{n_1}{n_2}x\right)^{\frac{n_1}{2}-1} \\ \quad \cdot \left(1+\dfrac{n_1}{n_2}x\right)^{-(n_1+n_2)/2}, & x > 0, \\ 0, & 其他 \end{cases}$	$\dfrac{n_2}{n_2-2},$ $n_2 > 2$	$\dfrac{2n_2^2(n_1+n_2-2)}{n_1(n_2-2)^2(n_2-4)}, n_2 > 4$

附表 2 标准正态分布表

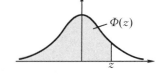

$$\Phi(z)=\int_{-\infty}^{z}\frac{1}{\sqrt{2\pi}}\mathrm{e}^{-u^2/2}\mathrm{d}u=P\{Z\leqslant z\}$$

z	0	1	2	3	4	5	6	7	8	9
0.0	0.500 0	0.504 0	0.508 0	0.512 0	0.516 0	0.519 9	0.523 9	0.527 9	0.531 9	0.535 9
0.1	0.539 8	0.543 8	0.547 8	0.551 7	0.555 7	0.559 6	0.563 6	0.567 5	0.571 4	0.575 3
0.2	0.579 3	0.583 2	0.587 1	0.591 0	0.594 8	0.598 7	0.602 6	0.606 4	0.610 3	0.614 1
0.3	0.617 9	0.621 7	0.625 5	0.629 3	0.633 1	0.636 8	0.640 6	0.644 3	0.648 0	0.651 7
0.4	0.655 4	0.659 1	0.662 8	0.666 4	0.670 0	0.673 6	0.677 2	0.680 8	0.684 4	0.687 9
0.5	0.691 5	0.695 0	0.698 5	0.701 9	0.705 4	0.708 8	0.712 3	0.715 7	0.719 0	0.722 4
0.6	0.725 7	0.729 1	0.732 4	0.735 7	0.738 9	0.742 2	0.745 4	0.748 6	0.751 7	0.754 9
0.7	0.758 0	0.761 1	0.764 2	0.767 3	0.770 3	0.773 4	0.776 4	0.779 4	0.782 3	0.785 2
0.8	0.788 1	0.791 0	0.793 9	0.796 7	0.799 5	0.802 3	0.805 1	0.807 8	0.810 6	0.813 3
0.9	0.815 9	0.818 6	0.821 2	0.823 8	0.826 4	0.828 9	0.831 5	0.834 0	0.836 5	0.838 9
1.0	0.841 3	0.843 8	0.846 1	0.848 5	0.850 8	0.853 1	0.855 4	0.857 7	0.859 9	0.862 1
1.1	0.864 3	0.866 5	0.868 6	0.870 8	0.872 9	0.874 9	0.877 0	0.879 0	0.881 0	0.883 0
1.2	0.884 9	0.886 9	0.888 8	0.890 7	0.892 5	0.894 4	0.896 2	0.898 0	0.899 7	0.901 5
1.3	0.903 2	0.904 9	0.906 6	0.908 2	0.909 9	0.911 5	0.913 1	0.914 7	0.916 2	0.917 7
1.4	0.919 2	0.920 7	0.922 2	0.923 6	0.925 1	0.926 5	0.927 8	0.929 2	0.930 6	0.931 9
1.5	0.933 2	0.934 5	0.935 7	0.937 0	0.938 2	0.939 4	0.940 6	0.941 8	0.943 0	0.944 1
1.6	0.945 2	0.946 3	0.947 4	0.948 4	0.949 5	0.950 5	0.951 5	0.952 5	0.953 5	0.954 5
1.7	0.955 4	0.956 4	0.957 3	0.958 2	0.959 1	0.959 9	0.960 8	0.961 6	0.962 5	0.963 3
1.8	0.964 1	0.964 8	0.965 6	0.966 4	0.967 1	0.967 8	0.968 6	0.969 3	0.970 0	0.970 6
1.9	0.971 3	0.971 9	0.972 6	0.973 2	0.973 8	0.974 4	0.975 0	0.975 6	0.976 2	0.976 7
2.0	0.977 2	0.977 8	0.978 3	0.978 8	0.979 3	0.979 8	0.980 3	0.980 8	0.981 2	0.981 7
2.1	0.982 1	0.982 6	0.983 0	0.983 4	0.983 8	0.984 2	0.984 6	0.985 0	0.985 4	0.985 7
2.2	0.986 1	0.986 4	0.986 8	0.987 1	0.987 4	0.987 8	0.988 1	0.988 4	0.988 7	0.989 0
2.3	0.989 3	0.989 6	0.989 8	0.990 1	0.990 4	0.990 6	0.990 9	0.991 1	0.991 3	0.991 6
2.4	0.991 8	0.992 0	0.992 2	0.992 5	0.992 7	0.992 9	0.993 1	0.993 2	0.993 4	0.993 6
2.5	0.993 8	0.994 0	0.994 1	0.994 3	0.994 5	0.994 6	0.994 8	0.994 9	0.995 1	0.995 2
2.6	0.995 3	0.995 5	0.995 6	0.995 7	0.995 9	0.996 0	0.996 1	0.996 2	0.996 3	0.996 4
2.7	0.996 5	0.996 6	0.996 7	0.996 8	0.996 9	0.997 0	0.997 1	0.997 2	0.997 3	0.997 4
2.8	0.997 4	0.997 5	0.997 6	0.997 7	0.997 7	0.997 8	0.997 9	0.997 9	0.998 0	0.998 1
2.9	0.998 1	0.998 2	0.998 2	0.998 3	0.998 4	0.998 4	0.998 5	0.998 5	0.998 6	0.998 6
3	0.998 65	0.999 03	0.999 31	0.999 52	0.999 66	0.999 77	0.999 84	0.999 89	0.999 93	0.999 95
4	0.999 968	0.999 979	0.999 987	0.999 991	0.999 995	0.999 997	0.999 998	0.999 999	0.999 999	1.000 000

注：表中末两行系函数值 $\Phi(3.0),\Phi(3.1),\cdots,\Phi(3.9);\Phi(4.0),\Phi(4.1),\cdots,\Phi(4.9)$.

附表 3　泊松分布表

$$P\{X \geq x\} = 1 - F(x-1) = \sum_{r=x}^{\infty} \frac{e^{-\lambda} \lambda^r}{r!}$$

x	$\lambda = 0.2$	$\lambda = 0.3$	$\lambda = 0.4$	$\lambda = 0.5$	$\lambda = 0.6$
0	1.000 000 0	1.000 000 0	1.000 000 0	1.000 000	1.000 000
1	0.181 269 2	0.259 181 8	0.329 680 0	0.393 469	0.451 188
2	0.017 523 1	0.036 936 3	0.061 551 9	0.090 204	0.121 901
3	0.001 148 5	0.003 599 5	0.007 926 3	0.014 388	0.023 115
4	0.000 056 8	0.000 265 8	0.000 776 3	0.001 752	0.003 358
5	0.000 002 3	0.000 015 8	0.000 061 2	0.000 172	0.000 394
6	0.000 000 1	0.000 000 8	0.000 004 0	0.000 014	0.000 039
7			0.000 000 2	0.000 001	0.000 003

x	$\lambda = 0.7$	$\lambda = 0.8$	$\lambda = 0.9$	$\lambda = 1.0$	$\lambda = 1.2$
0	1.000 000	1.000 000	1.000 000	1.000 000	1.000 000
1	0.503 415	0.550 671	0.593 430	0.632 121	0.698 806
2	0.155 805	0.191 208	0.227 518	0.264 241	0.337 373
3	0.034 142	0.047 423	0.062 857	0.080 301	0.120 513
4	0.005 753	0.009 080	0.013 459	0.018 988	0.033 769
5	0.000 786	0.001 411	0.002 344	0.003 660	0.007 746
6	0.000 090	0.000 184	0.000 343	0.000 594	0.001 500
7	0.000 009	0.000 021	0.000 043	0.000 083	0.000 251
8	0.000 001	0.000 002	0.000 005	0.000 010	0.000 037
9				0.000 001	0.000 005
10					0.000 001

x	$\lambda = 1.4$	$\lambda = 1.6$	$\lambda = 1.8$	$\lambda = 2.0$	$\lambda = 2.5$
0	1.000 000	1.000 000	1.000 000	1.000 000	1.000 000
1	0.753 403	0.798 103	0.834 701	0.864 665	0.917 915
2	0.408 167	0.475 069	0.537 163	0.593 994	0.712 703
3	0.166 502	0.216 642	0.269 379	0.323 324	0.456 187
4	0.053 725	0.078 813	0.108 708	0.142 877	0.242 424
5	0.014 253	0.023 682	0.036 407	0.052 653	0.108 822
6	0.003 201	0.006 040	0.010 378	0.016 564	0.042 021
7	0.000 622	0.001 336	0.002 569	0.004 534	0.014 187
8	0.000 107	0.000 260	0.000 562	0.001 097	0.004 247
9	0.000 016	0.000 045	0.000 110	0.000 237	0.001 140
10	0.000 002	0.000 007	0.000 019	0.000 046	0.000 277
11		0.000 001	0.000 003	0.000 008	0.000 062
12				0.000 001	0.000 013
13					0.000 020

续表

x	$\lambda=3.0$	$\lambda=3.5$	$\lambda=4.0$	$\lambda=4.5$	$\lambda=5.0$
0	1.000 000	1.000 000	1.000 000	1.000 000	1.000 000
1	0.950 213	0.969 803	0.981 684	0.988 891	0.993 262
2	0.800 852	0.864 112	0.908 422	0.938 901	0.959 572
3	0.576 810	0.679 153	0.761 897	0.826 422	0.875 348
4	0.352 768	0.463 367	0.566 530	0.657 704	0.734 974
5	0.184 737	0.274 555	0.371 163	0.467 896	0.559 507
6	0.083 918	0.142 386	0.214 870	0.297 070	0.384 039
7	0.033 509	0.065 288	0.110 674	0.168 949	0.237 817
8	0.011 905	0.026 739	0.051 134	0.086 586	0.133 372
9	0.003 803	0.009 874	0.021 363	0.040 257	0.068 094
10	0.001 102	0.003 315	0.008 132	0.017 093	0.031 828
11	0.000 292	0.001 019	0.002 840	0.006 669	0.013 695
12	0.000 071	0.000 289	0.000 915	0.002 404	0.005 453
13	0.000 016	0.000 076	0.000 274	0.000 805	0.002 019
14	0.000 003	0.000 019	0.000 076	0.000 252	0.000 698
15	0.000 001	0.000 004	0.000 020	0.000 074	0.000 226
16		0.000 001	0.000 005	0.000 020	0.000 069
17			0.000 001	0.000 005	0.000 020
18				0.000 001	0.000 005
19					0.000 001

附表4 χ^2 分布表

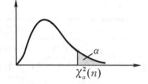

$$P\{\chi^2(n) > \chi^2_\alpha(n)\} = \alpha$$

n	$\alpha=0.995$	$\alpha=0.99$	$\alpha=0.975$	$\alpha=0.95$	$\alpha=0.90$	$\alpha=0.75$
1	—	—	0.001	0.004	0.016	0.102
2	0.010	0.020	0.051	0.103	0.211	0.575
3	0.072	0.115	0.216	0.352	0.584	1.213
4	0.207	0.297	0.484	0.711	1.064	1.923
5	0.412	0.554	0.831	1.145	1.610	2.675
6	0.676	0.872	1.237	1.635	2.204	3.455
7	0.989	1.239	1.690	2.167	2.833	4.255
8	1.344	1.646	2.180	2.733	3.490	5.071
9	1.735	2.088	2.700	3.325	4.168	5.899
10	2.156	2.558	3.247	3.940	4.865	6.737
11	2.603	3.053	3.816	4.575	5.578	7.584
12	3.074	3.571	4.404	5.226	6.034	8.438
13	3.565	4.107	5.009	5.892	7.042	9.299
14	4.075	4.660	5.629	6.571	7.790	10.165
15	4.601	5.229	6.262	7.261	8.547	11.037
16	5.142	5.812	6.908	7.962	9.312	11.912
17	5.697	6.408	7.564	8.672	10.085	12.792
18	6.265	7.015	8.231	9.390	10.865	13.675
19	6.844	7.633	8.907	10.117	11.651	14.562
20	7.434	8.260	9.591	10.851	12.443	15.452
21	8.034	8.897	10.283	11.591	13.240	16.344
22	8.643	9.542	10.982	12.338	14.042	17.240
23	9.260	10.196	11.689	13.091	14.848	18.137
24	9.886	10.856	12.401	13.848	15.659	19.037
25	10.520	11.524	13.120	14.611	16.473	19.939
26	11.160	12.198	13.844	15.379	17.292	20.843
27	11.808	12.879	14.573	16.151	18.114	21.749
28	12.461	13.565	15.308	16.928	18.939	22.657
29	13.121	14.257	16.047	17.708	19.768	23.567
30	13.787	14.954	16.791	18.493	20.599	24.478
31	14.458	15.655	17.539	19.281	21.434	25.390
32	15.134	16.362	18.291	20.072	22.271	26.304
33	15.815	17.074	19.047	20.867	23.110	27.219
34	16.501	17.789	19.806	21.664	23.952	28.136
35	17.192	18.509	20.569	22.465	24.797	29.054
36	17.887	19.233	21.336	23.269	25.643	29.973
37	18.586	19.960	22.106	24.075	26.492	30.893
38	19.289	20.691	22.878	24.884	27.343	31.815
39	19.996	21.426	23.654	25.695	28.196	32.737
40	20.707	22.164	24.433	26.509	29.051	33.660
41	21.421	22.906	25.215	27.326	29.907	34.585
42	22.138	23.650	25.999	28.144	30.765	35.510
43	22.859	24.398	26.785	28.965	31.625	36.436
44	23.584	25.148	27.575	29.787	32.487	37.363
45	24.311	25.901	28.366	30.612	33.350	38.291

续表

n	$\alpha=0.25$	$\alpha=0.10$	$\alpha=0.05$	$\alpha=0.025$	$\alpha=0.01$	$\alpha=0.005$
1	1.323	2.706	3.841	5.024	6.635	7.879
2	2.773	4.605	5.991	7.378	9.210	10.597
3	4.108	6.251	7.815	9.348	11.345	12.838
4	5.385	7.779	9.488	11.143	13.277	14.860
5	6.626	9.236	11.071	12.833	15.086	16.750
6	7.841	10.645	12.592	14.449	16.812	18.548
7	9.037	12.017	14.067	16.013	18.475	20.278
8	10.219	13.362	15.507	17.535	20.090	21.955
9	11.389	14.684	16.919	19.023	21.666	23.589
10	12.549	15.987	18.307	20.483	23.209	25.188
11	13.701	17.275	19.675	21.920	24.725	26.757
12	14.845	18.549	21.026	23.337	26.217	28.299
13	15.984	19.812	22.362	24.736	27.688	29.819
14	17.117	21.064	23.685	26.119	29.141	31.319
15	18.245	22.307	24.996	27.488	30.578	32.801
16	19.369	23.542	26.296	28.845	32.000	34.267
17	20.489	24.769	27.587	30.191	33.409	35.718
18	21.605	25.989	28.869	31.526	34.805	37.156
19	22.718	27.204	30.144	32.852	36.191	38.582
20	23.828	28.412	31.410	34.170	37.566	39.997
21	24.935	29.615	32.671	35.479	38.932	41.401
22	26.039	30.813	33.924	36.781	40.289	42.796
23	27.141	32.007	35.172	38.076	41.638	44.181
24	28.241	33.196	36.415	39.364	42.980	45.559
25	29.339	34.382	37.652	40.646	44.314	46.928
26	30.435	35.563	38.885	41.923	45.642	48.290
27	31.528	36.741	40.113	43.194	46.963	49.645
28	32.620	37.916	41.337	44.461	48.278	50.993
29	33.711	39.087	42.557	45.722	49.588	52.336
30	34.800	40.256	43.773	46.979	50.892	53.672
31	35.887	41.422	44.985	48.232	52.191	55.003
32	36.973	42.585	46.194	49.480	53.486	56.328
33	38.058	43.745	47.400	50.725	54.776	57.648
34	39.141	44.903	48.602	51.966	56.061	58.964
35	40.223	46.059	49.802	53.203	57.342	60.275
36	41.304	47.212	50.998	54.437	58.619	61.581
37	43.383	48.363	52.192	55.668	59.892	62.883
38	43.462	49.513	53.384	56.896	61.162	64.181
39	44.539	50.660	54.572	58.120	62.428	65.476
40	45.616	51.805	55.758	59.342	63.691	66.766
41	46.692	52.949	56.942	60.561	64.950	68.053
42	47.766	54.090	58.124	61.777	66.206	69.336
43	48.840	55.230	59.304	62.990	67.459	70.616
44	49.913	56.369	60.481	64.201	68.710	71.893
45	50.985	57.505	61.656	65.410	69.957	73.166

附表5　t 分布表

$$P\{t(n) > t_\alpha(n)\} = \alpha$$

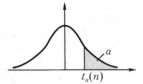

n	α = 0.25	α = 0.10	α = 0.05	α = 0.025	α = 0.01	α = 0.005
1	1.0000	3.0777	6.3138	12.7062	31.8207	63.6574
2	0.8165	1.8856	2.9200	4.3027	6.9646	9.9248
3	0.7649	1.6377	2.3534	3.1824	4.5407	5.8409
4	0.7407	1.5332	2.1318	2.7764	3.7469	4.6041
5	0.7267	1.4759	2.0150	2.5706	3.3649	4.0322
6	0.7176	1.4398	1.9432	2.4469	3.1427	3.7074
7	0.7111	1.4149	1.8946	2.3646	2.9980	3.4995
8	0.7064	1.3968	1.8595	2.3060	2.8965	3.3554
9	0.7027	1.3830	1.8331	2.2622	2.8214	3.2498
10	0.6998	1.3722	1.8125	2.2281	2.7638	3.1693
11	0.6974	1.3634	1.7959	2.2010	2.7181	3.1058
12	0.6955	1.3562	1.7823	2.1788	2.6810	3.0545
13	0.6938	1.3502	1.7709	2.1604	2.6503	3.0123
14	0.6924	1.3450	1.7613	2.1448	2.6245	2.9768
15	0.6912	1.3406	1.7531	2.1315	2.6025	2.9467
16	0.6901	1.3368	1.7459	2.1199	2.5835	2.9208
17	0.6892	1.3334	1.7396	2.1098	2.5669	2.8982
18	0.6884	1.3304	1.7341	2.1009	2.5524	2.8784
19	0.6876	1.3277	1.7291	2.0930	2.5395	2.8609
20	0.6870	1.3253	1.7247	2.0860	2.5280	2.8453
21	0.6864	1.3232	1.7207	2.0796	2.5177	2.8314
22	0.6858	1.3212	1.7171	2.0739	2.5083	2.8188
23	0.6853	1.3195	1.7139	2.0687	2.4999	2.8073
24	0.6848	1.3178	1.7109	2.0639	2.4922	2.7969
25	0.6844	1.3163	1.7081	2.0595	2.4851	2.7874
26	0.6840	1.3150	1.7056	2.0555	2.4786	2.7787
27	0.6837	1.3137	1.7033	2.0518	2.4727	2.7707
28	0.6834	1.3125	1.7011	2.0484	2.4671	2.7633
29	0.6830	1.3114	1.6991	2.0452	2.4620	2.7564
30	0.6828	1.3104	1.6973	2.0423	2.4573	2.7500
31	0.6825	1.3095	1.6955	2.0395	2.4528	2.7440
32	0.6822	1.3086	1.6939	2.0369	2.4487	2.7385
33	0.6820	1.3077	1.6924	2.0345	2.4448	2.7333
34	0.6818	1.3070	1.6909	2.0322	2.4411	2.7284
35	0.6816	1.3062	1.6896	2.0301	2.4377	2.7238
36	0.6814	1.3055	1.6883	2.0281	2.4345	2.7195
37	0.6812	1.3049	1.6871	2.0262	2.4314	2.7154
38	0.6810	1.3042	1.6860	2.0244	2.4286	2.7116
39	0.6808	1.3036	1.6849	2.0227	2.4258	2.7079
40	0.6807	1.3031	1.6839	2.0211	2.4233	2.7045
41	0.6805	1.3025	1.6829	2.0195	2.4208	2.7012
42	0.6804	1.3020	1.6820	2.0181	2.4185	2.6981
43	0.6802	1.3016	1.6811	2.0167	2.4163	2.6951
44	0.6801	1.3011	1.6802	2.0154	2.4141	2.6923
45	0.6800	1.3006	1.6794	2.0141	2.4121	2.6896

附表6 F 分布表

$$P\{F(m,n) > F_\alpha(m,n)\} = \alpha$$

$\alpha = 0.10$

n\m	1	2	3	4	5	6	7	8	9	10	12	15	20	24	30	40	60	120	∞
1	39.86	49.50	53.59	55.83	57.24	58.20	58.91	59.44	59.86	60.19	60.71	61.22	61.74	62.00	62.26	62.53	62.79	63.06	63.33
2	8.53	9.00	9.16	9.24	9.29	9.33	9.35	9.37	9.38	9.39	9.41	9.42	9.44	9.45	9.46	9.47	9.47	9.48	9.49
3	5.54	5.46	5.39	5.34	5.31	5.28	5.27	5.25	5.24	5.23	5.22	5.20	5.18	5.18	5.17	5.16	5.15	5.14	5.13
4	4.54	4.32	4.19	4.11	4.05	4.01	3.98	3.95	3.94	3.92	3.90	3.87	3.84	3.83	3.82	3.80	3.79	3.78	3.76
5	4.06	3.78	3.62	3.52	3.45	3.40	3.37	3.34	3.32	3.30	3.27	3.24	3.21	3.19	3.17	3.16	3.14	3.12	3.10
6	3.78	3.46	3.29	3.18	3.11	3.05	3.01	2.98	2.96	2.94	2.90	2.87	2.84	2.82	2.80	2.78	2.76	2.74	2.72
7	3.59	3.26	3.07	2.96	2.88	2.83	2.78	2.75	2.72	2.70	2.67	2.63	2.59	2.58	2.56	2.54	2.51	2.49	2.47
8	3.46	3.11	2.92	2.81	2.73	2.67	2.62	2.59	2.56	2.54	2.50	2.46	2.42	2.40	2.38	2.36	2.34	2.32	2.29
9	3.36	3.01	2.81	2.69	2.61	2.55	2.51	2.47	2.44	2.42	2.38	2.34	2.30	2.28	2.25	2.23	2.21	2.18	2.16
10	3.29	2.92	2.73	2.61	2.52	2.46	2.41	2.38	2.35	2.32	2.28	2.24	2.20	2.18	2.16	2.13	2.11	2.08	2.06
11	3.23	2.86	2.66	2.54	2.45	2.39	2.34	2.30	2.27	2.25	2.21	2.17	2.12	2.10	2.08	2.05	2.03	2.00	1.97
12	3.18	2.81	2.61	2.48	2.39	2.33	2.28	2.24	2.21	2.19	2.15	2.10	2.06	2.04	2.01	1.99	1.96	1.93	1.90
13	3.14	2.76	2.56	2.43	2.35	2.28	2.23	2.20	2.16	2.14	2.10	2.05	2.01	1.98	1.96	1.93	1.90	1.88	1.85
14	3.10	2.73	2.52	2.39	2.31	2.24	2.19	2.15	2.12	2.10	2.05	2.01	1.96	1.94	1.91	1.89	1.86	1.83	1.80
15	3.07	2.70	2.49	2.36	2.27	2.21	2.16	2.12	2.09	2.06	2.02	1.97	1.92	1.90	1.87	1.85	1.82	1.79	1.76
16	3.05	2.67	2.46	2.33	2.24	2.18	2.13	2.09	2.06	2.03	1.99	1.94	1.89	1.87	1.84	1.81	1.78	1.75	1.72
17	3.03	2.64	2.44	2.31	2.22	2.15	2.10	2.06	2.03	2.00	1.96	1.91	1.86	1.84	1.81	1.78	1.75	1.72	1.69
18	3.01	2.62	2.42	2.29	2.20	2.13	2.08	2.04	2.00	1.98	1.93	1.89	1.84	1.81	1.78	1.75	1.72	1.69	1.66
19	2.99	2.61	2.40	2.27	2.18	2.11	2.06	2.02	1.98	1.96	1.91	1.86	1.81	1.79	1.76	1.73	1.70	1.67	1.63

续表

n \ m	1	2	3	4	5	6	7	8	9	10	12	15	20	24	30	40	60	120	∞
20	2.97	2.59	2.38	2.25	2.16	2.09	2.04	2.00	1.96	1.94	1.89	1.84	1.79	1.77	1.74	1.71	1.68	1.64	1.61
21	2.96	2.57	2.36	2.23	2.14	2.08	2.02	1.98	1.95	1.92	1.87	1.83	1.78	1.75	1.72	1.69	1.66	1.62	1.59
22	2.95	2.56	2.35	2.22	2.13	2.06	2.01	1.97	1.93	1.90	1.86	1.81	1.76	1.73	1.70	1.67	1.64	1.60	1.57
23	2.94	2.55	2.34	2.21	2.11	2.05	1.99	1.95	1.92	1.89	1.84	1.80	1.74	1.72	1.69	1.66	1.62	1.59	1.55
24	2.93	2.54	2.33	2.19	2.10	2.04	1.98	1.94	1.91	1.88	1.83	1.78	1.73	1.70	1.67	1.64	1.61	1.57	1.53
25	2.92	2.53	2.32	2.18	2.09	2.02	1.97	1.93	1.89	1.87	1.82	1.77	1.72	1.69	1.66	1.63	1.59	1.56	1.52
26	2.91	2.52	2.31	2.17	2.08	2.01	1.96	1.92	1.88	1.86	1.81	1.76	1.71	1.68	1.65	1.61	1.58	1.54	1.50
27	2.90	2.51	2.30	2.17	2.07	2.00	1.95	1.91	1.87	1.85	1.80	1.75	1.70	1.67	1.64	1.60	1.57	1.53	1.49
28	2.89	2.50	2.29	2.16	2.06	2.00	1.94	1.90	1.87	1.84	1.79	1.74	1.69	1.66	1.63	1.59	1.56	1.52	1.48
29	2.89	2.50	2.28	2.15	2.06	1.99	1.93	1.89	1.86	1.83	1.78	1.73	1.68	1.65	1.62	1.58	1.55	1.51	1.47
30	2.88	2.49	2.28	2.14	2.05	1.98	1.93	1.88	1.85	1.82	1.77	1.72	1.67	1.64	1.61	1.57	1.54	1.50	1.46
40	2.84	2.44	2.23	2.09	2.00	1.93	1.87	1.83	1.79	1.76	1.71	1.66	1.61	1.57	1.54	1.51	1.47	1.42	1.38
60	2.79	2.39	2.18	2.04	1.95	1.87	1.82	1.77	1.74	1.71	1.66	1.60	1.54	1.51	1.48	1.44	1.40	1.35	1.29
120	2.75	2.35	2.13	1.99	1.90	1.82	1.77	1.72	1.68	1.65	1.60	1.55	1.48	1.45	1.41	1.37	1.32	1.26	1.19
∞	2.71	2.30	2.08	1.94	1.85	1.77	1.72	1.67	1.63	1.60	1.55	1.49	1.42	1.38	1.34	1.30	1.24	1.17	1.00

续表

$\alpha = 0.05$

n\m	1	2	3	4	5	6	7	8	9	10	12	15	20	24	30	40	60	120	∞
1	161.4	199.5	215.7	224.6	230.2	234.0	236.8	238.9	240.5	241.9	243.9	245.9	248.0	249.4	250.1	251.1	252.2	253.3	254.3
2	18.51	19.00	19.16	19.25	19.30	19.33	19.35	19.37	19.38	19.40	19.41	19.43	19.45	19.45	19.46	19.47	19.48	19.49	19.50
3	10.13	9.55	9.28	9.12	9.01	8.94	8.89	8.85	8.81	8.79	8.74	8.70	8.66	8.64	8.62	8.59	8.57	8.55	8.53
4	7.71	6.94	6.59	6.39	6.26	6.16	6.09	6.04	6.00	5.96	5.91	5.86	5.80	5.77	5.75	5.72	5.69	5.66	5.63
5	6.61	5.79	5.41	5.19	5.05	4.95	4.88	4.82	4.77	4.74	4.68	4.62	4.56	4.53	4.50	4.46	4.43	4.40	4.36
6	5.99	5.14	4.76	4.53	4.39	4.28	4.21	4.15	4.10	4.06	4.00	3.94	3.87	3.84	3.81	3.77	3.74	3.70	3.67
7	5.59	4.74	4.35	4.12	3.97	3.87	3.79	3.73	3.68	3.64	3.57	3.51	3.44	3.41	3.38	3.34	3.30	3.27	3.23
8	5.32	4.46	4.07	3.84	3.69	3.58	3.50	3.44	3.39	3.35	3.28	3.22	3.15	3.12	3.08	3.04	3.01	2.97	2.93
9	5.12	4.26	3.86	3.63	3.48	3.37	3.29	3.23	3.18	3.14	3.07	3.01	2.94	2.90	2.86	2.83	2.79	2.75	2.71
10	4.96	4.10	3.71	3.48	3.33	3.22	3.14	3.07	3.02	2.98	2.91	2.85	2.77	2.74	2.70	2.66	2.62	2.58	2.54
11	4.84	3.98	3.59	3.36	3.20	3.09	3.01	2.95	2.90	2.85	2.79	2.72	2.65	2.61	2.57	2.53	2.49	2.45	2.40
12	4.75	3.89	3.49	3.26	3.11	3.00	2.91	2.85	2.80	2.75	2.69	2.62	2.54	2.51	2.47	2.43	2.38	2.34	2.30
13	4.67	3.81	3.41	3.18	3.03	2.92	2.83	2.77	2.71	2.67	2.60	2.53	2.46	2.42	2.38	2.34	2.30	2.25	2.21
14	4.60	3.74	3.34	3.11	2.96	2.85	2.76	2.70	2.65	2.60	2.53	2.46	2.39	2.35	2.31	2.27	2.22	2.18	2.13
15	4.54	3.68	3.29	3.06	2.90	2.79	2.71	2.64	2.59	2.54	2.48	2.40	2.33	2.29	2.25	2.20	2.16	2.11	2.07
16	4.49	3.63	3.24	3.01	2.85	2.74	2.66	2.659	2.54	2.49	2.42	2.35	2.28	2.24	2.19	2.15	2.11	2.06	2.01
17	4.45	3.59	3.20	2.96	2.81	2.70	2.61	2.55	2.49	2.45	2.38	2.31	2.23	2.19	2.15	2.10	2.06	2.01	1.96
18	4.41	3.55	3.16	2.93	2.77	2.66	2.58	2.51	2.46	2.41	2.34	2.27	2.19	2.15	2.11	2.06	2.02	1.97	1.92
19	4.38	3.52	3.13	2.90	2.74	2.63	2.54	2.48	2.42	2.38	2.31	2.23	2.16	2.11	2.07	2.03	1.98	1.93	1.88
20	4.35	3.49	3.10	2.87	2.71	2.60	2.51	2.45	2.39	2.35	2.28	2.20	2.12	2.08	2.04	1.99	1.95	1.90	1.84
21	4.32	3.47	3.07	2.84	2.68	2.57	2.49	2.42	2.37	2.32	2.25	2.18	2.10	2.05	2.01	1.96	1.92	1.87	1.81
22	4.30	3.44	3.05	2.82	2.66	2.55	2.46	2.40	2.34	2.30	2.23	2.15	2.07	2.03	1.98	1.94	1.89	1.84	1.78
23	4.28	3.42	3.03	2.80	2.64	2.53	2.44	2.37	2.32	2.27	2.20	2.13	2.05	2.01	1.96	1.91	1.86	1.81	1.76
24	4.26	3.40	3.01	2.78	2.62	2.51	2.42	2.36	2.30	2.25	2.18	2.11	2.03	1.98	1.94	1.89	1.84	1.79	1.73

续表

n \ m	1	2	3	4	5	6	7	8	9	10	12	15	20	24	30	40	60	120	∞
25	4.24	3.39	2.99	2.76	2.60	2.49	2.40	2.34	2.28	2.24	2.16	2.09	2.01	1.96	1.92	1.87	1.82	1.77	1.71
26	4.23	3.37	2.98	2.74	2.59	2.47	2.39	2.32	2.27	2.22	2.15	2.07	1.99	1.95	1.90	1.85	1.80	1.75	1.69
27	4.21	3.35	2.96	2.73	2.57	2.46	2.37	2.31	2.25	2.20	2.13	2.06	1.97	1.93	1.88	1.84	1.79	1.73	1.67
28	4.20	3.34	2.95	2.71	2.56	2.45	2.36	2.29	2.24	2.19	2.12	2.04	1.96	1.91	1.87	1.82	1.77	1.71	1.65
29	4.18	3.33	2.93	2.70	2.55	2.43	2.35	2.28	2.22	2.18	2.10	2.03	1.94	1.90	1.85	1.81	1.75	1.70	1.64
30	4.17	3.32	2.92	2.69	2.53	2.42	2.33	2.27	2.21	2.16	2.09	2.01	1.93	1.89	1.84	1.79	1.74	1.68	1.62
40	4.08	3.23	2.84	2.61	2.45	2.34	2.25	2.18	2.12	2.08	2.00	1.92	1.84	1.79	1.74	1.69	1.64	1.58	1.51
60	4.00	3.15	2.76	2.53	2.37	2.25	2.17	2.10	2.04	1.99	1.92	1.84	1.75	1.70	1.65	1.59	1.53	1.47	1.39
120	3.92	3.07	2.68	2.45	2.29	2.17	2.09	2.02	1.96	1.91	1.83	1.75	1.66	1.61	1.55	1.50	1.43	1.35	1.25
∞	3.84	3.00	2.60	2.37	2.21	2.10	2.01	1.94	1.88	1.83	1.75	1.67	1.57	1.52	1.46	1.39	1.32	1.22	1.00

续表

$\alpha = 0.025$

n \ m	1	2	3	4	5	6	7	8	9	10	12	15	20	24	30	40	60	120	∞
1	647.8	799.5	864.2	899.6	921.8	937.1	948.2	956.7	963.3	368.6	976.7	984.9	993.1	997.2	1 001	1 006	1 010	1 014	1 018
2	38.51	39.00	39.17	39.25	39.30	39.33	39.36	39.37	39.39	39.40	39.41	39.43	39.45	39.46	39.46	39.47	39.48	39.49	39.50
3	17.44	16.04	15.44	15.10	14.88	14.73	14.62	14.54	14.47	14.42	14.34	14.25	14.17	14.12	14.08	14.04	13.99	13.95	13.90
4	12.22	10.65	9.98	9.60	9.36	9.20	9.07	8.98	8.90	8.84	8.75	8.66	8.56	8.51	8.46	8.41	8.36	8.31	8.26
5	10.01	8.43	7.76	7.39	7.15	6.98	6.85	6.76	6.68	6.62	6.52	6.43	6.33	6.28	6.23	6.18	6.12	6.07	6.02
6	8.81	7.26	6.60	6.23	5.99	5.82	5.70	5.60	5.52	5.46	5.37	5.27	5.17	5.12	5.07	5.01	4.96	4.90	4.85
7	8.07	6.54	5.89	5.52	5.29	5.12	4.99	4.90	4.82	4.76	4.67	4.57	4.47	4.42	4.36	4.31	4.25	4.20	4.14
8	7.57	6.06	5.42	5.05	4.82	4.65	4.53	4.43	4.36	4.30	4.20	4.10	4.00	3.95	3.89	3.84	3.78	3.73	3.67
9	7.21	5.71	5.08	4.72	4.48	4.23	4.20	4.10	4.03	3.96	3.87	3.77	3.67	3.61	3.56	3.51	3.45	3.39	3.33
10	6.94	5.46	4.83	4.47	4.24	4.07	3.95	3.85	3.78	3.72	3.62	3.52	3.42	3.37	3.31	3.26	3.20	3.14	3.08
11	6.72	5.26	4.63	4.28	4.04	3.88	3.76	3.66	3.59	3.53	3.43	3.33	3.23	3.17	3.12	3.06	3.00	2.94	2.88
12	6.55	5.10	4.47	4.12	3.89	3.73	3.61	3.51	3.44	3.37	3.28	3.18	3.07	3.02	2.96	2.91	2.85	2.79	2.72
13	6.41	4.97	4.35	4.00	3.77	3.60	3.48	3.39	3.31	3.25	3.15	3.05	2.95	2.89	2.84	2.78	2.72	2.66	2.60
14	6.30	4.86	4.24	3.89	3.66	3.50	3.38	3.29	3.21	3.15	3.05	2.95	2.84	2.79	2.73	2.67	2.61	2.55	2.49
15	6.20	4.77	4.15	3.80	3.58	3.41	3.29	3.20	3.12	3.06	2.96	2.86	2.76	2.70	2.64	2.59	2.52	2.46	2.40
16	6.12	4.69	4.08	3.73	3.50	3.34	3.22	3.12	3.05	2.99	2.89	2.79	2.68	2.63	2.57	2.51	2.45	2.38	2.32
17	6.04	4.62	4.01	3.66	3.44	3.28	3.16	3.06	2.98	2.92	2.82	2.72	2.62	2.56	2.50	2.44	2.38	2.32	2.25
18	5.98	4.56	3.95	3.61	3.38	3.22	3.10	3.01	2.93	2.87	2.77	2.67	2.56	2.50	2.44	2.38	2.32	2.26	2.19
19	5.92	4.51	3.90	3.56	3.33	3.17	3.05	2.96	2.88	2.82	2.72	2.62	2.51	2.45	2.39	2.33	2.27	2.20	2.13
20	5.87	4.46	3.86	3.51	3.29	3.13	3.01	2.91	2.84	2.77	2.68	2.57	2.46	2.41	2.35	2.29	2.22	2.16	2.09
21	5.83	4.42	3.82	3.48	3.25	3.09	2.97	2.87	2.80	2.73	2.64	2.53	2.42	2.37	2.31	2.25	2.18	2.11	2.04
22	5.79	4.38	3.78	3.44	3.22	3.05	2.93	2.84	2.76	2.70	2.60	2.50	2.39	2.33	2.27	2.21	2.14	2.08	2.00
23	5.75	4.35	3.75	3.41	3.18	3.02	2.90	2.81	2.73	2.67	2.57	2.47	2.36	2.30	2.24	2.18	2.11	2.04	1.97
24	5.72	4.32	3.72	3.38	3.15	2.99	2.87	2.78	2.70	2.64	2.54	2.44	2.33	2.27	2.21	2.15	2.08	2.01	1.94

续表

n \ m	1	2	3	4	5	6	7	8	9	10	12	15	20	24	30	40	60	120	∞
25	5.69	4.29	3.69	3.35	3.13	2.97	2.85	2.75	2.68	2.61	2.51	2.41	2.30	2.24	2.18	2.12	2.05	1.98	1.91
26	5.66	4.27	3.67	3.33	3.10	2.94	2.82	2.73	2.65	2.59	2.49	2.39	2.28	2.22	2.16	2.09	2.03	1.95	1.88
27	5.63	4.24	3.65	3.31	3.08	2.92	2.80	2.71	2.63	2.57	2.47	2.36	2.25	2.19	2.13	2.07	2.00	1.93	1.85
28	5.61	4.22	3.63	3.29	3.06	2.90	2.78	2.69	2.61	2.55	2.45	2.34	2.23	2.17	2.11	2.05	1.98	1.91	1.83
29	5.59	4.20	3.61	3.27	3.04	2.88	2.76	2.67	2.59	2.53	2.43	2.32	2.21	2.15	2.09	2.03	1.96	1.89	1.81
30	5.57	4.18	3.59	3.25	3.03	2.87	2.75	2.65	2.57	2.51	2.41	2.31	2.20	2.14	2.07	2.01	1.94	1.87	1.79
40	5.42	4.05	3.46	3.13	2.90	2.74	2.62	2.53	2.45	2.39	2.29	2.18	2.07	2.01	1.94	1.88	1.80	1.72	1.64
60	5.29	3.93	3.34	3.01	2.79	2.63	2.51	2.41	2.33	2.27	2.17	2.06	1.94	1.88	1.82	1.74	1.67	1.58	1.48
120	5.15	3.80	3.23	2.89	2.67	2.52	2.39	2.30	2.22	2.16	2.05	1.94	1.82	1.76	1.69	1.61	1.53	1.43	1.31
∞	5.02	3.69	3.12	2.79	2.57	2.41	2.29	2.19	2.11	2.05	1.94	1.83	1.71	1.64	1.57	1.48	1.39	1.27	1.00

续表

$\alpha = 0.01$

n \ m	1	2	3	4	5	6	7	8	9	10	12	15	20	24	30	40	60	120	∞
1	4 052	4 999.5	5 403	5 625	5 764	5 859	5 928	5 982	6 022	6 056	6 106	6 157	6 209	6 235	6 261	6 287	6 313	6 339	6 366
2	98.50	99.00	99.17	99.25	99.30	99.33	99.36	99.37	99.39	99.40	99.42	99.43	99.45	99.46	99.47	99.47	99.48	99.49	99.50
3	34.12	30.82	29.46	28.71	28.24	27.91	27.67	27.49	27.35	27.23	27.05	26.87	26.69	26.60	26.50	26.41	26.32	26.22	26.13
4	21.20	18.00	16.69	15.98	15.52	15.21	14.98	14.80	14.66	14.55	14.37	14.20	14.02	13.93	13.84	13.75	13.65	13.56	13.46
5	16.26	13.27	12.06	11.39	10.97	10.67	10.46	10.29	10.16	10.05	9.89	9.72	9.55	9.47	9.38	9.29	9.20	9.11	9.02
6	13.75	10.92	9.78	9.15	8.75	8.47	8.26	8.10	7.98	7.87	7.72	7.56	7.40	7.31	7.23	7.14	7.06	6.97	6.88
7	12.25	9.55	8.45	7.85	7.46	7.19	6.99	6.84	6.72	6.62	6.47	6.31	6.16	6.07	5.99	5.91	5.82	5.74	5.65
8	11.26	8.65	7.59	7.01	6.63	6.37	6.18	6.03	5.91	5.81	5.67	5.52	5.36	5.28	5.20	5.12	5.03	4.95	4.86
9	10.56	8.02	6.99	6.42	6.06	5.80	5.61	5.47	5.35	5.26	5.11	4.96	4.81	4.73	4.65	4.57	4.48	4.40	4.31
10	10.04	7.56	6.55	5.99	5.64	5.39	5.20	5.06	4.94	4.85	4.71	4.56	4.41	4.33	4.25	4.17	4.08	4.00	3.91
11	9.65	7.21	6.22	5.67	5.32	5.07	4.89	4.74	4.63	4.54	4.40	4.25	4.10	4.02	3.94	3.86	3.78	3.69	3.60
12	9.33	6.93	5.95	5.41	5.06	4.82	4.64	4.50	4.39	4.30	4.16	4.01	3.86	3.78	3.70	3.62	3.54	3.45	3.36
13	9.07	6.70	5.74	5.21	4.86	4.62	4.44	4.30	4.19	4.10	3.96	3.82	3.66	3.59	3.51	3.43	3.34	3.25	3.17
14	8.86	6.51	5.56	5.04	4.69	4.46	4.28	4.14	4.03	3.94	3.80	3.66	3.51	3.43	3.35	3.27	3.18	3.09	3.00
15	8.68	6.36	5.42	4.89	4.56	4.32	4.14	4.00	3.89	3.80	3.67	3.52	3.37	3.29	3.21	3.13	3.05	2.96	2.87
16	8.53	6.23	5.29	4.77	4.44	4.20	4.03	3.89	3.78	3.69	3.55	3.41	3.26	3.18	3.10	3.02	2.93	2.84	2.75
17	8.40	6.11	5.18	4.67	4.34	4.10	3.93	3.79	3.68	3.59	3.46	3.31	3.16	3.08	3.00	2.92	2.83	2.75	2.65
18	8.29	6.01	5.09	4.58	4.25	4.01	3.84	3.71	3.60	3.51	3.37	3.23	3.08	3.00	2.92	2.84	2.75	2.66	2.57
19	8.18	5.93	5.01	4.50	4.17	3.94	3.77	3.63	3.52	3.43	3.30	3.15	3.00	2.92	2.84	2.76	2.67	2.58	2.49
20	8.10	5.85	4.94	4.43	4.10	3.87	3.70	3.56	3.46	3.37	3.23	3.09	2.94	2.86	2.78	2.69	2.61	2.52	2.42
21	8.02	5.78	4.87	4.37	4.04	3.81	3.64	3.51	3.40	3.31	3.17	3.03	2.88	2.80	2.72	2.64	2.55	2.46	2.36
22	7.95	5.72	4.82	4.31	3.99	3.76	3.59	3.45	3.35	3.26	3.12	2.98	2.83	2.75	2.67	2.58	2.50	2.40	2.31
23	7.88	5.66	4.76	4.26	3.94	3.71	3.54	3.41	3.30	3.21	3.07	2.93	2.78	2.70	2.62	2.54	2.45	2.35	2.26
24	7.82	5.61	4.72	4.22	3.90	3.67	3.50	3.36	3.26	3.17	3.03	2.89	2.74	2.66	2.58	2.49	2.40	2.31	2.21

续表

n \ m	1	2	3	4	5	6	7	8	9	10	12	15	20	24	30	40	60	120	∞
25	7.77	5.57	4.68	4.18	3.85	3.63	3.46	3.32	3.22	3.13	2.99	2.85	2.70	2.62	2.54	2.45	2.36	2.27	2.17
26	7.72	5.53	4.64	4.14	3.82	3.59	3.42	3.29	3.18	3.09	2.96	2.81	2.66	2.58	2.50	2.42	2.33	2.23	2.13
27	7.68	5.49	4.60	4.11	3.78	3.56	3.39	3.26	3.15	3.06	2.93	2.78	2.63	2.55	2.47	2.38	2.29	2.20	2.10
28	7.64	5.45	4.57	4.07	3.75	3.53	3.36	3.23	3.12	3.03	2.90	2.75	2.60	2.52	2.44	2.35	2.26	2.17	2.06
29	7.60	5.42	4.54	4.04	3.73	3.50	3.33	3.20	3.09	3.00	2.87	2.73	2.57	2.49	2.41	2.33	2.23	2.14	2.03
30	7.56	5.39	4.51	4.02	3.70	3.47	3.30	3.17	3.07	2.89	2.84	2.70	2.55	2.47	2.39	2.30	2.21	2.11	2.01
40	7.31	5.18	4.31	3.83	3.51	3.29	3.12	2.99	2.89	2.80	2.66	2.52	2.37	2.29	3.20	2.11	2.02	1.92	1.80
60	7.08	4.98	4.13	3.65	3.34	3.12	2.95	2.82	2.72	2.63	2.50	2.35	2.20	2.12	2.03	1.94	1.84	1.73	1.60
120	6.85	4.79	3.95	3.48	3.17	2.96	2.79	2.66	2.56	2.47	2.34	2.19	2.03	1.95	1.86	1.76	1.66	1.53	1.38
∞	6.63	4.61	3.78	3.32	3.02	2.80	2.64	2.51	2.41	2.32	2.18	2.04	1.88	1.79	1.70	1.59	1.47	1.32	1.00

续表

$\alpha = 0.005$

n \ m	1	2	3	4	5	6	7	8	9	10	12	15	20	24	30	40	60	120	∞
1	16 211	20 000	21 615	22 500	23 056	23 437	23 715	23 925	24 091	24 224	24 426	24 630	24 836	24 940	25 044	25 148	25 253	25 359	25 465
2	198.5	199.0	199.2	199.2	199.3	199.3	199.4	199.4	199.4	199.4	199.4	199.4	199.4	199.5	199.5	199.5	199.5	199.5	199.5
3	55.55	49.80	47.47	46.19	45.39	44.84	44.43	44.13	43.88	43.69	43.39	43.08	42.78	42.62	42.47	42.31	42.15	41.99	41.83
4	31.33	26.28	24.26	23.15	22.46	21.97	21.62	21.35	21.14	20.97	20.70	20.44	20.17	20.03	19.89	19.75	19.61	19.47	19.32
5	22.78	18.31	16.53	15.56	14.94	14.51	14.20	13.96	13.77	13.62	13.38	13.15	12.90	12.78	12.66	12.53	12.40	12.27	12.14
6	18.63	14.54	12.92	12.03	11.46	11.07	10.79	10.57	10.39	10.25	10.03	9.81	9.59	9.47	9.36	9.24	9.12	9.00	8.88
7	16.24	12.40	10.88	10.05	9.52	9.16	8.89	8.68	8.51	8.38	8.18	7.97	7.75	7.56	7.53	7.42	7.31	7.19	7.08
8	14.69	11.04	9.60	8.81	8.30	7.95	7.69	7.50	7.34	7.21	7.01	6.81	6.61	6.50	6.40	6.29	6.18	6.06	5.95
9	13.61	10.11	8.72	7.96	7.47	7.13	6.88	6.69	6.54	6.42	6.23	6.03	5.83	5.73	5.62	5.52	5.41	5.30	5.19
10	12.83	9.43	8.08	7.34	6.87	6.54	6.30	6.12	5.97	5.85	5.66	5.47	5.27	5.17	5.07	4.97	4.86	4.75	4.64
11	12.23	8.91	7.60	6.88	6.42	6.10	5.86	5.68	5.54	5.42	5.24	5.05	4.86	4.76	4.65	4.55	4.44	4.34	4.23
12	11.75	8.51	7.23	6.52	6.07	5.76	5.52	5.35	5.20	5.09	4.91	4.72	4.53	4.43	4.33	4.23	4.12	4.01	3.90
13	11.37	8.19	6.93	6.23	5.79	5.48	5.25	5.08	4.94	4.82	4.64	4.46	4.27	4.17	4.07	3.97	3.87	3.76	3.65
14	11.06	7.92	6.68	6.00	5.56	5.26	5.03	4.86	4.72	4.60	4.43	4.25	4.06	3.96	3.86	3.76	3.66	3.55	3.44
15	10.80	7.70	6.48	5.80	5.37	5.07	4.85	4.67	4.54	4.42	4.25	4.07	3.88	3.79	3.69	3.58	3.48	3.37	3.26
16	10.58	7.51	6.30	5.64	5.21	4.91	4.69	4.52	4.38	4.27	4.10	3.92	3.73	3.64	3.54	3.44	3.33	3.22	3.11
17	10.38	7.35	6.16	5.50	5.07	4.78	4.56	4.39	4.25	4.14	3.97	3.79	3.61	3.51	3.41	3.31	3.21	3.10	2.98
18	10.22	7.21	6.03	5.37	4.96	4.66	4.44	4.28	4.14	4.03	3.86	3.68	3.50	3.40	3.30	3.20	3.10	2.99	2.87
19	10.07	7.09	5.92	5.27	4.85	4.56	4.34	4.18	4.04	3.93	3.76	3.59	3.40	3.31	3.21	3.11	3.00	2.89	2.78
20	9.94	6.99	5.82	5.17	4.76	4.47	4.26	4.09	3.96	3.85	3.68	3.50	3.32	3.22	3.12	3.02	2.92	2.81	2.69
21	9.83	6.89	5.73	5.09	4.68	4.39	4.18	4.01	3.88	3.77	3.60	3.43	3.24	3.15	3.05	2.95	2.84	2.73	2.61
22	9.73	6.81	5.65	5.02	4.61	4.32	4.11	3.94	3.81	3.70	3.54	3.36	3.18	3.08	2.98	2.88	2.77	2.66	2.55
23	9.63	6.73	5.58	4.95	4.54	4.26	4.05	3.88	3.75	3.64	3.47	3.30	3.12	3.02	2.92	2.82	2.71	2.60	2.48
24	9.55	6.66	5.52	4.89	4.49	4.20	3.99	3.83	3.69	3.59	3.42	3.25	3.06	2.97	2.87	2.77	2.66	2.55	2.43

续表

n \ m	1	2	3	4	5	6	7	8	9	10	12	15	20	24	30	40	60	120	∞
25	9.48	6.60	5.46	4.84	4.43	4.15	3.94	3.78	3.64	3.54	3.37	3.20	3.01	2.92	2.82	2.72	2.61	2.50	2.38
26	9.41	6.54	5.41	4.79	4.38	4.10	3.89	3.73	3.60	3.49	3.33	3.15	2.97	2.87	2.77	2.67	2.56	2.45	2.33
27	9.34	6.49	5.36	4.74	4.34	4.06	3.85	3.69	3.56	3.45	3.28	3.11	2.93	2.83	2.73	2.63	2.52	2.41	2.29
28	9.28	6.44	5.32	4.70	4.30	4.02	3.81	3.65	3.52	3.41	3.25	3.07	2.89	2.79	2.69	2.59	2.48	2.37	2.25
29	9.23	6.40	5.28	4.66	4.26	3.98	3.77	3.61	3.48	3.38	3.21	3.04	2.86	2.76	2.66	2.56	2.45	2.33	2.21
30	9.18	6.35	5.24	4.62	4.23	3.95	3.74	3.58	3.45	3.34	3.18	3.01	2.82	2.73	2.63	2.52	2.42	2.30	2.18
40	8.83	6.07	4.98	4.37	3.99	3.71	3.51	3.35	3.22	3.12	2.95	2.78	2.60	2.50	2.40	2.30	2.18	2.06	1.93
60	8.49	5.79	4.73	4.14	3.76	3.49	3.29	3.13	3.01	2.90	2.74	2.57	2.39	2.29	2.19	2.08	1.96	1.83	1.69
120	8.18	5.54	4.50	3.92	3.55	3.28	3.09	2.93	2.81	2.71	2.54	2.37	2.19	2.09	1.98	1.87	1.75	1.61	1.43
∞	7.88	5.30	4.28	3.72	3.35	3.09	2.90	2.74	2.62	2.52	2.36	2.19	2.00	1.90	1.79	1.67	1.53	1.36	1.00

续表

$\alpha = 0.001$

n	m=1	2	3	4	5	6	7	8	9	10	12	15	20	24	30	40	60	120	∞
1	4 053†	5 000†	5 404†	5 625†	5 764†	5 859†	5 929†	5 981†	6 023†	6 056†	6 107†	6 158†	6 209†	6 235†	6 261†	6 287†	6 313†	6 340†	6 366†
2	998.5	999.0	999.2	999.2	999.3	999.3	999.4	999.4	999.4	999.4	999.4	999.4	999.4	999.5	999.5	999.5	999.5	999.5	999.5
3	167.0	148.5	141.1	137.1	134.6	132.8	131.6	130.6	129.9	129.2	128.3	127.4	126.4	125.9	125.4	125.0	124.5	124.0	123.5
4	74.14	61.25	56.18	53.44	51.71	50.53	49.66	49.00	48.47	48.05	47.41	46.76	46.10	45.77	45.43	45.09	44.75	44.40	44.05
5	47.18	37.12	33.20	31.09	29.75	28.84	29.16	27.64	27.24	26.92	26.42	25.91	25.39	25.14	24.87	24.06	24.33	24.06	23.79
6	35.51	27.00	23.70	21.92	20.81	20.03	19.46	19.03	18.69	18.41	17.99	17.56	17.12	16.89	16.67	16.44	16.21	15.99	15.57
7	29.25	21.69	18.77	17.19	16.21	15.52	15.02	14.63	14.33	14.08	13.71	13.32	12.93	12.73	12.53	12.33	12.12	11.91	11.70
8	25.42	18.49	15.83	14.39	13.49	12.86	12.40	12.04	11.77	11.54	11.19	10.84	10.48	10.30	10.11	9.92	9.73	9.53	9.33
9	22.86	16.39	13.90	12.56	11.7	11.13	10.70	10.37	10.11	9.89	9.57	9.24	8.90	8.72	8.55	8.37	8.19	8.00	7.81
10	21.04	14.91	12.55	11.28	10.48	9.92	9.52	9.20	8.96	8.75	8.45	8.13	7.80	7.64	7.47	7.30	7.12	6.94	6.76
11	19.69	13.81	11.56	10.35	9.58	9.05	8.66	8.35	8.12	7.92	7.63	7.32	7.01	6.85	6.68	6.52	6.35	6.17	6.00
12	18.64	12.97	10.80	9.63	8.89	8.38	8.00	7.71	7.48	7.29	7.00	6.71	6.40	6.25	6.09	5.93	5.76	5.59	5.42
13	17.81	12.31	10.21	9.07	8.35	7.86	7.49	7.21	6.98	6.80	6.52	6.23	5.93	5.78	5.63	5.47	5.30	5.14	4.97
14	17.14	11.78	9.73	8.62	7.92	7.43	7.08	6.80	6.58	6.40	6.13	5.85	5.56	5.41	5.25	5.10	4.94	4.77	4.60
15	16.59	11.34	9.34	8.25	7.57	7.09	6.74	6.47	6.26	6.08	5.81	5.54	5.25	5.10	4.95	4.80	4.64	4.47	4.31
16	16.12	10.97	9.00	7.94	7.27	6.81	6.46	6.19	5.98	5.81	5.55	5.27	4.99	4.85	4.70	4.54	4.39	4.23	4.06
17	15.72	10.66	8.73	7.68	7.02	6.56	6.22	5.96	5.75	5.58	5.32	5.05	4.78	4.63	4.48	4.33	4.18	4.02	3.85
18	15.38	10.39	8.49	7.46	6.81	6.35	6.02	5.76	5.56	5.39	5.13	4.87	4.59	4.45	4.30	4.15	4.00	3.84	3.67
19	15.08	10.16	8.28	7.26	6.62	6.18	5.85	5.59	5.39	5.22	4.97	4.70	4.43	4.29	4.14	3.99	3.84	3.68	3.51
20	14.82	9.95	8.10	7.10	6.46	6.02	5.69	5.44	5.24	5.08	4.82	4.56	4.29	4.15	4.00	3.86	3.70	3.54	3.38
21	14.59	9.77	7.94	6.95	6.32	5.88	5.56	5.31	5.11	4.95	4.70	4.44	4.17	4.03	3.88	3.74	3.58	3.42	3.26
22	14.38	9.61	7.80	6.81	6.19	5.76	5.44	5.19	4.99	4.83	4.58	4.33	4.06	3.92	3.78	3.63	3.48	3.32	3.15
23	14.19	9.47	7.67	6.69	6.08	5.65	5.33	5.09	4.89	4.73	4.48	4.23	3.96	3.82	3.68	3.53	3.38	3.22	3.05
24	14.03	9.34	7.55	6.59	5.98	5.55	5.23	4.99	4.80	4.64	4.39	4.14	3.87	3.74	3.59	3.45	3.29	3.14	2.97

续表

n \ m	1	2	3	4	5	6	7	8	9	10	12	15	20	24	30	40	60	120	∞
25	13.88	9.22	7.45	6.49	5.88	5.46	5.15	4.91	4.71	4.56	4.31	4.06	3.79	3.66	3.52	3.37	3.22	3.06	2.89
26	13.74	9.12	7.36	6.41	5.80	5.38	5.07	4.83	4.64	4.48	4.24	3.99	3.72	3.59	3.44	3.30	3.15	2.99	2.82
27	13.61	9.02	7.27	6.33	5.73	5.31	5.00	4.76	4.57	4.41	4.17	3.92	3.66	3.52	3.38	3.23	3.08	2.92	2.75
28	13.50	8.93	7.19	6.25	5.66	5.24	4.93	4.69	4.50	4.35	4.11	3.86	3.60	3.46	3.32	3.18	3.02	2.86	2.69
29	13.39	8.85	7.12	6.19	5.59	5.18	4.87	4.64	4.45	4.29	4.05	3.80	3.54	3.41	3.27	3.12	2.97	2.81	2.64
30	13.29	8.77	7.05	6.12	5.53	5.12	4.82	4.58	4.39	4.24	4.00	3.75	3.49	3.36	3.22	3.07	2.92	2.76	2.59
40	12.61	8.25	6.60	5.70	5.13	4.73	4.44	4.21	4.02	3.87	3.64	3.40	3.15	3.01	2.87	2.73	2.57	2.41	2.23
60	11.97	7.76	6.17	5.31	4.76	4.37	4.09	3.87	3.69	3.54	3.31	3.08	2.83	2.69	2.55	2.41	2.25	2.08	1.89
120	11.38	7.32	5.79	4.95	4.42	4.04	3.77	3.55	3.38	3.24	3.02	2.78	2.53	2.40	2.26	2.11	1.95	1.76	1.54
∞	10.83	6.91	5.42	4.62	4.10	3.74	3.47	3.27	3.10	2.96	2.74	2.51	2.27	2.13	1.99	1.84	1.66	1.45	1.00

注：†表示要将所列数乘以 100.

参 考 答 案

习 题 一

1. 试验应具有下列 3 个特点:
   (1) 在相同的条件下,试验可以重复进行;
   (2) 每次试验的结果都具有多种可能性,但在试验之前可以明确试验的所有可能结果;
   (3) 在每次试验之前不能准确地预言该次试验将出现哪一种结果.

2. Ω = {(正面向上,正面向上),(正面向上,反面向上),(反面向上,正面向上),(反面向上,反面向上)},
   A = {(正面向上,正面向上),(反面向上,反面向上)},
   B = {(反面向上,反面向上),(正面向上,正面向上),(反面向上,正面向上)},
   C = {(反面向上,正面向上),(反面向上,反面向上)}.

3. (1) Ω = {(0,0,0),(0,0,1),(0,1,0),(1,0,0),(0,1,1),(1,0,1),(1,1,0),(1,1,1)},共含有 $2^3 = 8$ 个样本点,其中 0 表示反面向上,1 表示正面向上;
   (2) Ω = {$(x,y,z) \mid x,y,z = 1,2,\cdots,6$},共含有 $6^3 = 216$ 个样本点;
   (3) Ω = {(0),(1,0),(1,1,0),(1,1,1,0),$\cdots$},共含有可列无穷多个样本点,其中 0 与 1 的表示同(1);
   (4) Ω = {0,1,2,$\cdots$},共含有可列无穷多个样本点;
   (5) Ω = {$t \mid t \geq 0$},共含有不可列无穷多个样本点.

4. 不能.

5. (1) 表示第二次和第三次投篮中至少投中一次;   (2) 表示第一次投篮投中但第二次投篮未投中;
   (3) 表示三次投篮中恰好投中两次;   (4) 表示三次投篮中均未投中;
   (5) 表示第一次和第三次投篮中至少有一次未投中; (6) 表示三次投篮中至少有两次未投中.

6. (1) $\overline{A_1}A_2A_3A_4$; (2) $A_1A_2A_3A_4$; (3) $A_1\overline{A_2}\overline{A_3}\overline{A_4} \cup \overline{A_1}A_2\overline{A_3}\overline{A_4} \cup \overline{A_1}\overline{A_2}A_3\overline{A_4} \cup \overline{A_1}\overline{A_2}\overline{A_3}A_4$;
   (4) $A_1 \cup A_2 \cup A_3 \cup A_4$.

7. (1) $\overline{ABC}$ 或 $\overline{A} \cup \overline{B} \cup \overline{C}$;   (2) $\overline{A}\,\overline{B}C \cup ABC$;
   (3) $\overline{A}\,\overline{B}C \cup \overline{A}B\overline{C} \cup \overline{A}BC \cup AB\overline{C}$; (4) $AB \cup BC \cup AC$.

8. (1) $\overline{A}$ = "射击 3 次,至少有 1 次命中目标";
   (2) $\overline{B}$ = "向上抛 2 枚硬币,落地时至少有 1 枚硬币正面向上";
   (3) $\overline{C}$ = "加工 5 个零件,均为正品".

9. (1) $A \supset B$;   (2) $A \subset B$.

10. 0.4.

11. $\dfrac{29}{30}$.

12. 0.5.

13. $\dfrac{2}{3}$.

14. 第一种情况:(1) 0.055 8;   (2) 0.059 4.
    第二种情况:(1) 0.057 6;   (2) 0.055 8.
    第三种情况:(1) 0.055 8;   (2) 0.059 4.

15. (1) $\dfrac{1}{4}$;   (2) $\dfrac{5}{12}$;   (3) $\dfrac{11}{12}$;   (4) $\dfrac{1}{4}$.

16. 0.602.

17. (1) $\dfrac{9}{25}$;　(2) $\dfrac{8}{25}$.

18. (1) $\dfrac{1}{6}$;　(2) 0.2.

19. $\dfrac{1}{3}$.

20. $\dfrac{3}{7}$.

21. 0.2.

22. $\dfrac{7}{20}$.

23. ～24. 略.

25. 0.999 88.

26. 0.4.

27. 0.965.

28. (1) $\dfrac{14}{15}$;　(2) $\dfrac{19}{28}$.

29. 0.631 6.

30. $\dfrac{1}{10}$.

31. $P(A) = P(B) = \dfrac{1}{2}$.

32. ～33. 略.

34. (1) 0.765;　(2) 0.135;　(3) 0.235.

35. 0.6.

36. 0.6.

37. 第一种工艺.

38. 互不相容的事件:A 与 C,A 与 D,B 与 D,C 与 D;
　　对立事件:B 是 D 的对立事件.

39. (2) 成立,(1),(3),(4) 不成立. 理由略.

40. ～41. 略.

42. $\dfrac{2}{7}$.

43. $\dfrac{29}{32}$.

44. (1) $\dfrac{12}{25}$;　(2) $\dfrac{1}{25}$.

45. 0.427 1.

46. (1) 0.002 64;　(2) 0.010 56;　(3) 0.105 50;　(4) 0.110 44.

47. $\dfrac{4}{455}$.

48. $\dfrac{39}{49}$.

49. (1) 0.11;　(2) 0.71;　(3) 0.22.

50. (1) 0.129 2;　(2) 0.102 9.

51. (1) $\dfrac{1}{n+1}$;　　(2) $\dfrac{1}{n(n+1)}$.

52. 0.455.

53. (1) 0.054 2;　　(2) 0.034 4.

54. (1) 0.496;　　(2) 0.006;　　(3) 0.314.

55. (1) 0.06;　　(2) 0.79;　　(3) 0.35.

习　题　二

1. $a=1, b=-1, c=1, d=0$.

2. $\dfrac{2}{3}-\mathrm{e}^{-2}, \dfrac{1}{3}$.

3. $A=2$.

4. (1) $\dfrac{16}{37}$;　　(2) $\dfrac{30}{37}$.

5. $\dfrac{1}{5}, \dfrac{1}{3}$.

6.

X	2	3	4	5	6	7	8	9	10	11	12
P	$\dfrac{1}{36}$	$\dfrac{1}{18}$	$\dfrac{1}{12}$	$\dfrac{1}{9}$	$\dfrac{5}{36}$	$\dfrac{1}{6}$	$\dfrac{5}{36}$	$\dfrac{1}{9}$	$\dfrac{1}{12}$	$\dfrac{1}{18}$	$\dfrac{1}{36}$

7.

X	3	4	5	6
P	$\dfrac{1}{20}$	$\dfrac{3}{20}$	$\dfrac{3}{10}$	$\dfrac{1}{2}$

8. X 的分布律为

X	0	1	2	3
P	$\dfrac{1}{30}$	$\dfrac{3}{10}$	$\dfrac{1}{2}$	$\dfrac{1}{6}$

X 的分布函数为

$$F(x)=\begin{cases} 0, & x<0, \\ \dfrac{1}{30}, & 0\leqslant x<1, \\ \dfrac{1}{3}, & 1\leqslant x<2, \\ \dfrac{5}{6}, & 2\leqslant x<3, \\ 1, & x\geqslant 3. \end{cases}$$

9. (1) 0.409 6;　　(2) 0.998 4.

10. $1-7\mathrm{e}^{-6}$.

11. (1) $A=100$;　　(2) $F(x)=\begin{cases} 0, & x\leqslant 100, \\ 1-\dfrac{100}{x}, & x>100; \end{cases}$　　(3) $\dfrac{4}{9}$.

12. $\dfrac{4}{5}$.

13. (1) $a=0, b=1, P\{X<0\}=0.25$;　　(2) $f(x)=\dfrac{3e^x}{(3+e^x)^2}(-\infty<x<+\infty)$.

14. (1) $A=\dfrac{1}{2}, B=\dfrac{1}{\pi}$;　　(2) $\dfrac{1}{2}$;　　(3) $f(x)=\dfrac{1}{\pi(1+x^2)}(-\infty<x<+\infty)$.

15. $1-\varPhi(1)=0.1587$.

16. $\varPhi\left(\dfrac{2}{3}\right)$.

17. 车门的高度应超过 184.21 cm.

18. (1)

X	-2	-1	0	2
P	0.25	0.45	0.2	0.1

(2)

Y	0	1	2
P	0.2	0.45	0.35

19. 略.

20. (1) $f_Y(y)=\begin{cases}\dfrac{1}{\pi y^2}, & \dfrac{1}{\pi+1}\leqslant y\leqslant 1,\\ 0, & \text{其他};\end{cases}$　　(2) $f_Y(y)=\begin{cases}\dfrac{e^y}{\pi}, & -\infty<y\leqslant \ln\pi,\\ 0, & \text{其他};\end{cases}$

(3) $f_Y(y)=\begin{cases}\dfrac{2}{\pi\sqrt{1-y^2}}, & 0\leqslant y\leqslant 1,\\ 0, & \text{其他}.\end{cases}$

21. (1) $f_Y(y)=\dfrac{1}{\sqrt{2\pi}}e^{-\frac{(y+3)^2}{2}}, -\infty<y<+\infty$;　　(2) $f_Y(y)=\begin{cases}\dfrac{1}{y\sqrt{2\pi}}e^{-\frac{\ln^2 y}{2}}, & y>0,\\ 0, & y\leqslant 0;\end{cases}$

(3) $f_Y(y)=\begin{cases}\dfrac{1}{\sqrt{2\pi y}}e^{-\frac{y}{2}}, & y>0,\\ 0, & y\leqslant 0.\end{cases}$

22. (1) 0.94^n;　　(2) $C_n^2 0.94^{n-2}\times 0.06^2$;　　(3) $1-C_n^1 0.06\times 0.94^{n-1}-0.94^n$.

23. $\dfrac{20}{27}$.

24. (1) $F(t)=\begin{cases}1-e^{-\lambda t}, & t\geqslant 0,\\ 0, & t<0;\end{cases}$　　(2) $e^{-8\lambda}$.

25. $F_Y(y)=\begin{cases}0, & y<0,\\ y, & 0\leqslant y\leqslant 1,\\ 1, & y>1.\end{cases}$

26. 略.

27. (1) $F(x)=\begin{cases}0, & x\leqslant -1,\\ \dfrac{5x+7}{16}, & -1<x<1,\\ 1, & x\geqslant 1;\end{cases}$　　(2) $\dfrac{7}{16}$.

习 题 三

1.

X	Y	
	0	1
0	$\dfrac{25}{36}$	$\dfrac{5}{36}$
1	$\dfrac{5}{36}$	$\dfrac{1}{36}$

2. (1) $a=\dfrac{1}{\pi^2}, b=c=\dfrac{\pi}{2}$; (2) $F_X(x)=\dfrac{1}{\pi}\left(\dfrac{\pi}{2}+\arctan\dfrac{x}{2}\right), F_Y(y)=\dfrac{1}{\pi}\left(\dfrac{\pi}{2}+\arctan\dfrac{y}{3}\right)$.

3.

X	Y				$p_{i\cdot}$
	1	2	3	4	
1	$\dfrac{1}{4}$	0	0	0	$\dfrac{1}{4}$
2	$\dfrac{1}{8}$	$\dfrac{1}{8}$	0	0	$\dfrac{1}{4}$
3	$\dfrac{1}{12}$	$\dfrac{1}{12}$	$\dfrac{1}{12}$	0	$\dfrac{1}{4}$
4	$\dfrac{1}{16}$	$\dfrac{1}{16}$	$\dfrac{1}{16}$	$\dfrac{1}{16}$	$\dfrac{1}{4}$
$p_{\cdot j}$	$\dfrac{25}{48}$	$\dfrac{13}{48}$	$\dfrac{7}{48}$	$\dfrac{1}{16}$	1

4. (1) $k=\dfrac{1}{8}$; (2) $F(1,5)=\dfrac{5}{8}$; (3) $P\{X<1.5\}=\dfrac{27}{32}$; (4) $P\{X+Y<4\}=\dfrac{2}{3}$.

5. (1) $f_X(x)=\begin{cases}\mathrm{e}^{-x}, & x>0,\\ 0, & x\leqslant 0,\end{cases}$ $f_Y(y)=\begin{cases}y\mathrm{e}^{-y}, & y>0,\\ 0, & y\leqslant 0;\end{cases}$ (2) $P\{X+Y\leqslant 1\}=1-\dfrac{2}{\sqrt{\mathrm{e}}}+\dfrac{1}{\mathrm{e}}$.

6. $f_X(x)=\begin{cases}\dfrac{21}{8}x^2(1-x^4), & -1\leqslant x\leqslant 1,\\ 0, & \text{其他},\end{cases}$ $f_Y(y)=\begin{cases}\dfrac{7}{2}y^{\frac{5}{2}}, & 0\leqslant y\leqslant 1,\\ 0, & \text{其他}.\end{cases}$

7. $f_X(x)=\begin{cases}\dfrac{5}{8}(1-x^4), & -1<x<1,\\ 0, & \text{其他},\end{cases}$ $f_Y(y)=\begin{cases}\dfrac{5\sqrt{1-y}(1+2y)}{6}, & 0<y<1,\\ 0, & \text{其他}.\end{cases}$

8. X 与 Y 相互独立,理由略.

9. (1) $f_X(x)=\begin{cases}\dfrac{2}{\pi}\sqrt{1-x^2}, & -1\leqslant x\leqslant 1,\\ 0, & \text{其他},\end{cases}$ $f_Y(y)=\begin{cases}\dfrac{2}{\pi}\sqrt{1-y^2}, & -1\leqslant y\leqslant 1,\\ 0, & \text{其他};\end{cases}$

(2) X 与 Y 不相互独立,理由略.

10. $P\{X+Y=2\}=\dfrac{1}{6}$.

11. (1) $f(x,y)=\begin{cases}4\mathrm{e}^{-(x+4y)}, & x\geqslant 0, y\geqslant 0,\\ 0, & \text{其他};\end{cases}$ (2) $P\{X<Y\}=\dfrac{1}{5}$.

12. $f_Y(y)=\begin{cases}-\ln y, & 0<y<1,\\ 0, & \text{其他}.\end{cases}$

13. 当 $0 < y \leqslant 1$ 时, $f_{X|Y}(x|y) = \begin{cases} \dfrac{3}{2}x^2 y^{-\frac{3}{2}}, & -\sqrt{y} \leqslant x \leqslant \sqrt{y}, \\ 0, & \text{其他}, \end{cases}$

当 $-1 < x < 1$ 时, $f_{Y|X}(y|x) = \begin{cases} \dfrac{2y}{1-x^4}, & x^2 \leqslant y \leqslant 1, \\ 0, & \text{其他}, \end{cases}$

$P\left\{Y > \dfrac{3}{4} \bigg| X = \dfrac{1}{2}\right\} = \dfrac{7}{15}.$

14. (1)

X	Y			$p_{i\cdot}$
	-1	1	2	
-1	0.25	0.1	0.3	0.65
2	0.15	0.15	0.05	0.35
$p_{\cdot j}$	0.4	0.25	0.35	1

(2) $P\{X = 2 | Y = 1\} = \dfrac{3}{5}$, $P\{Y = 1 | X = -1\} = \dfrac{2}{13}$;

(3)

Z_1	-2	0	1	3	4
P	0.25	0.1	0.45	0.15	0.05

(4)

Z_2	-2	-1	1	2	4
P	0.45	0.1	0.25	0.15	0.05

(5)

Z_3	-1	1	2
P	0.25	0.1	0.65

(6)

Z_4	-1	1	2
P	0.8	0.15	0.05

15. $f_Z(z) = \begin{cases} z(2-z), & 0 < z < 1, \\ (2-z)^2, & 1 \leqslant z < 2, \\ 0, & \text{其他}. \end{cases}$

16. $f_Z(z) = \begin{cases} 1 - e^{-z}, & 0 < z < 1, \\ (e-1)e^{-z}, & z \geqslant 1, \\ 0, & \text{其他}. \end{cases}$

17. $f_Z(z) = \begin{cases} \dfrac{1}{2}(\ln 2 - \ln z), & 0 < z < 2, \\ 0, & \text{其他}. \end{cases}$

18. $f_Z(z) = \begin{cases} 3\lambda e^{-3\lambda z}, & z \geqslant 0, \\ 0, & z < 0. \end{cases}$

19. (1) $c = \dfrac{1}{1-e^{-1}}$; (2) X 与 Y 相互独立； (3) $F_Z(z) = \begin{cases} 0, & z \leqslant 0, \\ \dfrac{(1-e^{-z})^2}{1-e^{-1}}, & 0 < z < 1, \\ 1-e^{-z}, & z \geqslant 1. \end{cases}$

20. $f_Z(z) = \begin{cases} \dfrac{z^3}{6}e^{-z}, & z > 0, \\ 0, & z \leqslant 0. \end{cases}$

21. 略. 提示：先计算 X_1, X_2, X_3 的边缘密度函数，再证明.

22. 0.1587^4.

23.

X	Y			$p_i.$
	y_1	y_2	y_3	
x_1	$\dfrac{1}{24}$	$\dfrac{1}{8}$	$\dfrac{1}{12}$	$\dfrac{1}{4}$
x_2	$\dfrac{1}{8}$	$\dfrac{3}{8}$	$\dfrac{1}{4}$	$\dfrac{3}{4}$
$p_{\cdot j}$	$\dfrac{1}{6}$	$\dfrac{1}{2}$	$\dfrac{1}{3}$	1

24.

Y_1	Y_2	
	0	1
0	e^{-2}	$e^{-1}-e^{-2}$
1	0	$1-e^{-1}$

25. (1)

X	Y		
	-1	0	1
0	0	$\dfrac{1}{3}$	0
1	$\dfrac{1}{3}$	0	$\dfrac{1}{3}$

(2)

Z	-1	0	1
P	$\dfrac{1}{3}$	$\dfrac{1}{3}$	$\dfrac{1}{3}$

26. (1) $f(x,y) = \begin{cases} \dfrac{9y^2}{x}, & 0 < x < 1, 0 < y < x, \\ 0, & 其他; \end{cases}$ (2) $f_Y(y) = \begin{cases} -9y^2 \ln y, & 0 < y < 1, \\ 0, & 其他; \end{cases}$

(3) $P\{X > 2Y\} = \dfrac{1}{8}$.

235

27. (1) $f(x,y) = \begin{cases} 3, & (x,y) \in D, \\ 0, & (x,y) \notin D; \end{cases}$ (2) U 与 X 不相互独立,理由略.

28. (1) $f_X(x) = \begin{cases} x, & 0 < x < 1, \\ 2-x, & 1 \leqslant x < 2, \\ 0, & \text{其他}; \end{cases}$

(2) 当 $0 < y < 1$ 时, $f_{X|Y}(x|y) = \begin{cases} \dfrac{1}{2-2y}, & y < x < 2-y, \\ 0, & \text{其他}. \end{cases}$

习 题 四

1. 0.7,1.3,1.9,1.1.

2. 1.

3. $\dfrac{15}{2}$.

4. $\dfrac{1}{p}$.

5. 1.

6. 0.

7. 21 件.

8. 10 min.

9. 6, $\dfrac{1}{3}$.

10. $c = 6, \dfrac{1}{2}, \dfrac{2}{5}, \dfrac{1}{4}$.

11. $\dfrac{2}{3}a$.

12. 80 分,25 分.

13. 35.

14. (1) 6.5 万元,5.4 万元,5 万元; (2) 按大批生产,按小批生产.

15. $\dfrac{1}{6}$.

16. 2.

17. $\dfrac{1}{3}, \dfrac{1}{3}$.

18. (1) 2, $\dfrac{16}{3}$, 28;   (2) 1, $\dfrac{10}{3}$, 40.

19. $Z \sim N(-0.1, 0.05^2), 0.9772$.

20. (1) 1 200 kg,1 225 (kg)^2;   (2) 1 282 kg.

21. (1) $E(X) = E(Y) = 0, D(X) = D(Y) = \dfrac{3}{4}$;   (2) 0,0,不相关,不相互独立.

22. $\dfrac{1}{3}$.

23. 0.

24. $a = 3, E(W)$ 的最小值为 108.

25. $2e^2$.

26. $\dfrac{8}{7}$.

27. $M\left[1-\left(1-\dfrac{1}{M}\right)^n\right]$.

28. λ.

29. $\dfrac{1}{5}$.

30. (1) $f_T(t)=\begin{cases}\dfrac{9}{\theta^9}t^8, & 0<t<\theta,\\ 0, & \text{其他};\end{cases}$ (2) $a=\dfrac{10}{9}$.

31. 略.

32. 略. 提示:考虑函数 $f(t)=E[(tX+Y)^2]\,(-\infty<t<+\infty)$.

习 题 五

1. $\dfrac{1}{9}$.

2. (1) 0.999 1; (2) 0.972 2.

3. $P\{5\,200\leqslant X\leqslant 9\,400\}\geqslant \dfrac{8}{9}$.

4. $P\left\{\left|\dfrac{X}{6\,000}-\dfrac{1}{6}\right|<0.01\right\}\geqslant 0.768\,5$.

5. $\dfrac{1}{2}$.

6. 0.211 9.

7. 0.876 4.

8. 0.121 0.

9. 0.841 3.

10. (1) 0.125 7; (2) 0.993 8.

11. 254 个.

12. 98 箱.

13. (1) 0.915 5; (2) 0.163 0.

14. $\dfrac{1}{12}$.

15. $\dfrac{1}{6}$.

16. $\dfrac{\mu_4-\mu_2^2}{n\varepsilon^2}$.

习 题 六

1. $f(x_1,x_2,\cdots,x_n)=\begin{cases}2e^{-2(x_1+x_2+\cdots+x_n)}, & x_1,x_2,\cdots,x_n>0,\\ 0, & \text{其他}.\end{cases}$

2. 略.

3. (1) 0, 0.01； (2) 0.5； (3) 0.841 4.

4. 0.812.

5. 5.43.

6. 0.01.

7. 0.093.

8. $Y \sim F(10,5)$.

9. (1) 1； (2) 0.127.

10. 68.

11. 0.99.

12. $t(1)$.

13. $t(1)$.

14. $m(n-1)\theta(1-\theta)$.

15. (1) 略； (2) $F(1,1)$.

16. 证明略，自由度为 $n-1$.

习 题 七

1. $\dfrac{\overline{X}}{m}, \dfrac{\overline{X}}{m}$.

2. 1 150, 4 866.7.

3. (1) $\hat{\theta} = \dfrac{1}{4}$； (2) $\hat{\theta} = \dfrac{7-\sqrt{13}}{12}$.

4. $\hat{\theta} = 2\overline{X}, D(\hat{\theta}) = \dfrac{2\theta^2}{5n}$.

5. (1) $\hat{\theta} = \overline{X}$； (2) $\hat{\theta} = \dfrac{2n}{\sum\limits_{i=1}^{n}\dfrac{1}{X_i}}$.

6. (1) $\hat{\theta} = \dfrac{\overline{X}}{\overline{X}-1}$； (2) $\hat{\theta} = \dfrac{n}{\sum\limits_{i=1}^{n}\ln X_i}$.

7. $\hat{\theta} = \min\{x_1, x_2, \cdots, x_n\}$.

8. ~ 9. 略.

10. 证明略，$\hat{\mu}_2$ 最有效.

11. (1) 略； (2) $c = \dfrac{\sigma_2^2}{\sigma_1^2+\sigma_2^2}$.

12. (1 485.6, 1 514.4).

13. (1) (19.87, 20.15)； (2) (19.95, 20.17)； (3) (0.018 8, 0.150 8).

14. $n \geqslant 11$.

15. (32.430 8, 32.729 2), (0.055 9, 0.206 1).

16. (1) (42.91, 43.89)； (2) (0.53, 1.15).

17. (−9.126, 1.126).

18. (0.527 5, 2.638 5).

19. (1) 40 394； (2) 2 342.

20. (1) $A = \sqrt{\dfrac{2}{\pi}}$; (2) $\hat{\sigma}^2 = \dfrac{1}{n}\sum\limits_{i=1}^{n}(X_i-\mu)^2$.

21. (1) $\hat{\sigma} = \dfrac{1}{n}\sum\limits_{i=1}^{n}|X_i|$; (2) $E(\hat{\sigma}) = \sigma, D(\hat{\sigma}) = \dfrac{\sigma^2}{n}$.

22. $\hat{\theta} = \dfrac{2\sum\limits_{i=1}^{n}X_i + \sum\limits_{i=1}^{m}Y_i}{2(n+m)}, D(\hat{\theta}) = \dfrac{\theta^2}{n+m}$.

习 题 八

1. 生产的肥皂厚度正常.

2. 减肥效果没有差别.

3. 不合格.

4. 不成立.

5. 能认为.

6. (1) 拒绝原假设；　　(2) 接受原假设.

7. 产量无显著差异.

8. 认为早晨起床时的身高比晚上就寝时的身高要高.

9. 没有显著差异.

10. 不正常.

11. (1) 相等；　　(2) 无显著差异.

12. 男女孩的出生率有显著差异.

13. 血清无效.

14. 发生交通事故与星期几有关.

15. 怀疑不成立,认为大转盘是均匀的.

16. 可以认为该变量服从泊松分布.

17. 可以认为维尼纶的纤度服从正态分布.

习 题 九

1. 有显著影响.

2. 不相等.

3. 有显著影响.

4. $\hat{y} = 9.624 + 0.022x$.

5. (1) $\hat{y} = 108.3555 + 0.357363x$, 检验略；　　(2) $(160.1324, 181.6557)$.

6. ～ 7. 略.

参 考 文 献

[1] 沈恒范. 概率论与数理统计教程[M]. 严钦容,沈侠,修订. 6版. 北京:高等教育出版社,2017.
[2] 吴赣昌. 概率论与数理统计:理工类[M]. 5版. 北京:中国人民大学出版社,2017.
[3] 袁荫棠. 概率论与数理统计:修订本[M]. 2版. 北京:中国人民大学出版社,1990.
[4] 茆诗松,程依明,濮晓龙. 概率论与数理统计教程(第三版)习题与解答[M]. 北京:高等教育出版社,2020.
[5] 同济大学概率统计教研组. 概率统计[M]. 5版. 上海:同济大学出版社,2013.
[6] 茆诗松,程依明,濮晓龙. 概率论与数理统计教程[M]. 3版. 北京:高等教育出版社,2019.
[7] 盛骤,谢式千,潘承毅. 概率论与数理统计[M]. 5版. 北京:高等教育出版社,2019.
[8] 吴传生. 经济数学:概率论与数理统计[M]. 4版. 北京:高等教育出版社,2020.
[9] 孙道德. 概率论与数理统计学习与应用[M]. 北京:中国人民大学出版社,2023.
[10] 王松桂,张忠占,程维虎,等. 概率论与数理统计[M]. 4版. 北京:科学出版社,2023.